Göttsche/Petersen

Festigkeitslehre

AF707700

Lehrbücher des Bauingenieurwesens

Bletzinger/Dieringer/Fisch/Philipp • *Aufgabensammlung zur Baustatik*

Dallmann • *Baustatik*

Band 1: Berechnung statisch bestimmter Tragwerke

Band 2: Berechnung statisch unbestimmter Tragwerke

Band 3: Theorie II. Ordnung und computerorientierte Methoden der Stabtragwerke

Engel/Lauer • *Einführung in die Boden- und Felsmechanik*

Engel/Al-Akel • *Einführung in den Erd-, Grund- und Dammbau*

Fouad/Zapke • *Bauwesen Taschenbuch*

Freimann • *Hydraulik für Bauingenieure*

Göttsche/Petersen • *Festigkeitslehre – klipp und klar für Studierende des Bauingenieurwesens*

Jochim/Lademann • *Planung von Bahnanlagen*

Krawietz/Heimke • *Physik im Bauwesen*

Malpricht • *Schalungsplanung*

Rjasanowa • *Mathematik für Bauingenieure*

Rjasanowa • *Mathematische Modelle im Bauingenieurwesen*

Jens Göttsche

Maritta Petersen

Festigkeitslehre - klipp und klar

Ein Lehr- und Übungsbuch für Studierende des Bauingenieurwesens

4., aktualisierte Auflage

HANSER

Autoren:
Prof. Dr.-Ing. Jens Göttsche
hochschule 21, private und staatlich anerkannte Fachhochschule, Buxtehude
Studienbereich Bauwesen
http://www.goettsche-web.de

Prof. Dr.-Ing. Maritta Petersen
hochschule 21, private und staatlich anerkannte Fachhochschule, Buxtehude
Studienbereich Bauwesen

MIX
Papier aus verantwortungsvollen Quellen
FSC® C016439
FSC www.fsc.org

Bibliografische Information der Deutschen Nationalbibliothek:
Die Deutsche Nationalbibliothek verzeichnet diese Publikation in der Deutschen Nationalbibliografie; detaillierte bibliografische Daten sind im Internet über http://dnb.d-nb.de abrufbar.

Internet: www.hanser-fachbuch.de

Lektorat: Frank Katzenmayer
Herstellung: Anne Kurth
Covergestaltung: Max Kostopoulos
Coverkonzept: Marc Müller-Bremer, www.rebranding.de, München
Satz: Jens Göttsche, Maritta Petersen, Buxtehude
Druck und Bindung: Hubert & Co. GmbH und Co. KG BuchPartner, Göttingen
Printed in Germany

Print-ISBN 978-3-446-46288-5
E-Book-ISBN 978-3-446-46356-1

Vorwort zur 4. Auflage

Dieses Lehrbuch richtet sich vorrangig an Studierende des Bauingenieurwesens im Grundstudium. Aber auch Studierenden aus anderen Ingenieurfächern kann das Buch nützlich sein. Die Festigkeitslehre ist häufig ein ungeliebtes Teilgebiet der Statik, in dem viele Studierende häufig Formeln anwenden, ohne deren Grundlagen zu kennen. Dieses Buch hat sich zum Ziel gesetzt, die Festigkeitslehre und deren grundlegende Zusammenhänge durch gründliche Aufbereitung der theoretischen Grundlagen in vielen Teilschritten zu verdeutlichen. Dabei wird klargestellt, dass die Festigkeitslehre nicht eine so exakte Wissenschaft ist wie die Mathematik, sondern auf vielen Vereinfachungen, Hypothesen und Reglementierungen basiert. Viele anschauliche Grafiken sowie zahlreiche Anwendungsbeispiele tragen zum Verständnis bei.

Das Buch gliedert sich inhaltlich in sieben Kapitel. Zunächst werden die Grundbegriffe der Festigkeitslehre und die wichtigsten mechanischen Zusammenhänge erläutert. *Kapitel 2* beschäftigt sich mit der Ermittlung von Querschnittswerten von stabförmigen Bauteilen. In den drei nachfolgenden *Kapiteln 3* bis *5* werden die grundlegenden Beanspruchungsarten des Stabes, nämlich Biegung mit und ohne Normalkraft, Querkraft und Torsion angesprochen. Dabei werden Wege zur Spannungsberechnung aufgezeigt und das zugehörige Tragverhalten von Stäben mit unterschiedlichen Querschnitten erklärt. Die Stabilität von stabförmigen Bauteilen wird in *Kapitel 6* behandelt. Dabei werden unterschiedliche Stabilitätsphänomene beschrieben und die Schnittgrößenermittlung am verformten System vorgestellt. *Kapitel 7* behandelt ergänzend Sonderprobleme der Festigkeitslehre. Begriffe wie „klaffende Fuge", Hauptspannungen, Spannungszustände, Vergleichsspannung oder Mohrscher Spannungskreis und Festigkeitshypothesen werden eingehend erläutert.

Jedes Kapitel enthält einige praktische Übungsaufgaben, die die Studierenden zum selbstständigen Bearbeiten und Vertiefen des Lehrstoffes ermutigen sollen. Dazu werden im letzten *Kapitel 8* die Lösungen aufgezeigt. Zur weiteren Anregung und Unterstützung beim Lernen stehen unter http://www.hanser-fachbuch.de/9783446462885 einige überarbeitete Excel-Dateien zum Download bereit, mit denen typische Aufgaben der Festigkeitslehre gelöst werden können.

Bestärkt durch die zahlreichen und dankbar aufgenommenen Zuschriften unserer Leser haben wir die inhaltliche Schwerpunktsetzung, das Layout und die Struktur der vorherigen Auflagen beibehalten. Aufmerksame Leser haben uns auf kleinere Fehler hingewiesen, die wir gerne korrigiert haben. Uns ist bewusst, dass bestimmte Themengebiete wie z.B. die Wölbkrafttorsion mit Blick auf die Zielsetzung dieses Buches nur knapp behandelt werden können. Für den interessierten Leser verbleibt hier nur der Hinweis auf weiterführende Literatur.

Buxtehude, im Oktober 2019 *Jens Göttsche* *Maritta Petersen*

Inhalt

1 Einführung

1.1 Warum Festigkeitslehre?

Die Festigkeitslehre ist ein Grundlagenfach in allen Ingenieurwissenschaften. Sie stellt den planenden Ingenieuren Methoden zur Verfügung, mit denen sie dauerhafte und gebrauchstaugliche Tragwerke mit einer ausreichenden Tragsicherheit entwerfen, berechnen und bemessen können.

Studierende, die sich erstmalig mit der Festigkeitslehre befassen, müssen Grundkenntnisse in der Baustofflehre und der Mathematik besitzen. Sie sollten wissen, was Schnittgrößen sind und wie man sie an einfachen Tragsystemen ermittelt.

Im Bereich des Bauwesens ist die Festigkeitslehre ein Grundlagenfach in der Statik, auf dem alle konstruktiven Fächer wie beispielsweise Stahlbetonbau, Stahlbau, Holzbau, Mauerwerksbau oder Geotechnik aufbauen. Mithilfe der Festigkeitslehre gelingt es,

- die Beanspruchungen im Inneren eines Bauteils infolge der einwirkenden Lasten zu bestimmen,
- die Abmessungen der Bauteile eines Tragwerks unter Beachtung der Festigkeit der verwendeten Werkstoffe und einer angemessenen Sicherheit festzulegen,
- die Beanspruchbarkeit bestehender Bauteile oder Tragwerke bei gegebener Geometrie und bekannten Werkstoffparametern zu ermitteln,
- und die Verformungen des Tragwerks bzw. seiner Bauteile aufgrund der Beanspruchungen zu berechnen und gegebenenfalls durch Änderung von Bauteilgeometrie und/oder Werkstoffen zu begrenzen.

Bild 1.1 „So etwas sollte vermieden werden!" – Tacoma-Narrows-Bridge, 1940.

Die Festigkeitslehre darf nicht als isoliertes Lehrfach begriffen werden. Sie steht im Wechselspiel mit der Statik und liefert wichtige Grundlagen für Statiker und Tragwerksplaner.

Bild 1.2 zeigt die Bedeutung der Festigkeitslehre während des Planungsprozesses eines Bauwerks. Bei allen an der Planung, Bemessung und Konstruktion von Bauwerken Beteiligten wird ein umfassendes Verständnis über das Tragverhalten von Bauwerken vorausgesetzt. Eigenschaften und Grenzen der verwendeten Baustoffe müssen bekannt und die mechanischen Zusammenhänge zwischen den Lasten, die auf ein Tragwerk einwirken, und den Reaktionen des Tragwerks darauf wie z.B. Verformungen, Materialversagen oder Stabilitätsversagen (Knicken, Kippen) verstanden sein.

Unter einem Tragwerk versteht man die planmäßige Anordnung miteinander verbundener tragender und aussteifender Bauteile (z. B. Fundamente, Stützen, Decken oder Wände), die so entworfen sind, dass sie ein bestimmtes Maß an Beanspruchbarkeit (Tragwiderstand) aufweisen.

Im Zuge der Tragwerksplanung werden mehrere Planungsphasen durchlaufen, in denen die Festigkeitslehre entscheidende Beiträge liefert. Bei der Modellierung des Tragsystems müssen idealisierende, jedoch geeignete und mechanisch sinnvolle Annahmen hinsichtlich des Werkstoffs, der Geometrie des Tragwerks sowie der Abmessungen und des Zusammenwirkens seiner Bauteile getroffen werden. Das dabei entstehende Tragwerksmodell ist die Grundlage der statischen Berechnung und anschließenden Bemessung und verlangt den Tragwerksplanern – neben praktischen Erfahrungen – fundierte Kenntnisse der Festigkeitslehre ab.

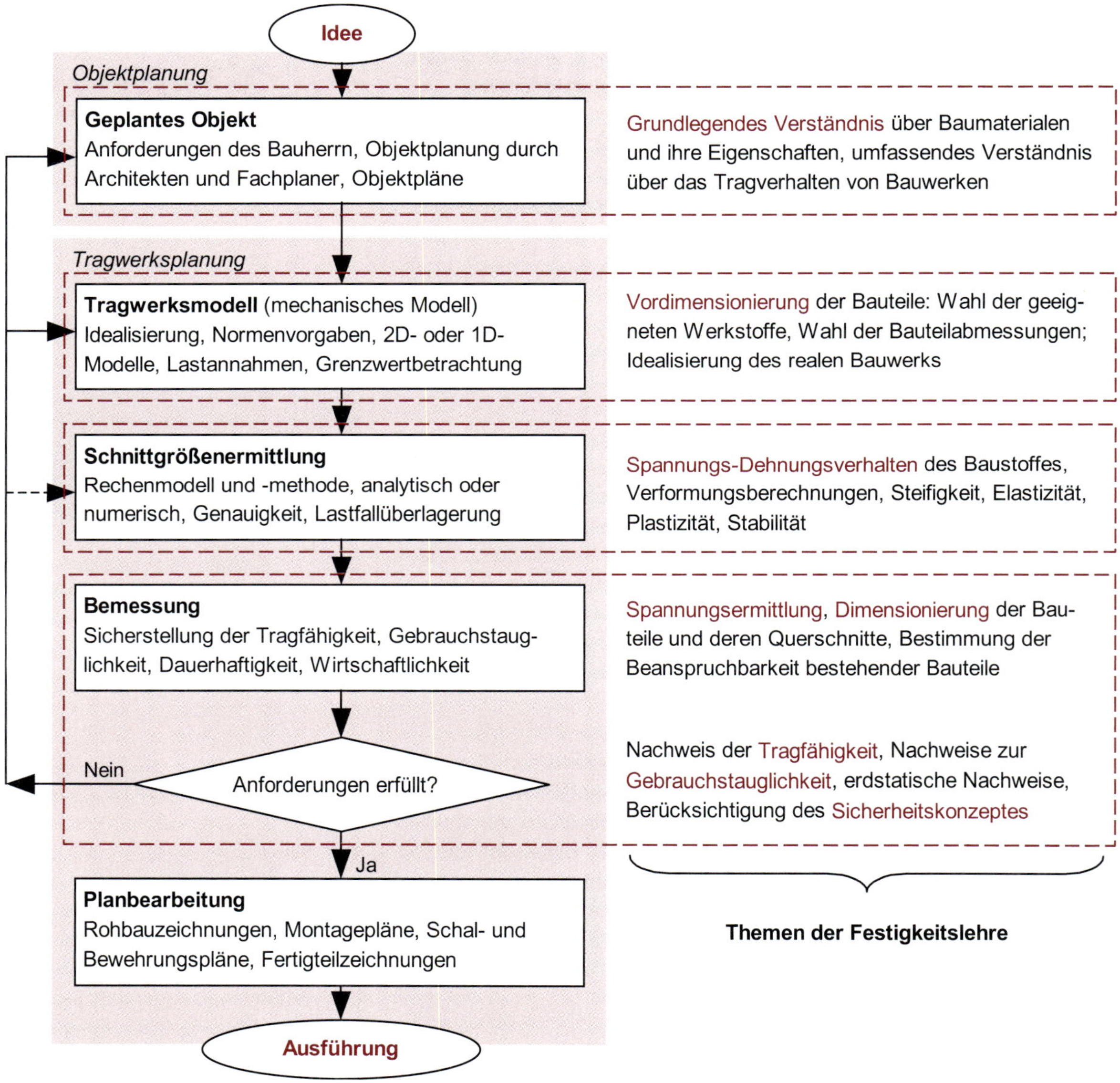

Bild 1.2 Bedeutung der Festigkeitslehre während des Planungsprozesses

Bei der statischen Berechnung werden Auflagerreaktionen und Schnittgrößen ermittelt. Bei statisch bestimmten Tragsystemen reichen die allgemeinen Gleichgewichtsbedingungen aus, um die Schnittgrößen in jedem Punkt des Systems zu bestimmen. Dabei wird das Tragwerk als starres System betrachtet. Diese Idealisierung muss bei statisch unbestimmten Tragsystemen aufgegeben werden. Die Schnittgrößen können in diesem Fall nur dann korrekt ermittelt werden, wenn das Verformungsverhalten des Tragwerks zutreffend beschrieben werden kann. Dazu müssen Statiker die genauen Abmessungen der Tragwerksteile und die maßgebenden Werkstoffparameter kennen und der statischen Berechnung zugrunde legen.

Aufgabe 1.1: Die Schnittgrößen eines vertikal belasteten Trägers lassen sich mithilfe der Gleichgewichtsbedingungen $\Sigma V = 0$ und $\Sigma M = 0$ ermitteln. Stimmt das wirklich? Wenn ja, unter welchen Bedingungen?

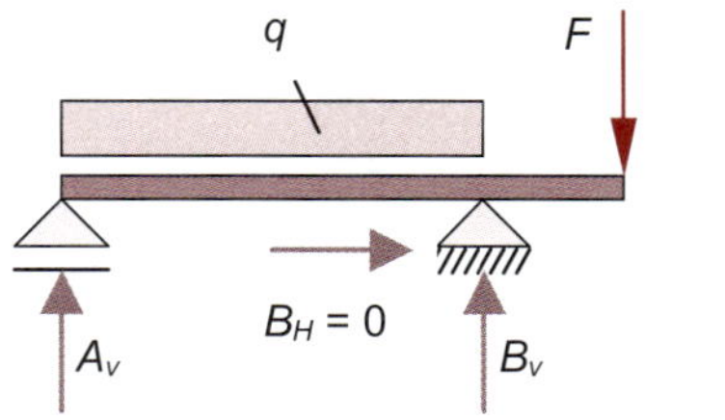

Die Schnittgrößen allein lassen jedoch keine Aussage über die Beanspruchbarkeit (Tragwiderstand) des Bauteils oder des Tragwerks insgesamt zu. So wird ein typischer Holzsparren bei einer anderen Beanspruchung versagen als ein Doppel-T-Träger aus hochwertigem Stahl. Im Zuge der Bemessung muss also in jedem Ort des Tragwerks geprüft werden, ob die Beanspruchungen sicher und schadensfrei aufgenommen werden können. Es wird der Nachweis der Tragfähigkeit geführt.

Neben den Beanspruchungen sind die Verformungen (Deformationen) von großer praktischer Bedeutung. Ein Tragwerk und seine Bauteile sind zwar feste, aber keine starren Gebilde. Man spricht allgemein von deformierbaren Körpern. Manchmal wird im Zusammenhang mit der Festigkeitslehre auch von der „Statik deformierbarer Körper“ gesprochen. Reagiert der Körper aufgrund seiner Werkstoffeigenschaften elastisch (wie z. B. eine Uhrfeder), so wird die Festigkeitslehre auch mit dem Begriff „Elastostatik“ gleichgesetzt. Die Tragwerksplaner haben somit auch den Nachweis zu führen, dass die Verformungen bestimmte, durch Baunormen oder Bauherren vorgegebene Grenzwerte nicht überschreiten. Es wird auf diese Weise sichergestellt, dass die Gebrauchstauglichkeit gegeben ist.

Größere Verformungen können darüber hinaus das Tragverhalten eines stabilitätsgefährdeten Tragwerks nachteilig beeinflussen und die Tragsicherheit herabsetzen. In einem solchen Fall müssen die Schnittgrößen nicht mehr am unverformten, sondern am verformten System neu ermittelt und die Bemessung entsprechend angepasst werden.

Die Tragfähigkeit ist die Fähigkeit des Tragwerks und seiner tragenden Teile, allen auftretenden Einwirkungen zu widerstehen, denen es während der Errichtungs- und Nutzungsdauer planmäßig standhalten soll.

Werden die Anforderungen an die Tragfähigkeit und die Gebrauchstauglichkeit im ersten Ansatz des Planungsprozesses nicht erfüllt, so sind gegebenenfalls Konstruktionsänderungen (z. B. bei den Bauteilabmessungen oder Werkstoffparametern) vorzunehmen (*Bild 1.2*). In manchen Fällen gelingt es, durch Verfeinerungen am Tragwerksmodell oder durch Auswahl eines genaueren Berechnungsverfahrens bei der Schnittgrößenermittlung, die Bemessung erfolgreich abzuschließen und damit alle Vorgaben für die Planbearbeitung bereitzustellen.

Die Gebrauchstauglichkeit ist die Fähigkeit des Tragwerks und seiner Bestandteile, die planmäßige Nutzung entsprechend festgelegter Bedingungen zu ermöglichen.

Fassen wir zusammen: Die Festigkeitslehre vermittelt wichtige Kenntnisse zur Bewältigung der oben geschilderten Aufgaben. Sie beschäftigt sich mit deformierbaren, festen Körpern mit dem Ziel, ein Versagen eines beanspruchten Systems und seiner Teile durch Bruch, zu große Verformungen oder Instabilität zu vermeiden.

1.2 Modellbildung

Ausgangspunkt für jeden Planungs- und Konstruktionsprozess ist das Tragwerksmodell. Es ist die gedankliche Umsetzung des realen Bauwerks in ein berechenbares Modell, für das Annahmen getroffen werden im Hinblick auf

Das Erstellen eines Tragwerksmodells ist eine der entscheidenden und anspruchsvollen Aufgaben der konstruktiv gestaltenden Ingenieure. Die Meinung, auch diese Aufgabe dem Computer alleine zu überlassen, führt in die Irre.

- einwirkende Lasten bzw. Lastkombinationen,
- das statische System und dessen Auflagerbedingungen,
- das Tragverhalten
- und das Werkstoffverhalten.

Auch wenn es heute computergestützte Rechenmethoden gibt, mit denen die stets dreidimensionalen Bauteile auch als dreidimensionale Körpermodelle aufwändig berechnet werden können, so werden in der Tragwerksplanung überwiegend zwei- und eindimensionale Tragwerksmodelle (2D- bzw. 1D-Modelle) gewählt. Mit ihnen lässt sich bei vertretbarem Aufwand eine gute Abbildung der Wirklichkeit darstellen. In *Bild 1.3* werden typische Tragwerksmodelle gezeigt. Sie zeichnen sich durch einen einfachen geometrischen Aufbau aus.

Für besonders massive oder dickwandige Tragwerke, deren Abmessungen in allen drei Dimensionen vergleichbare Größenordnungen erreichen, sind aufwändige Körpermodelle notwendig. Für flächige Tragwerke, bei denen die Längenabmessungen die Dicke weit übersteigen, werden zweidimensionale Modelle mit geringer Wandstärke eingesetzt. Typische Flächentragwerke sind Platten, Scheiben und Faltwerke sowie – in gekrümmter Form – die Schalen. Für diese Modelltypen werden wegen der geringen Wandstärke Näherungsvoraussetzungen getroffen. Sie ermöglichen eine sinnvoll vereinfachte, aber dennoch ausreichend genaue Berechnung sowie eine anschauliche Ergebnisinterpretation.

Bei der Einführung in die Grundlagen der Festigkeitslehre werden vorzugsweise eindimensionale Tragwerksmodelle behandelt wie

- der Zug- bzw. Druckstab,
- der Biegebalken,
- der Torsionsstab
- und der Knickstab.

Eindimensionale Tragwerksmodelle, bei denen die Längenausdehnung die Querabmessungen um ein Vielfaches übertrifft, werden auch als Linientragwerke bezeichnet. Typische Modelltypen sind in dieser Gruppe die Stabtragwerke (Druck- oder Zugstab, Biegeträger, Torsionsstab). Bei komplexeren Tragwerken müssen die vorgestellten Modelle kombiniert werden. Ein Beispiel ist der Rahmen, der sich aus biegebeanspruchten Riegeln und

Stützen zusammensetzt. Durch die Dimensionsreduktion bei 2D- bzw. 1D-Modellen entstehen die spezifischen Scheiben-, oder Plattentheorien bzw. Stab- und Balkentheorien, die in der Statik näher behandelt werden. Durch diese Reduktion wird das Tragverhalten durch charakterisierende Begriffe wie Dehnung, Biegung, Torsion, Schub, Verwölbung oder Knicken beschreibbar.

Fassen wir zusammen: Tragwerksplaner müssen Tragwerksmodelle entwickeln, um die Realität berechenbar zu machen. Dabei sind Annahmen zu treffen und Vereinfachungen in Kauf zu nehmen. Typische Tragwerksmodelle sind Flächen- und Stabmodelle. Die Analyse des Tragverhaltens dieser Modelle erfolgt heute mithilfe des Computers.

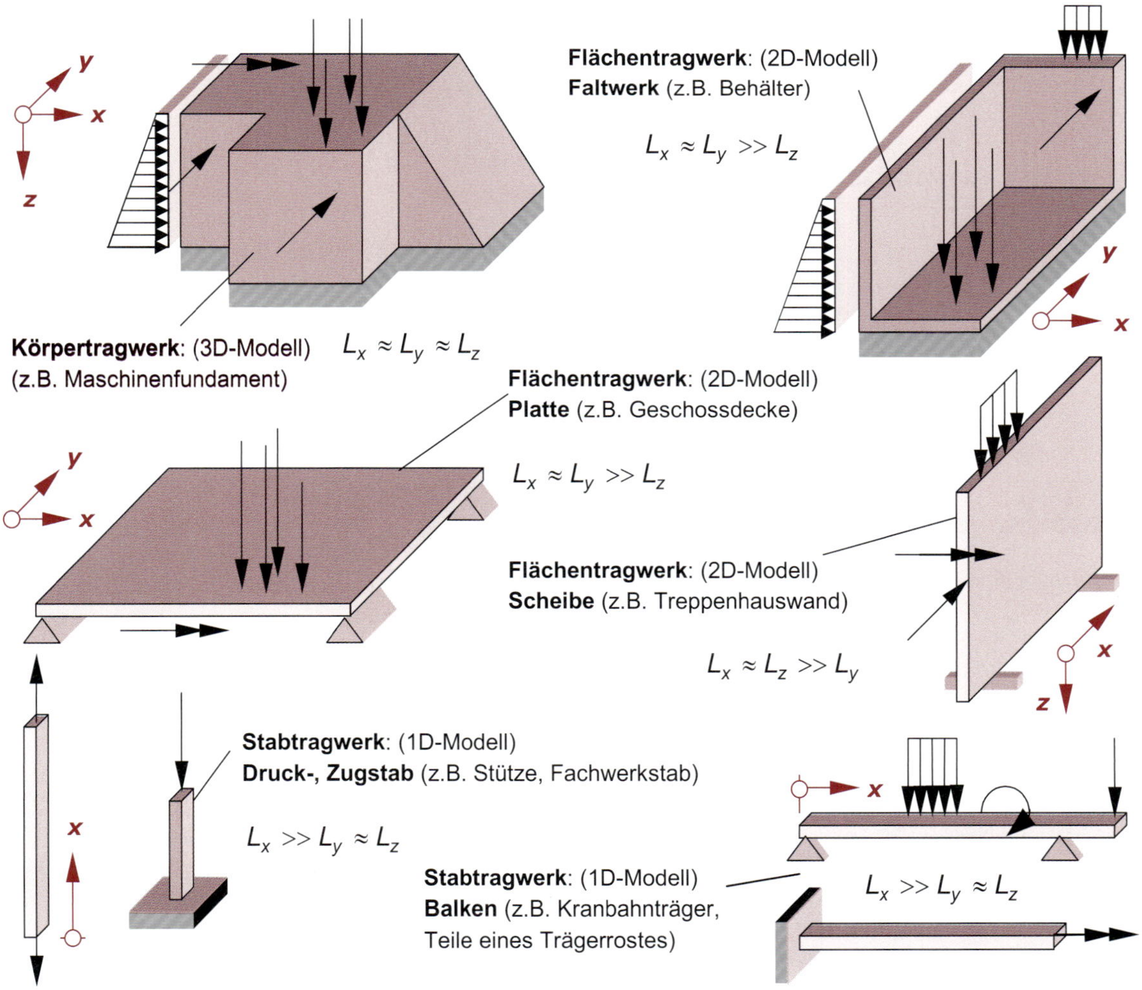

Bild 1.3 Typische Tragwerksmodelle

1.3 Einwirkungen, Beanspruchungen

Aus der Statik ist der Begriff Einwirkung bekannt. Es handelt sich hierbei meist um eine auf das Tragwerk einwirkende Last (Kraftgröße), die auch als direkte Einwirkung bezeichnet wird. Daneben gibt es indirekte Einwirkungen, die dem Tragwerk eine Verformung (Verdrehung oder Verschiebung) aufzwingen (*Bild 1.4*).

Typische indirekte Einwirkungen sind Temperaturänderungen, Temperaturdifferenzen zwischen Unter- und Oberseite eines Bauteils oder ungleiche Setzungen an den Auflagern. Bei statisch unbestimmten Tragsystemen entstehen aufgrund der Verformungsbehinderungen so genannte Zwangsschnittgrößen, die mit der gleichen Wertigkeit wie die Schnittgrößen aus direkt einwirkenden Lasten behandelt werden müssen. *Bild 1.4* zeigt – nach der Ursache unterteilt – verschiedene Einwirkungen.

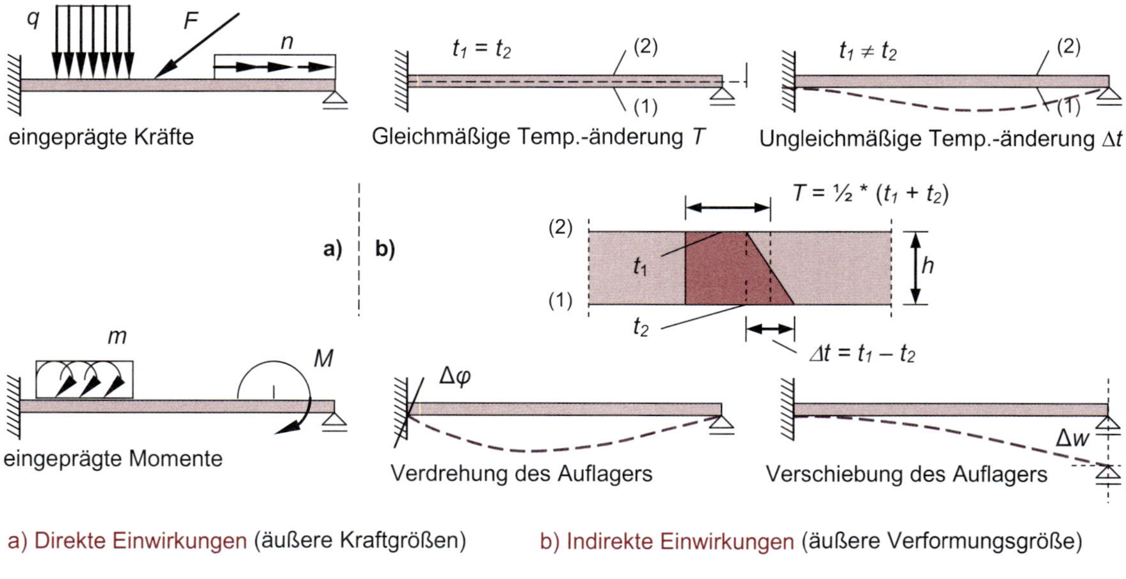

Bild 1.4 Ursachen für verschiedene Einwirkungen

Als indirekte Einwirkungen werden auch das Kriechen (Formänderung des Materials mit dem Ziel, sich einer dauerhaft wirkenden Beanspruchung zu entziehen) und das Schwinden (Schrumpfung durch Austrocknung) angesehen.

Bei Einwirkungen unterscheidet man neben der Ursache auch nach der Art der Wirkung. So ist eine vorwiegend ruhende Einwirkung eine Einwirkung, die keine (wesentlichen) Beschleunigungen des Tragwerks oder des Bauteils hervorruft. Typische Einwirkungen dieser Art sind:

- ständige oder zeitlich unveränderliche Einwirkungen wie Eigengewicht, Erddruck oder Vorspannung,

- zeitlich veränderliche Einwirkungen wie Nutzlasten aus Verkehr und Lagerung, Schnee- oder Windlasten. Obwohl zeitlich veränderlich, so werden diese Einwirkungen für die Tragwerksplanung dennoch als vorwiegend ruhende Einwirkungen angesehen.

Bei dynamischen Einwirkungen handelt es sich um stoßende oder sich häufig wiederholende Belastungen, die wesentliche Beschleunigungen hervorrufen wie z.B. Kranbahnlasten.

Eine Einwirkung kann allein oder gleichzeitig in Kombination mit anderen, von ihr unabhängigen Einwirkungen auftreten. Man spricht dann von einer Einwirkungskombination. Als Folge der gleichzeitig zu betrachtenden Einwirkungen bzw. einer Einwirkungskombination ergibt sich die Beanspruchung des Tragwerks oder seiner Teile oder die Beanspruchung an einem betrachteten Ort (Querschnitt) des Tragwerks.

Ein für die Bemessung maßgebender Wert einer Beanspruchung lässt sich mithilfe der ungünstigsten Einwirkungskombination bestimmen. Diese muss den Kombinationsregeln der einschlägigen Baunormen gehorchen. In *Bild 1.5* wird dieser Hergang exemplarisch an einem Biegeträger gezeigt, allerdings ohne auf weiterführende Regeln des Sicherheitskonzepts nach DIN EN 1990:2012-12 im Hinblick auf die Bemessung einzugehen.

Aufgabe 1.2: Wie müssen die Lastfälle in *Bild 1.5* kombiniert werden, um die maßgebende Auflagerkraft des rechten Lagers zu erhalten?

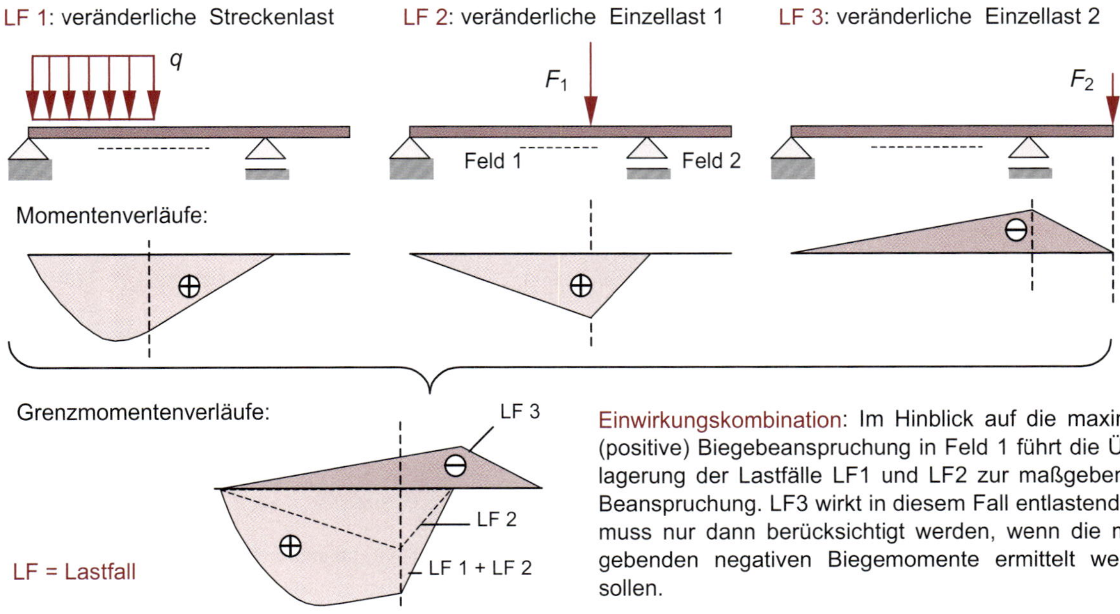

Einwirkungskombination: Im Hinblick auf die maximale (positive) Biegebeanspruchung in Feld 1 führt die Überlagerung der Lastfälle LF1 und LF2 zur maßgebenden Beanspruchung. LF3 wirkt in diesem Fall entlastend und muss nur dann berücksichtigt werden, wenn die maßgebenden negativen Biegemomente ermittelt werden sollen.

Bild 1.5 Ermittlung der maßgebenden Beanspruchung durch Lastfallkombinationen

1.4 Schnittgrößen, Spannungen

Ein Maß für die Beanspruchung auf der Ebene des Tragwerkmodells sind die Schnittgrößen. Bei Stabtragwerken sind es im allgemeinen Fall die Längs- oder Normalkraft N, die Querkräfte V_y und V_z sowie das Torsionsmoment M_x um die Längsachse des Stabes und die beiden Biegemomente M_y und M_z (vgl. *Bild 1.6*). Wirkt eine besondere Belastung in einer Ebene bzw. in einer Richtung, so ergeben sich bestimmte Schnittgrößen zu null.

Aufgabe 1.3: In *Bild 1.3* sind einige Stabtragwerke (also 1D-Modelle) unter besonderen Beanspruchungen dargestellt. Welche Schnittgrößen ergeben sich bei diesen Systemen zu null und müssen nicht weiter beachtet werden?

Die Festlegung, was positive oder negative Schnittgrößen sind, erfolgt mithilfe eines am Tragwerk ausgerichteten Koordinatensystems und der Positivdefinition der Schnittufer. Schnittgrößen sind dann positiv, wenn sie am positiven Schnittufer im positiven Sinne des Koordinatensystems wirken. Das positive Schnittufer einer Schnittstelle ist jenes, welches man vom Ursprung ausgehend zuerst erreicht. Die Einführung von Schnittstellen ist eine Methode der Statik (Schnittprinzip), um Beanspruchungen an einer beliebigen Stelle des Tragwerkmodells „sichtbar" und damit berechenbar zu machen.

Alle Schnittgrößen beziehen sich bei Stabtragwerken auf die Stabachse, die eine Idealisierung des dreidimensionalen Bauteils darstellt. Die Schnittgrößen werden auch als innere Kräfte bezeichnet und stehen mit den äußeren Kräften (einwirkende Lasten und Auflagerreaktionen) im Gleichgewicht. Sie wirken auf die gesamte Schnittfläche und verteilen sich nach mechanischen Gesetzmäßigkeiten in Abhängigkeit von der Querschnittsgeometrie und den Werkstoffparametern.

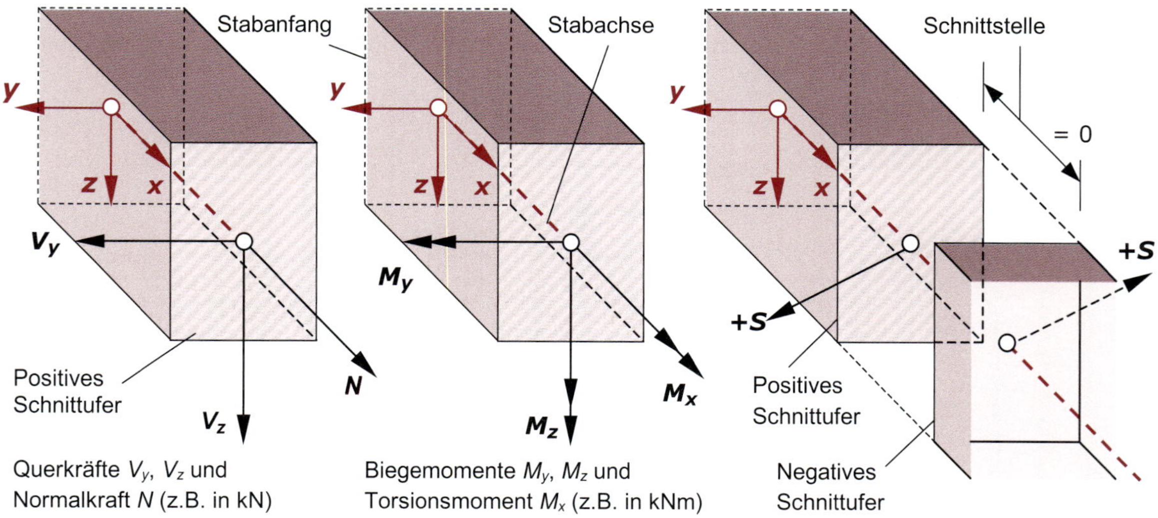

Bild 1.6 Definition positiver Schnittgrößen am Stabtragwerk

Der je Flächeneinheit wirkende Kraftanteil dieser Schnittgrößen wird als Spannung bezeichnet und ist ein Maß für die Beanspruchung im Körperinneren des (realen) Tragwerks.

$$\text{Spannung} = \frac{\text{Kraftanteil}}{\text{Flächeneinheit}} \quad \left(\frac{\text{kN}}{\text{cm}^2}; \frac{\text{N}}{\text{mm}^2}; \frac{\text{MN}}{\text{m}^2}\right)$$

Die Flächeneinheit kann sich aus einer endlichen Querschnittsfläche, einer Teilfläche im Schnitt oder aus einer infinitesimal kleinen Schnittfläche bilden. Mathematisch korrekt wird deshalb die Spannung als Differentialquotient aus innerer Kraft dF und zugehöriger Fläche dA beschrieben; es gilt:

Spannungen mit positivem Vorzeichen nennt man Zugspannungen. Sie dehnen das Material. Negative Spannungen sind Druckspannungen, die das Material zusammenpressen.

$$\text{Spannung} = \frac{\mathrm{d}F}{\mathrm{d}A}$$

Die Spannung ist ebenso wie die Kraft ein Vektor. Sie ist eindeutig durch die Wirkungslinie, den Betrag und ihren Richtungssinn definiert. Stellt man derartige Spannungsvektoren für verschiedene Schnitte und Querschnittspunkte zeichnerisch zusammen, so wird der innere Kraftfluss in einem Tragwerk deutlich. *Bild 1.7* zeigt einen solchen Zustand für einen durch zwei Einzellasten beanspruchten Einfeldträger.

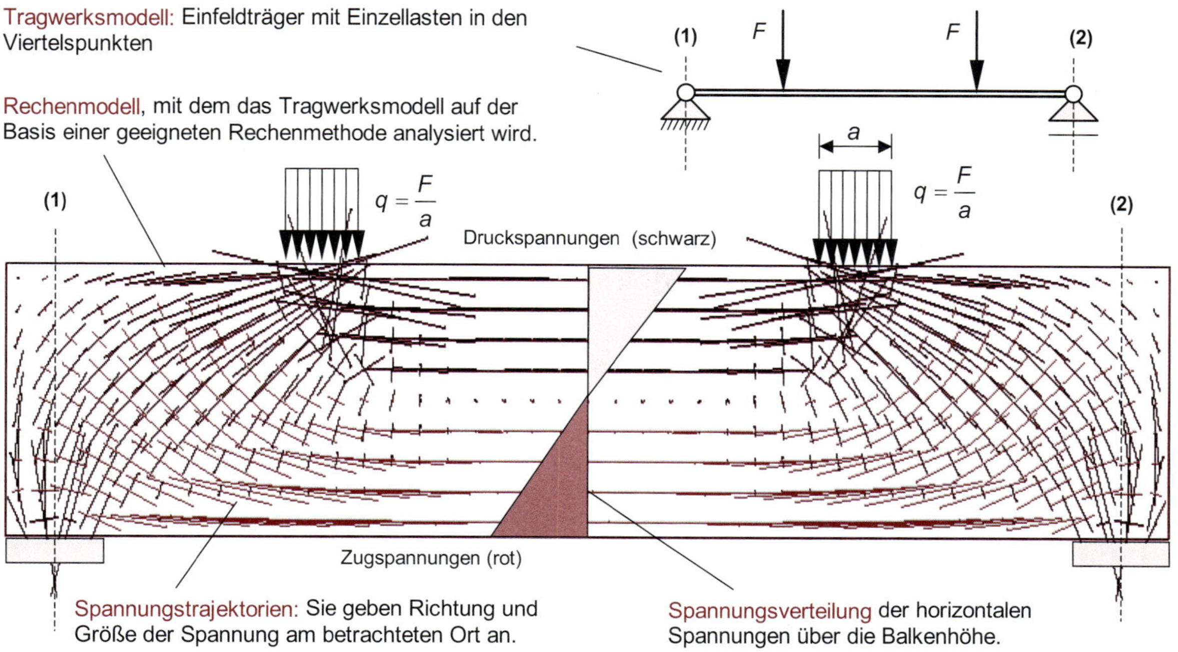

Bild 1.7 Innerer Kraftfluss in einem Einfeldträger unter Querkraftbiegung, berechnet mit einem Scheibenmodell

Für die weitere Betrachtung der Spannungen ist es üblich, den Spannungsvektor in seine Komponenten zu zerlegen. Die Komponente, die senkrecht (normal) zur Schnittfläche steht, wird als Normalspannung σ, die in der Schnittfläche liegende Komponente als Tangentialspannung τ (auch als Schubspannung oder Scherspannung) bezeichnet (*Bild 1.8*). Die Tangentialspannung τ wird darüber hinaus in zwei senkrecht zueinander stehende Komponenten τ_v und τ_h zerlegt, wenn das Bezugskoordinatensystem dieses erfordert.

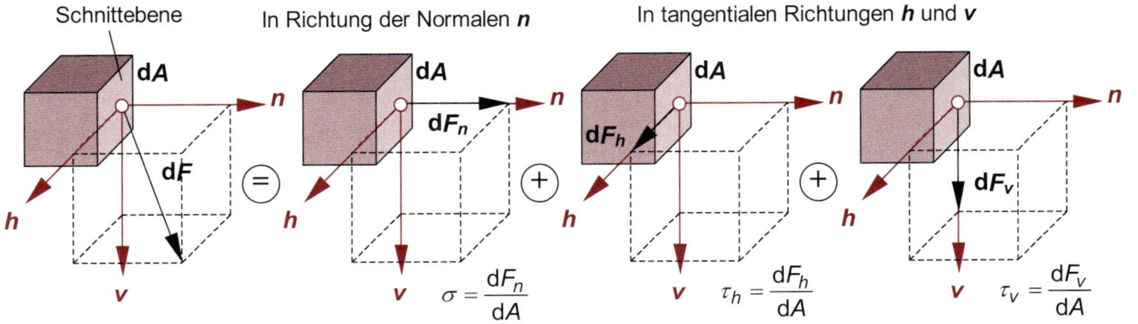

Bild 1.8 Zerlegung des Spannungsvektors in drei orthogonale Spannungskomponenten

Wird aus einem allgemein beanspruchten Körper ein Würfel mit infinitesimalem Volumen und beliebiger Raumorientierung herausgeschnitten, so ergeben sich in jeder Schnittfläche eine Normalspannung und zwei Tangentialspannungen. Zur Unterscheidung ihrer Wirkungsrichtung erhalten die Normalspannungen die Richtungsindizes *x*, *y* und *z*.

Die Tangentialspannungen werden, da sie paarweise pro Schnittfläche vorliegen, doppelt indiziert. Der 1. Index gibt die Richtung der Flächennormalen, der 2. Index die Richtung der jeweiligen τ-Spannung an (*Bild 1.9*).

Aufgabe 1.4: Durch die perspektivische Darstellung in *Bild 1.9* sind die negativen Schnittufer nicht zu sehen. Stellen Sie alle neun positiven Spannungskomponenten an allen negativen Schnittufern in einer eigenen Skizze dar.

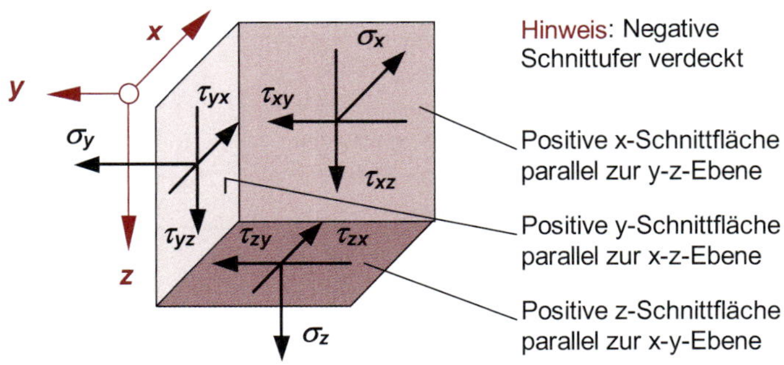

Bild 1.9 Positive Spannungskomponenten am Volumenelement

Die Festlegung der Vorzeichendefinition ergibt sich aus der Lage der Schnittufer in Bezug auf das Koordinatensystem und den Richtungssinn der Spannungskomponenten. Spannungen sind dann positiv, wenn sie am positiven Schnittufer in Richtung der positiven Koordinatenachsen des Bezugssystems wirken. Am negativen Schnittufer weisen positive Spannungen in entgegengesetzte Richtungen.

Wie aus *Bild 1.9* ersichtlich, ergeben sich insgesamt neun Spannungskomponenten. Durch Gleichgewichtsbetrachtungen lässt sich belegen, dass zwei aufeinander zulaufende Tangentialspannungen an benachbarten Schnittufern gleichen Vorzeichens gleich groß sind. *Bild 1.10* zeigt dies für die *x*-*z*-Ebene. Es gilt generell:

$$\tau_{ij} = \tau_{ji} \tag{1.1}$$

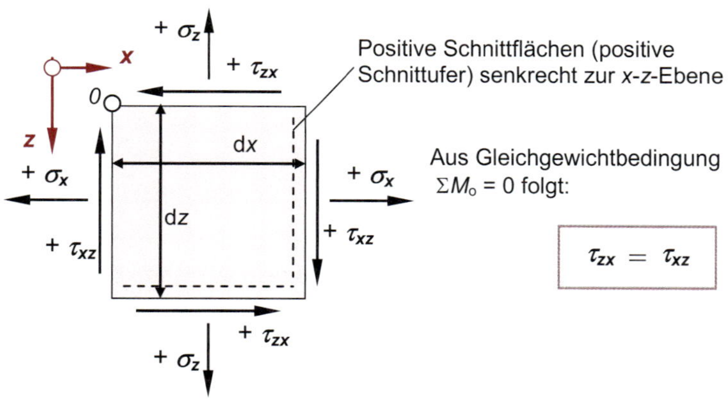

Bild 1.10 Gleichheit zugeordneter Tangentialspannungen

Ein allgemeiner dreiachsiger (räumlicher) Spannungszustand lässt sich somit durch sechs voneinander unabhängige Spannungskomponenten beschreiben:

$$\vec{\sigma} = \left[\sigma_x, \sigma_y, \sigma_z, \tau_{xy}, \tau_{yz}, \tau_{zx}\right]^T \tag{1.2}$$

Sind in besonderen Fällen zwei gegenüberliegende Schnittufer spannungsfrei (*Bild 1.11*), so spricht man von einem zweiachsigen (ebenen) Spannungszustand. Ein solcher Spannungszustand ist typisch für eine Scheibe, die nur in ihrer Ebene Lasten aufzunehmen hat. Quer zur Scheibenebene wirken weder Lasten, noch liegen hier Verformungsbehinderungen vor. Ein einachsiger Spannungszustand ist typisch für einen Stab unter einer Zug- oder Druckbeanspruchung. Hier tritt nur in der Schnittfläche normal zur Stabachse eine von null verschiedene σ-Spannung auf (*Bild 1.11*). Gleiches trifft auch für einen Balken unter reiner Biegung zu.

Durch die Verwendung der Buchstaben σ und τ wird der Eindruck erweckt, als ob es sich um verschiedenartige Spannungen handelt. Normal- und Tangentialspannungen sind gleichartige Komponenten einer resultierenden Spannung. Die Zerlegung in σ- und τ-Spannungen ist lediglich eine Frage der Schnittführung.

In *Abschn. 7.2* werden die Spannungen ein weiteres Mal eine besondere Rolle spielen. Wir werden die Spannungen unter anderen Schnittwinkeln betrachten und auf andere Bezugskoordinatensysteme transformieren. Dabei werden wir auch die sogenannten Hauptspannungen kennen lernen.

Aufgabe 1.5: In *Bild 1.7* ist der innere Kraftfluss eines Einfeldbalkens unter zwei Einzellasten in den Viertelspunkten dargestellt. Gibt es bei diesem Balken Bereiche, in denen ein einachsiger Spannungszustand vorherrscht?

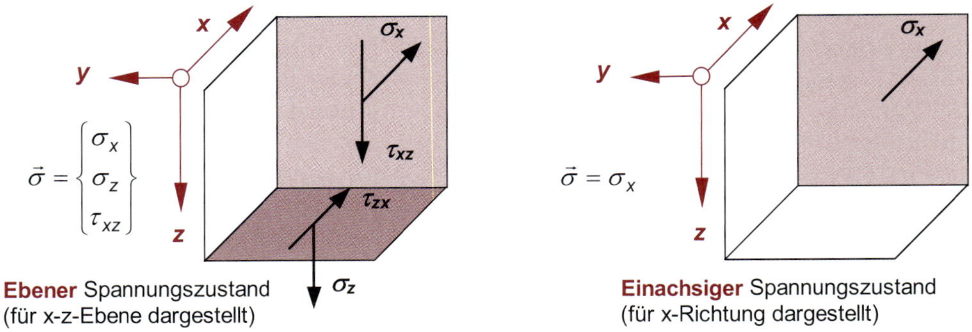

Bild 1.11 Zweiachsiger und einachsiger Spannungszustand

Fassen wir zusammen: Spannungen sind ein Maß für die Beanspruchungen im Körperinneren. Sie werden nach Maßgabe der Schnittführung je Schnittfläche unterteilt in eine Normalspannungs- und zwei Tangentialspannungskomponenten. Schnittgrößen sind ein Maß für die Beanspruchungen auf der Ebene des Tragwerkmodells. Sie repräsentieren den Spannungszustand der Querschnittsfläche in Form von Spannungsresultierenden.

1.5 Verzerrungen, Verformungen

Last- und Temperatureinwirkungen führen zu einer Formänderung des Tragwerks und seiner Bauteile. Formänderungen werden z.B. sichtbar als Durchbiegung eines Balkens, als eine Verdrehung eines Trägers an einem gelenkigen Auflager oder als eine Längenänderung eines Zugstabes. Sie sind das Resultat von Verzerrungen, die sich an jedem Ort im Inneren des Tragwerks in Abhängigkeit vom jeweils herrschenden Spannungszustand einstellen.

Eine Druckbeanspruchung führt zu einer Verkürzung des Körpers. Die Dehnung ist negativ und wird als Stauchung bezeichnet.

Verzerrungen sind Formänderungen eines infinitesimalen Körpers und eine Reaktion auf die Spannungen, die auf ihn wirken. Verzerrungen werden nach Dehnung ε und Gleitung γ unterschieden. Als Dehnung wird das Verhältnis zwischen der Längenänderung des Körpers in Richtung einer Normalspannung und seiner ursprünglichen Länge im spannungsfreien Zustand bezeichnet (relative Längenänderung; *Bild 1.12*). Von einer Gleitung spricht man, wenn sich der Körper infolge einer Tangentialspannung rautenartig deformiert (relative Winkeländerung; *Bild 1.13*).

Betrachten wir zunächst die Dehnung. Sie lässt sich an einem Zugstab mit konstantem Querschnitt unter zentrischer und gleichbleibender Normalkraft anschaulich herleiten. Unter der Normalkraftbeanspruchung längt sich der

Stab um das Maß ΔL. Die Dehnung kann unter diesen Voraussetzungen als Verhältnis zwischen ΔL und der Ursprungslänge L bestimmt werden. Es gilt:

$$\varepsilon = \frac{L' - L}{L} = \frac{\Delta L}{L} \tag{1.3}$$

Die Dehnung variiert jedoch von Schnitt zu Schnitt, wenn sich die Querschnittsabmessungen oder bestimmte Werkstoffparameter entlang des Stabes ändern. Um auch diesen Fall mathematisch korrekt zu erfassen, wird die örtliche Dehnung auf einen infinitesimalen Stababschnitt (differenzielles Stabelement) mit der Länge dx bezogen:

Die Dehnung ε ist dimensionslos und wird auch als relative Längenänderung bezeichnet. Bei den meisten bautechnischen Fragestellungen wird sie in 0/00 beziehungsweise in mm/m angegeben.

$$\varepsilon_x = \frac{dx' - dx}{dx} = \frac{du}{dx} \tag{1.4}$$

Durch die Indizierung der Dehnung (hier x) wird die Richtung dieser Verzerrung herausgestellt.

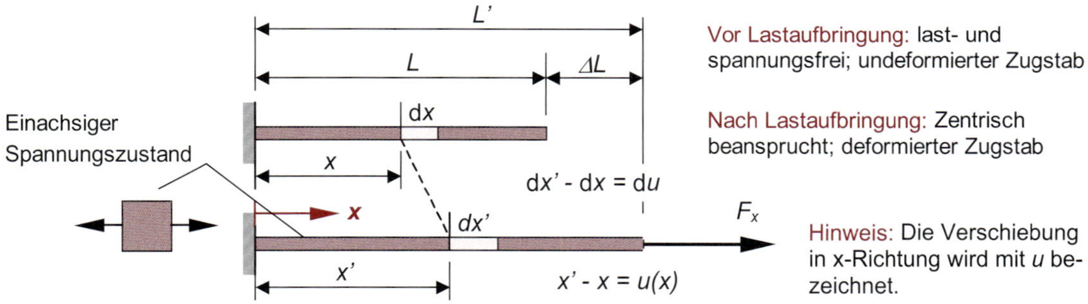

Bild 1.12 Definition der Dehnung, am Zugstab hergeleitet

Im mehraxialen Spannungszustand stellen sich Dehnungen auch in Richtung der y- bzw. z-Achse ein. Die Verschiebung in y-Richtung wird mit v, die Verschiebung in z-Richtung mit w bezeichnet. Analog zu *Gl. (1.4)* ergibt sich:

Die partielle Differentiation wird notwendig, weil jede der drei Verschiebungen u, v und w an jedem Ort eines Bauteils unterschiedlich groß sein können und somit durch Funktionen beschrieben werden müssen, die von mehreren Variablen (x, y und z) abhängig sind.

$$\varepsilon_y = \frac{dy' - dy}{dy} = \frac{\partial v}{\partial y} \tag{1.5}$$

$$\varepsilon_z = \frac{dw' - dw}{dw} = \frac{\partial w}{\partial z} \tag{1.6}$$

Kommen wir nun zur weiteren Verzerrungsgröße, der Gleitung. Eine Tangentialspannung ruft bei ihrer Einwirkung auf einen infinitesimalen Körper eine reine Winkeländerung hervor. Es entsteht ein Rhombus mit (annähernd) unveränderten Kantenlängen (*Bild 1.13*). Als Gleitung γ wird dabei die örtliche Änderung eines ursprünglich rechten Winkels (in Bogenmaß) verstanden.

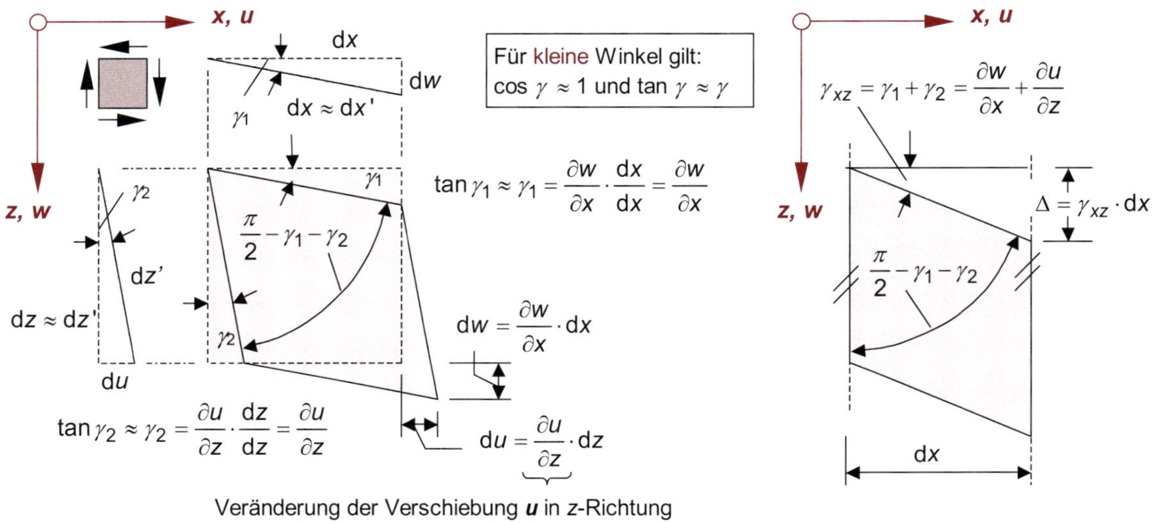

Bild 1.13 Definition der Schubverzerrung (Gleitung; hier für die x-z-Ebene dargestellt)

Am Beispiel der *x-y*-Ebene lässt sich erkennen, dass die Spannungskomponente τ_{zx} eine Gleitung in *x*-Richtung; die Komponente τ_{xz} eine Gleitung in *z*-Richtung bewirkt. Da beide Spannungskomponenten immer paarweise in einer Ebene auftreten (es gilt: $\tau_{xz} = \tau_{zx}$), ergibt sich die Gleitung γ_{xz} als Summe beider Verzerrungsanteile. Es gilt gemäß Herleitung der geometrischen Zusammenhänge in *Bild 1.13*:

Im Alltag des Ingenieurwesens haben die Teilkomponenten γ_1 und γ_2 keine Bedeutung. Man kann die Gleitung γ_{xz} vereinfacht betrachtet als Parallelverschiebung zweier benachbarter Schnittufer im Abstand von dx begreifen. Vielfach wird für die Gleitung auch der Begriff „Schubverzerrung“ benutzt.

$$\gamma_{xz} = \frac{\partial w}{\partial x} + \frac{\partial u}{\partial z} \quad (= \gamma_{zx}) \tag{1.7}$$

Analog zu den Betrachtungen in der *x-z*-Ebene lassen sich vergleichbare Beziehungen für die Gleitungen γ_{xy} und γ_{yz} entwickeln:

$$\gamma_{xy} = \frac{\partial v}{\partial x} + \frac{\partial u}{\partial y} \quad (= \gamma_{yx}) \tag{1.8}$$

$$\gamma_{yz} = \frac{\partial w}{\partial y} + \frac{\partial v}{\partial z} \quad \left(= \gamma_{zy}\right) \tag{1.9}$$

Mit den Dehnungen ε_x, ε_y und ε_z und den Gleitungen γ_{xy}, γ_{yz} und γ_{zx} kann ein beliebiger räumlicher Verzerrungszustand beschrieben werden. Sie sind Funktionen der Verschiebungskomponenten *u, v* und *w*, den Verschiebungen in Richtung *x, y* und *z*. In Analogie zu *Gl. (1.2)* können die Verzerrungskomponenten in einem Verzerrungsvektor mit sechs voneinander unabhängigen Komponenten zusammengefasst werden.

$$\vec{\varepsilon} = \left[\varepsilon_x, \varepsilon_y, \varepsilon_z, \gamma_{xy}, \gamma_{yz}, \gamma_{zx}\right]^T \tag{1.10}$$

Durch die Verwendung der Buchstaben ε und γ wird der Eindruck erweckt, als ob es sich um verschiedenartige Verzerrungen handelt. Beide sind gleichartige Komponenten einer resultierenden Verzerrung. Wie bereits bei den Spannungen erwähnt, ist die Definition wiederum eine Frage der Schnittführung beziehungsweise der Festlegung des Bezugskoordinatensystems. Weitere Erläuterungen sind in *Abschn. 7.3* zu finden.

Bei der Betrachtung der Verzerrungen auf der Ebene des Tragwerkmodells werden die Dehnungen und Gleitungen zu resultierenden Verzerrungsgrößen zusammengefasst. Bei Stabwerksmodellen (1D-Modell) wird der Verzerrungszustand der Querschnittsfläche durch resultierende Verzerrungsgrößen in Höhe der Referenzachse des Modells (Stabachse) beschrieben (*Bild 1.14*). So wird beispielsweise die Verteilung der Verzerrungskomponente ε_x über die Querschnittfläche durch die Achsdehnungen ε_0 und die Krümmungen κ_y und κ_z beschrieben.

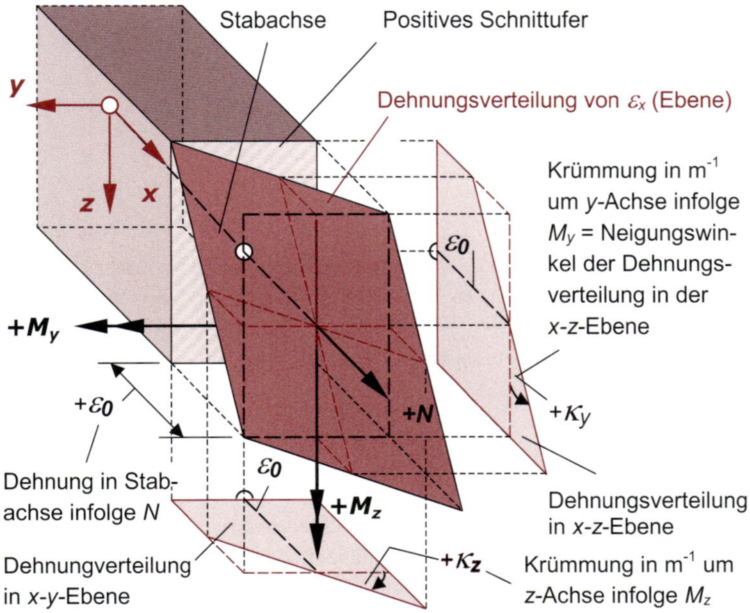

Bild 1.14 Verzerrungsresultierende bezüglich der Referenzachse des biegebeanspruchten Stabelements

Im Verlauf dieses Buches werden noch weitere Verzerrungsresultierende vorgestellt. Aus vergleichender Betrachtung der *Bilder 1.6* und *1.14* lässt sich leicht feststellen, dass die Querkräfte in *y*- und *z*-Richtungen jeweils zu einer allgemeinen Schubverzerrung des Querschnitts in *y*- bzw. *z*-Richtung führen. Unter der Wirkung eines Torsionsmomentes M_x wird es zu einer Verdrillung des Querschnitts kommen.

Die Vorzeichen der resultierenden Verzerrungsgrößen werden in Analogie zu den Schnittgrößen definiert. Eine positive Dehnung in der Achse des Stabes weist am positiven Schnittufer in positive *x*-Richtung. Positive Krümmungen orientieren sich mit ihrem Drehsinn an der positiven *y*- bzw. *z*-Achse.

Die mechanischen Zusammenhänge zwischen den Verzerrungen und Verformungen werden durch Differentialgleichungen, den so genannten kinematischen Beziehungen beschrieben. Die eingehende Betrachtung erfolgt in *Abschn. 7.3.*

Die resultierenden Verzerrungsgrößen und die Schnittgrößen bilden auf der Ebene des Tragwerksmodells ein Paar korrespondierender mechanischer Größen. Bezogen auf einen beliebigen Ort im Inneren des (realen) Baukörpers bilden die dort herrschenden Spannungen und Verzerrungen ein solches Paar (*Tab. 1.1*).

Durch Integration der Verzerrungsgrößen ergeben sich sichtbare und in Längen- und Winkeleinheiten messbare Verformungen. Durch den mathematischen Prozess des „Aufaddierens" der dimensionslosen Größen in Richtung einer Referenzachse lassen sich messbare Verformungen eines Systempunktes bestimmen (*Bild 1.15*). Die Verformungsgrößen werden in Verschiebungen und Verdrehungen unterteilt. Sie beschreiben den Verformungszustand des Tragwerksmodells im Raum.

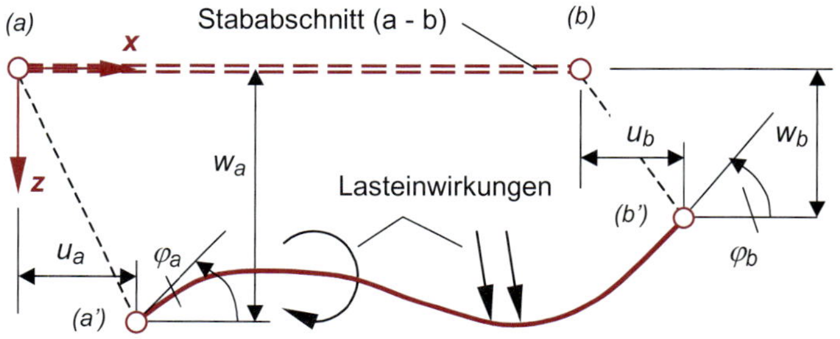

Längsdehnung ε_0 und Krümmung κ_y entlang der Stabachse führen zu Verschiebungen *u*, *w* und Verdrehung φ_y von Systempunkten

Bild 1.15 Verformungen am Beispiel eines Stababschnitts (in *x*-*z*-Ebene)

Aufgabe 1.6: In *Bild 1.15* werden die Verformungskomponenten in der *x*-*z*-Ebene dargestellt. Fertigen Sie eine vergleichbare Skizze für die *x*-*y*-Ebene an. Stellen Sie den verformten Stababschnitt so dar, dass nur positive Komponenten zu sehen sind.

Die Komponenten der Verschiebung eines Modellpunktes werden als *u*, *v* und *w* bezeichnet und orientieren sich an der *x*-, *y*- bzw. *z*-Achse des Bezugskoordinatensystems (*Bild 1.16*). Positive Verschiebungen sind solche, die in positiver Richtung der Koordinatenachsen erfolgen. Die Komponenten einer Verdrehung sind φ_x, φ_y und φ_z. Sie beschreiben die Verdrehung eines Modellpunktes um die entsprechende Achse. Verdreht sich der Punkt vom Koordinatenursprung aus betrachtet im Uhrzeigersinn um eine der drei Achsen, so wird diese Verdrehung als positiv definiert.

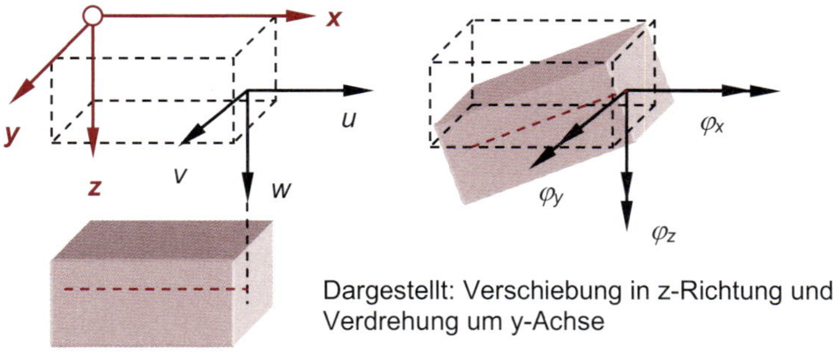

Bild 1.16 Verschiebungskomponenten beim Tragwerksmodell

Tabelle 1.1 Mechanische Größen im Überblick

Kraftgrößen		Formänderung
Spannungen	⇔	Verzerrungen
⇑		⇓
Schnitt-größen	⇔	Verzerrungs-resultierende
⇑		⇓
Einwirkungen	⇔	Verformungen

Fassen wir zusammen: An jedem Ort im Inneren eines belasteten Tragwerks führen die dort herrschenden Spannungen zu einem Verzerrungszustand, der sich je nach Orientierung der Schnittführung durch Dehnungen und Gleitungen beschreiben lässt. Am Tragwerksmodell werden diese dimensionslosen Größen zu Verzerrungsresultierenden in einer Referenzachse oder -ebene zusammengefasst. Die Verzerrungsresultierenden stellen die korrespondierenden mechanischen Größen zu den Schnittgrößen dar. Messbare und dimensionsbehaftete Verformungen ergeben sich erst nach Integration der Verzerrungsresultierenden in Richtung der Referenzachse oder -ebene. Auf der Systemebene stellen Verformungen und Einwirkungen die korrespondierenden Größen dar (*Tab. 1.1*).

1.6 Werkstoffverhalten

Die Begriffe „Spannung" und „Verzerrung" bzw. „Schnittgröße" und „Verzerrungsresultierende" wurden in den beiden vorausgehenden Abschnitten zunächst voneinander unabhängig definiert. Da diese mechanischen Größen alle ihre Ursache in der Beanspruchung des Bauteiles durch direkte oder indirekte Belastungen haben, muss ein Zusammenhang zwischen ihnen bestehen.

Aufgabe 1.7: Besuchen Sie ein Baustofflabor und schauen Sie sich nach Möglichkeit einen Zugversuch an. Bringen Sie in Erfahrung, worin der Unterschied zwischen einem kraftgesteuerten und einem verformungsgesteuerten Zugversuch besteht und welche Auswirkungen diese unterschiedlichen Verfahren auf die Versuchsergebnisse haben.

Aus alltäglicher Erfahrung ist bekannt, dass sich ein Gummiband im Vergleich zu einem gleich langen und vom Querschnitt her vergleichbaren Stahldraht wesentlich nachgiebiger verhält. Seine Verformungen sind deutlich sichtbar und um ein Vielfaches größer als die Verformungen des Stahldrahts. Das mechanische Verhalten ist also maßgeblich durch die Eigenschaften des Werkstoffs bestimmt.

Um diese Eigenschaften zu bestimmen, werden Laborversuche durchgeführt. Ein wichtiger Versuch ist der so genannte Zugversuch (*Bild 1.17*).

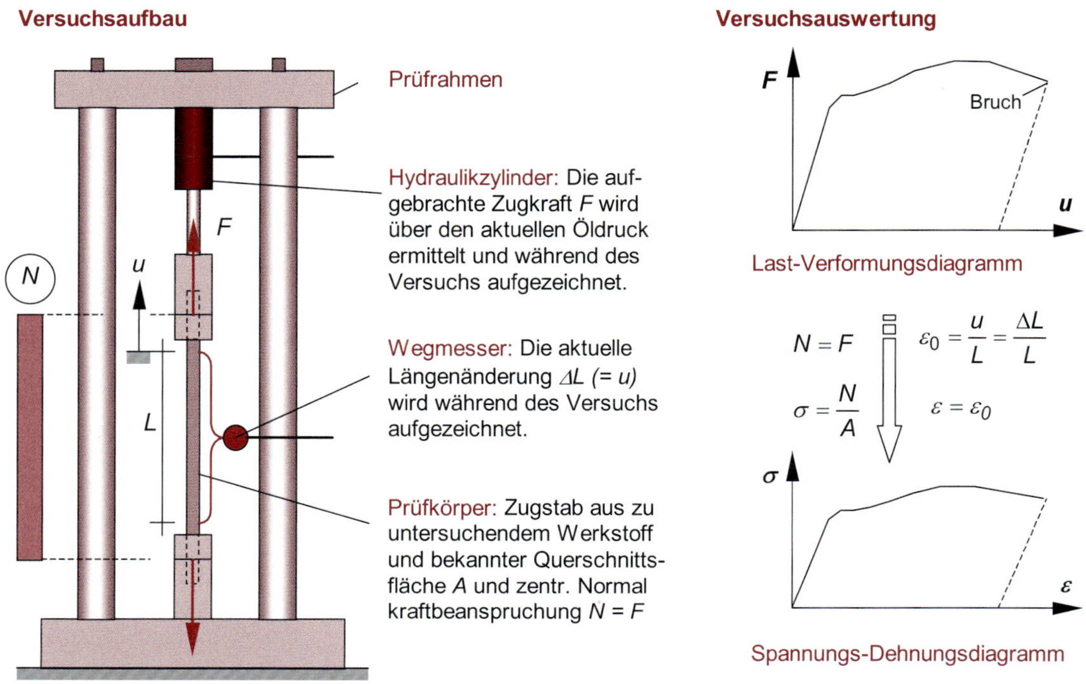

Bild 1.17 Durchführung eines Zugversuchs und Aufzeichnung der Ergebnisse

Hierzu wird ein Zugstab mit einer vorbestimmten Länge L und einem bekannten Stabquerschnitt A in einen Prüfrahmen eingespannt. Während des Versuches wird die Zugbeanspruchung des Stabes kontinuierlich gesteigert. Dabei werden die Längenänderung ΔL und die aufgebrachte Kraft F aufgezeichnet und in einem Last-Verformungsdiagramm eingetragen. Um eine verallgemeinerte Aussage über das Werkstoffverhalten zu erhalten, wird das Last-Verformungsdiagramm in ein Spannungs-Dehnungsdiagramm (σ-ε-Linie) überführt. Dazu wird die Spannung durch die Umrechnung

$$\sigma = \frac{N}{A} \tag{1.11}$$

berechnet. Die Schnittgröße N ist konstant über die Messlänge L verteilt und steht im Gleichgewicht mit der aufgebrachten Zugkraft F. Die Dehnung erhält man aus *Gl. (1.3)*

$$\varepsilon = \frac{\Delta L}{L}$$

Da die Dehnung konstant über den Querschnitt verteilt ist, darf eine Gleichsetzung von ε (Dehnung in einer beliebigen Faser des Stabes) und ε_0 (Dehnungsresultierende in der Stabachse) erfolgen; es gilt: $\varepsilon = \varepsilon_0$.

Jeder Werkstoff besitzt eine charakteristische σ-ε-Linie. Bei einer Vielzahl von unterschiedlichen Werkstoffen lässt sich der Kurvenverlauf im unteren Lastbereich durch eine Gerade annähern. Die Steigung dieser Geraden ist von Werkstoff zu Werkstoff unterschiedlich groß (*Tab. 1.2*). Der Tangens des Steigungswinkels wird als Elastizitätsmodul E (oder kürzer: E-Modul) bezeichnet. Somit lässt sich der Zusammenhang zwischen Spannung und Dehnung – zumindest im unteren Lastbereich – über die Geradengleichung

$$\sigma = E \cdot \varepsilon \tag{1.12}$$

hinreichend genau beschreiben. Diese Gleichung wird als Hookesches Gesetz bezeichnet (*Bild 1.18*) und gilt für Zug- und Druckbeanspruchungen unterhalb der Proportionalitätsgrenze. Da die Dehnung dimensionslos ist, muss der Elastizitätsmodul die Dimension einer Spannung aufweisen (z.B. N/mm² oder kN/cm²). Das Werkstoffverhalten wird als elastisch bezeichnet, wenn die Belastungskurve mit der Entlastungskurve zusammenfällt und die Dehnung nach dem Entlasten folglich auf den Wert Null zurückfällt. Kann die Be- bzw. Entlastungskurve durch eine Gerade beschrieben werden, so nennt man das Verhalten entsprechend linear-elastisch.

Mithilfe des Zugversuchs werden noch weitere Eigenschaften des Werkstoffs festgestellt. Da Zugversuche im Regelfall immer bis zum Bruch des Prüfkörpers gefahren werden, kann das Verhalten auch bei hoher Zugbeanspruchung untersucht werden. *Bild 1.19* zeigt qualitativ das Spannungs-Dehnungsdiagramm von Baustahl und Betonstahl.

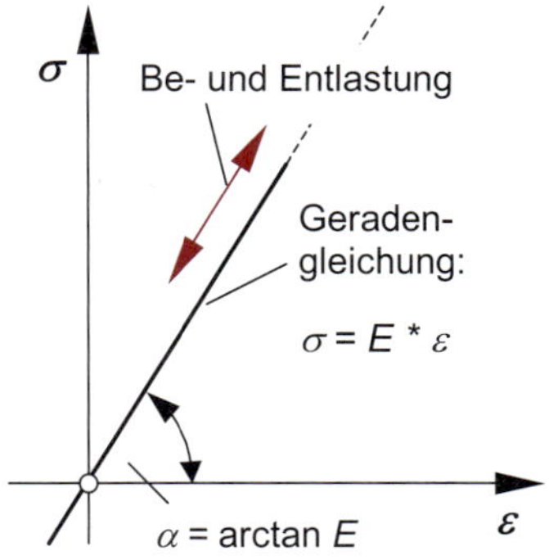

Bild 1.18 Das Hookesche Gesetz (Robert Hooke; 1635 – 1703)

Tabelle 1.2 Elastizitätsmodule einiger Werkstoffe (Anhaltswerte)

Werkstoff	E N/mm²
Stahl	210.000
Beton	30.000
Aluminium	70.000
Nadelholz // Faser	10.000
Glas	70.000

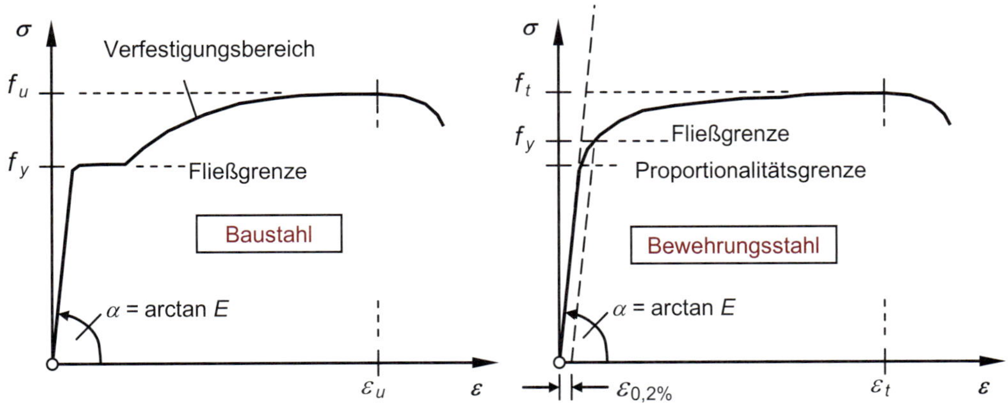

Bild 1.19 Charakteristischer Spannungs-Dehnungsverlauf für Baustahl und Bewehrungsstahl

Die Fließ- oder Streckgrenze f_y (y = yield; engl. für Fließen) und die maximale Zugfestigkeit f_u (u = ultimate) oder f_t (t = tensile; engl. für Zug) sind charakteristische Werkstoffparameter, die bei der Bemessung der Bauteile eine entscheidende Rolle spielen. In den aktuellen Normen werden diese Größen mit dem Buchstaben *f* gekennzeichnet.

Man erkennt, dass Spannung und Dehnung zunächst proportional zunehmen und ein linear-elastisches Verhalten anzeigen. Dieser lineare Zusammenhang geht oberhalb der Proportionalitätsgrenze verloren. Bei zunehmender Spannung nimmt die Dehnung überproportional zu. Mit Erreichen der Fließgrenze (Streckgrenze) treten bei nahezu gleichbleibender Spannung große Dehnungszuwächse auf. Beim Baustahl folgt ein so genannter Verfestigungsbereich. Die Spannung kann weiter bis zur Zugfestigkeit (Bruchfestigkeit) gesteigert werden, bevor der Querschnitt sich dann einschnürt und damit der Bruch eingeleitet wird. Heutige Bewehrungsstähle (Betonstahl) besitzen keine ausgeprägte Fließgrenze. In diesem Fall wird als Fließgrenze die Spannung gewählt, bei der nach Entlastung eine plastische Dehnung von 0,2 % verbleibt.

Wird der Prüfkörper nach Belastung über die Proportionalitätsgrenze des Werkstoffs anschließend vollständig entlastet, so fällt die Entlastungskurve nicht mehr mit der Belastungskurve zusammen (*Bild 1.20*). Sie läuft parallel zur Belastungskurve im linear-elastischen Bereich und zeigt nach völliger Entlastung eine verbleibende (plastische) Dehnung ε_{pl} an. Der Werkstoff hat sich plastisch verformt. Werkstoffe, die große plastische Dehnungen ohne Abfall der aufnehmbaren Spannung zulassen, werden als zähe Werkstoffe oder als Werkstoff mit hoher Duktilität bezeichnet. Ein Werkstoff mit diesen, aus bautechnischen Gründen sehr gewünschten Eigenschaften ist der Stahl. Im Gegensatz dazu gibt es spröde Baustoffe wie beispielsweise Glas, die sich bis zum Bruch linear-elastisch verhalten und dann schlagartig versagen.

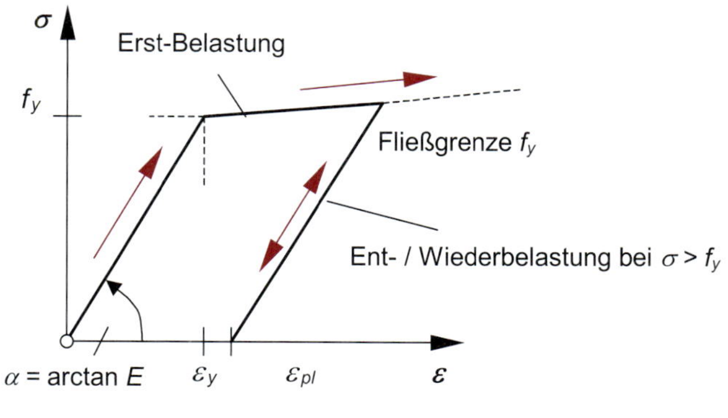

Bild 1.20 Elastisch-plastisches Verhalten

Aus dem Zugversuch lässt sich eine weitere Eigenschaft des Werkstoffs ableiten. Der Prüfkörper weist bei einer Längenänderung auch eine Formänderung in Querrichtung auf. Der Zusammenhang zwischen der Längs- und Querdehnung wird über die Gleichung

1

$$\nu = -\frac{\varepsilon_q}{\varepsilon} = -\frac{\Delta d/d}{\Delta L/L} \tag{1.13}$$

hergestellt. Das Verhältnis zwischen den beiden Größen ist werkstoffabhängig und wird durch die Querdehnzahl ν (oder Querkontraktionszahl) ausgedrückt. *Bild 1.21* veranschaulicht die Formänderung eines zylindrischen Körpers unter Zugspannungen. Logischerweise vergrößert sich der Durchmesser ($d' > d$), wenn der Prüfkörper axial gestaucht wird.

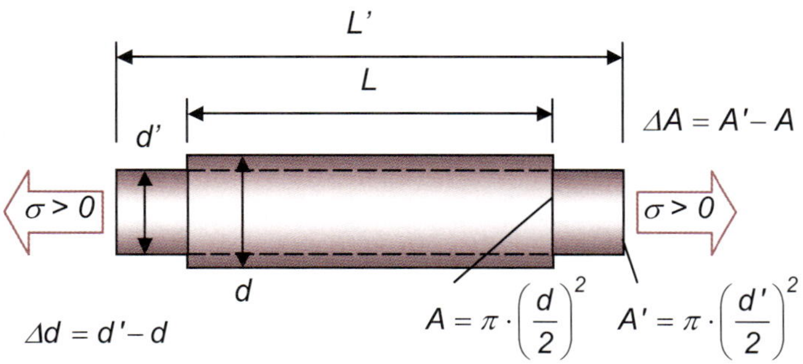

Bild 1.21 Querkontraktion bei Zugbeanspruchung

Tabelle 1.3 Querdehnzahlen ν einiger Werkstoffe (Richtwerte)

Werkstoff	ν
Stahl	0,30
Beton	0,15
Aluminium	0,33
Nadelholz // Faser	--
Glas	0,23

Typische Werte für die Querdehnzahl der unterschiedlichen Werkstoffe listet *Tabelle 1.3* auf. Die theoretischen Grenzwerte liegen zwischen 0,0 und 0,5; es gilt:

$$0 < \nu < 0{,}5 \tag{1.14}$$

Bei der axialen Dehnung (oder Stauchung) erfährt der Prüfkörper eine Volumenänderung. Die relative Volumenänderung ist durch das Verhältnis ΔV zu V gegeben und kann wie folgt berechnet werden:

$$\frac{\Delta V}{V} = (1 - 2 \cdot \nu) \cdot \frac{\Delta L}{L} \tag{1.15}$$

Für den theoretischen Grenzwert $\nu = 0$ wäre die relative Volumenänderung gleich der relativen Längenänderung $\Delta L / L$. Bei einer Querdehnzahl von $\nu = 0{,}5$ wäre der Werkstoff dagegen volumenbeständig.

Aufgabe 1.8: Die *Gl. (1.15)* lässt sich durch geometrische Betrachtungen anschaulich herleiten. Versuchen Sie es unter Zuhilfenahme der *Gl. (1.3)* und des *Bildes 1.21* einmal selbst. Setzen Sie vereinfachend quadratische Terme von ε und/oder ε_q zu null.

Mithilfe der beiden Werkstoffparameter E und ν lässt sich nun auch der mechanische Zusammenhang zwischen der Tangentialspannung $\tau = dF_t / dA$ und dem zugehörigen Scherwinkel γ formulieren (*Bild 1.22*). Im elastischen Bereich gilt in Analogie zum Hookeschen Gesetz:

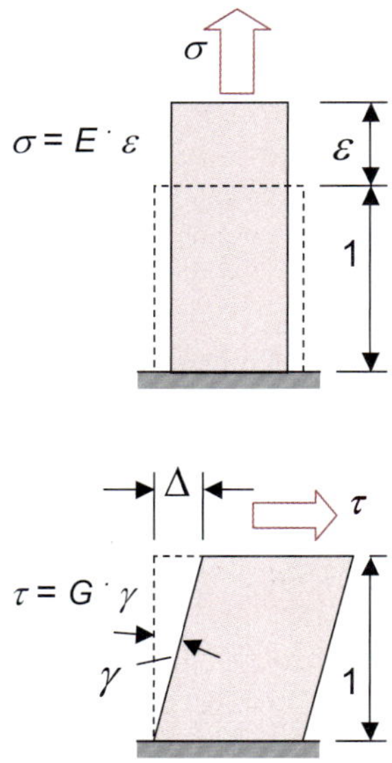

Bild 1.22 Geometrische Veranschaulichung der Formänderung unter Normal- und Tangentialspannungen

$$\tau = G \cdot \gamma \qquad (1.16)$$

mit

$$G = E \cdot \frac{1}{2 \cdot (1+\nu)} \qquad (1.17)$$

Die werkstoffabhängige Größe G wird als Schub- oder Gleitmodul bezeichnet und hat wie der Elastizitätsmodul E die Dimension einer Spannung. G ist bei vergleichbarem Beanspruchungsniveau immer kleiner als E. Aus *Gl. (1.14)* folgt in Verbindung mit *Gl. (1.17)*:

$$E/3 < G < E/2 \qquad (1.18)$$

Die mathematische Beziehung gemäß *Gl. (1.17)* lässt sich durch eingehende Betrachtungen am infinitesimalen Volumenelement herleiten (siehe *Abschn. 7.3*). Durch Torsionsversuche an einem Stab mit kreisförmigem Querschnitt kann die Größe G aber auch unmittelbar aus dem durch Messung ermittelten τ-γ-Diagramm abgelesen werden.

Neben E, G und ν soll abschließend der Wärmeausdehnungskoeffizient (Wärmedehnzahl) α_T als weiterer Werkstoffparameter angesprochen werden. Der Wärmeausdehnungskoeffizient stellt den proportionalen Zusammenhang zwischen der Temperaturänderung und der relativen Längenänderung des Werkstoffs her. Es gilt die lineare Beziehung:

$$\varepsilon_T = \alpha_T \cdot t \qquad (1.19)$$

Die Werkstoffkonstante α_T wird in der Einheit 1/K bzw. 1/°C angegeben. Bei einer gleichmäßigen Erwärmung um t = 1°C dehnt sich der Werkstoff genau um das Maß α_T. Bei Abkühlung ist für t ein negativer Wert einzusetzen, was gemäß *Gl. (1.19)* zu einer negativen Dehnung ε_T führt. *Tab. 1.4* listet die Wärmeausdehnungskoeffizienten oft verwendeter Werkstoffe auf.

Tabelle 1.4 Wärmeausdehnungskoeffizienten einiger Werkstoffe

Werkstoff	α_T
Stahl	1,2 E-05
Beton	1,0 E-05
Aluminium	2,3 E-05
Nadelholz // Faser	0,3 ··· 0,6 E-05
Glas	0,9 E-05

Wirkt neben einer Normalspannung σ auch eine gleichmäßige Temperaturänderung t auf einen Körper, so ist das Elastizitätsgesetz entsprechend zu erweitern; es gilt:

$$\varepsilon = \frac{\sigma}{E} + \alpha_T \cdot t \qquad (1.20)$$

bzw. nach σ aufgelöst:

$$\sigma = E \cdot (\varepsilon - \alpha_T \cdot t) \qquad (1.21)$$

Für den allgemeinen räumlichen Fall und linear-elastisches Werkstoffverhalten gilt unter Einbeziehung der Temperaturänderung:

$$\varepsilon_x = \frac{1}{E} \cdot \left[\sigma_x - \nu \cdot \left(\sigma_y + \sigma_z \right) \right] + \alpha_T \cdot t \tag{1.22 a}$$

$$\varepsilon_y = \frac{1}{E} \cdot \left[\sigma_y - \nu \cdot \left(\sigma_z + \sigma_x \right) \right] + \alpha_T \cdot t \tag{1.22 b}$$

$$\varepsilon_z = \frac{1}{E} \cdot \left[\sigma_z - \nu \cdot \left(\sigma_x + \sigma_y \right) \right] + \alpha_T \cdot t \tag{1.22 c}$$

$$\gamma_{ij} = \frac{\tau_{ij}}{G} \quad \text{für} \quad i, j = x, y, z \quad \text{und} \quad i \neq j \tag{1.22 d}$$

Da die Temperaturänderung gleich große Dehnungen nach allen Richtungen hervorruft, hat die Temperatur keinen Einfluss auf die Schubverzerrungen. Löst man die Gleichungen nach den Spannungskomponenten auf, so entsteht ein System von sechs Spannungs-Verzerrungsbeziehungen, die das verallgemeinerte Hookesche Gesetz darstellen und in Matrizenschreibweise folgende Form annehmen:

$$\vec{\sigma} = \vec{E} \cdot \vec{\varepsilon} \tag{1.23}$$

In ausgeschriebener Form entsteht dabei unter Einbeziehung der *Gl. (1.17)*:

$$\begin{Bmatrix} \sigma_x \\ \sigma_y \\ \sigma_z \\ \hline \tau_{xy} \\ \tau_{yz} \\ \tau_{zx} \end{Bmatrix} = E' \cdot \left[\begin{array}{ccc|ccc} 1-\nu & \nu & \nu & 0 & 0 & 0 \\ \nu & 1-\nu & \nu & 0 & 0 & 0 \\ \nu & \nu & 1-\nu & 0 & 0 & 0 \\ \hline 0 & 0 & 0 & \frac{1}{2}-\nu & 0 & 0 \\ 0 & 0 & 0 & 0 & \frac{1}{2}-\nu & 0 \\ 0 & 0 & 0 & 0 & 0 & \frac{1}{2}-\nu \end{array} \right] \cdot \begin{Bmatrix} \varepsilon_x \\ \varepsilon_y \\ \varepsilon_z \\ \hline \gamma_{xy} \\ \gamma_{yz} \\ \gamma_{zx} \end{Bmatrix} \tag{1.24}$$

mit

$$E' = \frac{E}{(1+\nu) \cdot (1-2 \cdot \nu)} \tag{1.25}$$

Aufgabe 1.9: Ein Stahlrohr mit einer Länge von L = 12 m und einer Querschnittsfläche von A = 30 cm² wird bei einer Temperatur von 20 °C als Zugstrebe zur Stabilisierung einer Stahlkonstruktion eingebaut. In der Nacht kühlt es auf – 5 °C ab.

a) Um wie viel Zentimeter würde sich das Stahlrohr unter den angeführten Bedingungen verkürzen, wenn es zwängungsfrei (d.h. frei in Längsrichtung verschieblich) gelagert wäre?

b) Wie groß wäre die Normalkraft N, wenn die Anschlusspunkte an den Enden des Stahlrohrs bei sonst gleichen Bedingungen von der übrigen Stahlkonstruktion fest und unverschieblich gehalten wären (ΔL = 0)?

Die allgemeinen Spannungs-Dehnungsbeziehungen nach *Gl. (1.24)* gelten

- für linear-elastisches Werkstoffverhalten,
- für homogenes und isotropes Material (mit gleichartigem Gefüge und gleichartigem Verhalten in allen Richtungen),
- für kleine Verzerrungen; es gilt: $\tan \gamma \sim \gamma$ bzw. $\cos \gamma \sim 1$ (vgl. *Bild 1.13*).

Fassen wir zusammen: Mithilfe des Zugversuchs wird das Spannungs-Dehnungsverhalten eines Werkstoffes analysiert. Im unteren Lastbereich kann das Werkstoffverhalten ausreichend genau durch eine lineare Beziehung beschrieben werden; es gelten die Elastizitätsgleichungen $\sigma = E \cdot \varepsilon$ bzw. $\tau = G \cdot \gamma$ (Hookesches Gesetz).

Neben dem E-Modul und dem Gleitmodul sind die Querdehnzahl ν und der Wärmeausdehnungskoeffizient α_T zwei weitere wichtige Werkstoffparameter. Mit diesen Parameter gelingt es, einen mechanischen Zusammenhang zwischen den Kraftgrößen einerseits und den Formänderungen andererseits herzustellen (*Bild 1.23*).

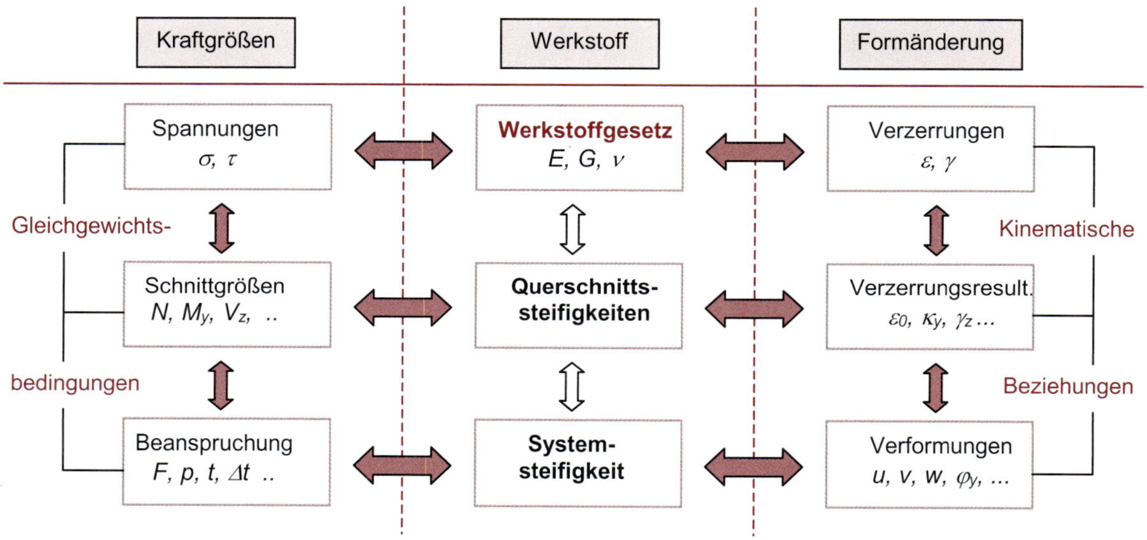

Bild 1.23 Zusammenführung aller mechanischen Größen (siehe *Tab. 1.1*)

2 Querschnittskennwerte

2.1 Vorbemerkung

Ein Tragwerk wird unabhängig von seiner räumlichen Ausdehnung vielfach als Flächen- oder Stabtragwerk modelliert (siehe *Abschn. 1.2*). Bei einem Flächentragwerk (2D-Modell) werden wegen der geringen Bauteildicke Annahmen zur Verzerrungs- und Spannungsverteilung in Richtung der Dickenkoordinate getroffen. Es gelingt so, das mechanische Verhalten des (räumlichen) Bauteils von einer Referenzebene aus zu beschreiben. Als Referenzebene wird in der Regel die Mittelfläche des Tragwerks gewählt.

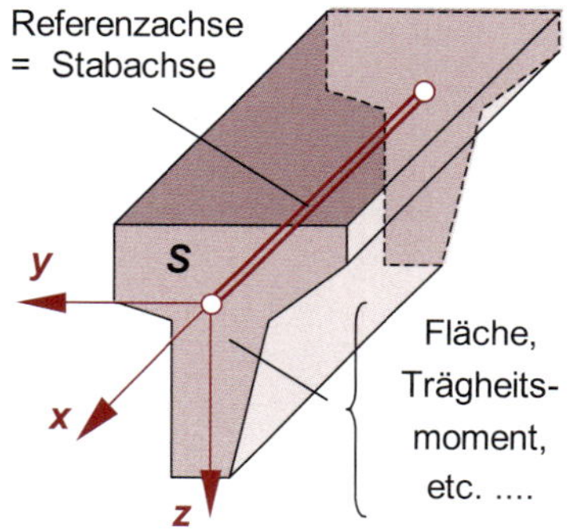

Bild 2.1 Referenzachse als Hilfsmittel für die Stabwerksberechnung

Bei Stabtragwerken (1D-Modell) führt die Dimensionsreduktion noch weiter. Durch entsprechende Annahmen und Vereinfachungen in beiden Koordinatenrichtungen der Stabquerschnittsfläche können die mechanischen Eigenschaften des Stabes in einer Referenzachse zusammengeführt und das Verhalten des Stabes von dieser Achse aus beschrieben werden. Die Referenzachse wird als Stabachse x bezeichnet und fällt in der Regel mit der Schwerpunktlage der Querschnittsfläche zusammen (*Bild 2.1*). Die Referenzachse ist kennzeichnend für das Stabwerksmodell und ist damit der Ort, auf den sich die Schnittgrößen beziehen (vgl. *Bild 1.6*). Die senkrecht zur Stabachse angelegte Querschnittsfläche wird durch die Koordinatenachsen y und z aufgespannt.

Zur Dimensionsreduktion sind Querschnittskennwerte erforderlich. Sie sind abhängig von der Größe und Form der Querschnittsfläche des Bauteils. Mit ihrer Hilfe können die Spannungen an jedem Ort des Bauteils in Abhängigkeit von den Schnittgrößen bestimmt oder auch Verformungsberechnungen und Stabilitätsuntersuchungen am Stabwerksmodell durchgeführt werden. Nachfolgend werden deshalb wichtige Querschnittskennwerte vorgestellt.

2.2 Flächenmomente

In der Festigkeitslehre sind die Flächenmomente nullter, erster und zweiter Ordnung von Bedeutung. Die allgemeine Form eines Flächenmoments n-ter Ordnung lautet:

$$A_{ij} = \int y^i \cdot z^j \, \mathrm{d}A \quad ; \quad n = i + j \tag{2.1}$$

Im Vorwort finden Sie einen Verweis auf besondere Dateien, die zu Lernzwecken per Download erhältlich sind. Auch zur Ermittlung von Querschnittskennwerten werden Hilfen angeboten.

Das Flächenmoment 0. Ordnung entspricht der Querschnittsfläche A. Wegen $n = i + j = 0$ gilt:

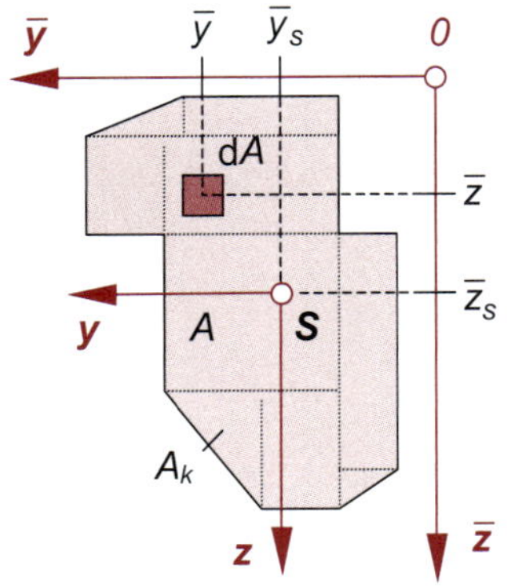

Bild 2.2 Bezeichnungen, allgemeiner Querschnitt

$$A = \int \mathrm{d}A \quad ; \quad i = j = 0 \tag{2.2}$$

Die Integration ist somit unabhängig von der Lage und der Ausrichtung der Koordinatenachsen y und z. Häufig kommen Querschnitte mit einfachen geometrischen Formen zum Einsatz, die eine aufwändige Integration gemäß *Gl. (2.2)* erübrigen.

Bei einem Querschnitt, dessen Gesamtfläche sich aus (unterschiedlichen) geometrischen Formen zusammensetzt (*Bild 2.2*), müssen die Teilflächen aufsummiert werden (m = Anzahl der Teilflächen):

$$A = \sum_{k=1}^{m} A_k \tag{2.3}$$

Die Flächenmomente 1. Ordnung sind achsenbezogene Querschnittskennwerte. Es wird ein Bezugskoordinatensystem $\bar{x}, \bar{y}, \bar{z}$ eingeführt, da die Lage des Schwerpunktes im allgemeinen Fall zunächst unbekannt ist. Wegen $n = i + j = 1$ gilt:

$$\begin{aligned} \bar{S}_z &= \left(\bar{A}_y =\right) \int \bar{y} \cdot \mathrm{d}A \quad ; \quad i = 1; j = 0 \\ \bar{S}_y &= \left(\bar{A}_z =\right) \int \bar{z} \cdot \mathrm{d}A \quad ; \quad i = 0; j = 1 \end{aligned} \tag{2.4}$$

Die Flächenmomente 1. Ordnung werden als statische Flächenmomente bezeichnet und meist mit dem Buchstaben S dargestellt. Der hinzugefügte Index kennzeichnet dabei die Wirkung des Flächenmomentes um die jeweilige Achse. Statische Flächenmomente haben die Dimension Längeneinheit hoch 3. Sie ergeben sich aus der Integration der Flächenelemente dA multipliziert mit ihrem Abstand zur jeweiligen Achse des Bezugskoordinatensystems. Der Ursprung des Koordinatensystems *0* kann ebenso wie die Orientierung der Achsen $\bar{y}$ und $\bar{z}$ beliebig gewählt werden.

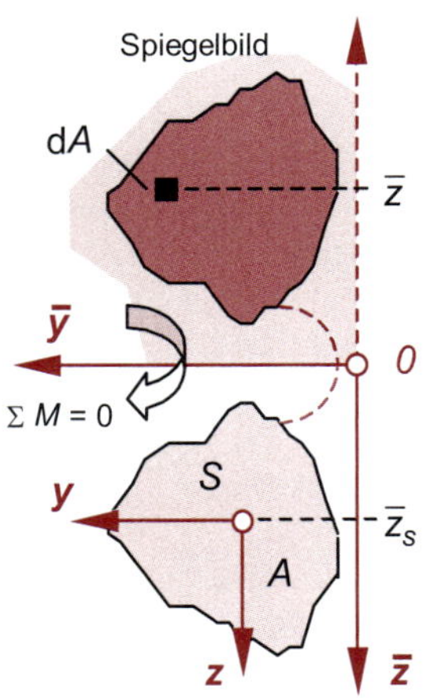

Bild 2.3 Anschauliche Herleitung des Flächenschwerpunktes

Die statischen Momente sind für die Lagebestimmung des Schwerpunktes der Querschnittsfläche von Bedeutung. Aus einer „Gleichgewichtsbetrachtung“ (*Bild 2.3*) ist ersichtlich, dass folgende Beziehung gelten muss:

$$\int \bar{z}\, \mathrm{d}A = \bar{z}_S \cdot A = \bar{z}_S \cdot \int \mathrm{d}A \tag{2.5}$$

Aus *Gl. (2.5)* folgt – in analoger Form – auch für die 2. Achse:

$$\bar{y}_S = \frac{\bar{S}_z}{A} = \frac{\int \bar{y}\, \mathrm{d}A}{\int \mathrm{d}A} \quad ; \quad \bar{z}_S = \frac{\bar{S}_y}{A} = \frac{\int \bar{z}\, \mathrm{d}A}{\int \mathrm{d}A} \tag{2.6}$$

Mithilfe dieser Schwerpunktkoordinaten kann die Referenzachse des Stabes und damit ein neues stabbezogenes *x*-*y*-*z*-System positioniert werden (*Bild 2.2*).

Bei einfachen geometrischen Formen wie Rechteck- oder Kreisflächen ist die Lage des Schwerpunktes intuitiv klar. Bei gebräuchlichen Querschnittsformen helfen bautechnische Tabellenwerke [1] weiter. Weist der Querschnitt eine Symmetrieachse auf, so ist damit bereits ein geometrischer Ort des Schwerpunktes gegeben. Bei Doppelsymmetrie liegt der Schwerpunkt im Schnittpunkt der beiden Symmetrieachsen. Die statischen Momente eines Querschnitts sind bezogen auf die durch den Schwerpunkt gehenden Achsen gleich null.

Bei zusammengesetzten Querschnitten lassen sich die statischen Momente ebenfalls gewinnen durch Summation der Teilflächen multipliziert mit den jeweiligen Abständen zwischen ihren Teilschwerpunkten und den Bezugsachsen:

$$\bar{S}_z = (\bar{A}_y) = \sum_{k=1}^{m} \bar{y}_{s,k} \cdot A_k$$
$$\bar{S}_y = (\bar{A}_z) = \sum_{k=1}^{m} \bar{z}_{s,k} \cdot A_k \qquad (2.7)$$

Die Schwerpunktberechnung erfolgt dann durch:

$$\bar{y}_s = \frac{\bar{S}_z}{A} = \frac{\sum_{k=1}^{m} \bar{y}_{s,k} \cdot A_k}{\sum_{k=1}^{m} A_k} \quad ; \quad \bar{z}_s = \frac{\bar{S}_y}{A} = \frac{\sum_{k=1}^{m} \bar{z}_{s,k} \cdot A_k}{\sum_{k=1}^{m} A_k} \qquad (2.8)$$

Bei mehreren Teilflächen wird empfohlen, *Gl. (2.8)* tabellarisch oder mit Hilfe eines Tabellenkalkulationsprogramms auszuwerten.

Beispiel 2.1

Es soll die Schwerpunktlage der in *Bild 2.4* dargestellten Querschnittsfläche bestimmt werden. Die Abmessungen sind in cm angegeben. Der Querschnitt setzt sich aus drei geometrisch klar definierten Teilflächen zusammen. Der Schwerpunkt der Halbkreisfläche (Teilfläche 3) liegt $4/3 \cdot r/\pi$ = 12,7 cm unterhalb des Kreismittelpunktes. Da der Querschnitt keinerlei Symmetrie aufweist, wird der Bezugspunkt *0* an einem beliebigen Ort positioniert. Dabei ist es sinnvoll, einen Ort zu wählen, von wo aus die Ab-

Aufgabe 2.1: Nehmen Sie die angegebene Literatur zur Hand und erstellen Sie eine Liste mit Formeln zur Schwerpunktberechnung. Überprüfen Sie diese mithilfe der *Gl. (2.6)* oder *(2.8)*.

2

Aufgabe 2.2: Ermitteln Sie die Lage des Schwerpunktes des dargestellten Querschnittes. Verwenden Sie dazu *Gl. (2.8)*.

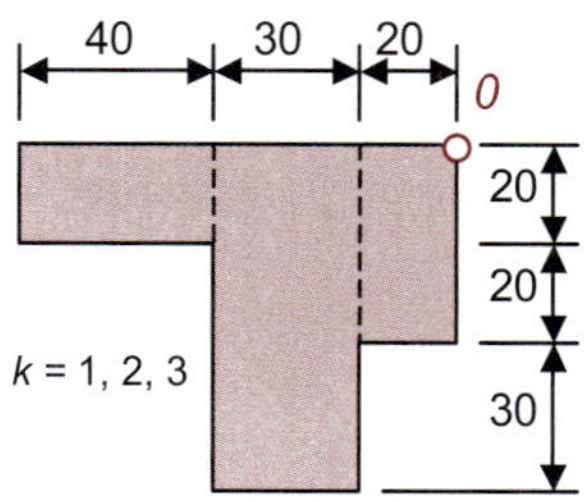

Legen Sie das Bezugskoordinatensystem in die obere rechte Ecke des Profils, um durchgehend mit positiven $\bar{y}$ - und $\bar{z}$ -Werten zu rechnen.

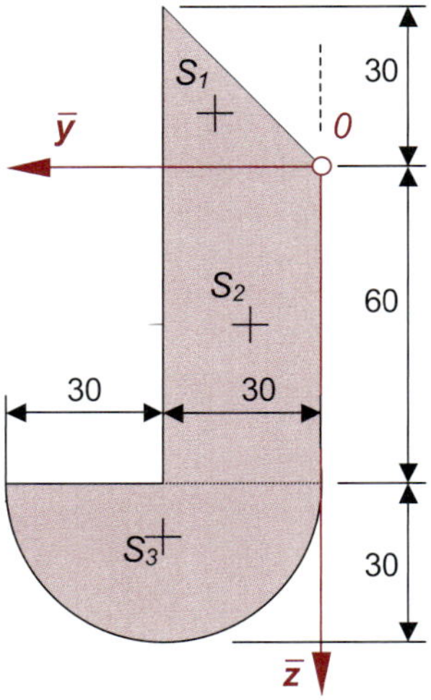

Bild 2.4 Beispiel für einen zusammengesetzten Querschnitt (k = 3)

stände zu den Schwerpunkten der Teilflächen ohne aufwändige Rechnung ermittelt werden können. Die Lösung erfolgt übersichtlich in Form einer Tabelle:

k	A_k	$\bar{y}_{s,k}$	$\bar{z}_{s,k}$	$A_k \cdot \bar{y}_{s,k}$	$A_k \cdot \bar{z}_{s,k}$
--	cm²	cm	cm	cm³	cm³
1	450,0	+20,0	-10,0	+9000,0	-4500,0
2	1800,0	+15,0	+30,0	+27000,0	+54000,0
3	1413,7	+30,0	+72,7	+42411,5	+102823,0
Σ	3663,7	--	--	+78411,5	+152323,0

Aus *Gl. (2.8)* folgt:

$$\bar{y}_s = \frac{+78411{,}5}{3663{,}7} = 21{,}4 \text{ cm}\,; \quad \bar{z}_s = \frac{+152323{,}0}{3663{,}7} = 41{,}6 \text{ cm}$$

Die Flächenmomente 2. Ordnung ergeben sich aus der Integration der Flächenelemente dA multipliziert mit ihrem quadratischen Abstand zur jeweiligen Achse des Bezugskoordinatensystems. Der Ursprung des Koordinatensystems *0* kann zunächst ebenso wie die Orientierung der Achsen $\bar{y}$ und $\bar{z}$ beliebig gewählt werden.

Wird der Ursprung des Bezugskoordinatensystems ganz bewusst in den Schwerpunkt gelegt (*0* = *S*), so werden die Dach-Größen durch die Parameter *I*, *y* und *z* ersetzt. Die nach *Gl. (2.9)* und *(2.10)* errechneten Querschnittskennwerte beziehen sich dann auf die Schwerpunktlage.

Aus *Gl. (2.1)* ergibt sich mit $n = i + j = 2$:

$$\begin{aligned} \bar{I}_z &= (\bar{A}_{yy}) = \int \bar{y}^2 \,\mathrm{d}A \quad ; \quad i = 2\,;\, j = 0 \\ \bar{I}_y &= (\bar{A}_{zz}) = \int \bar{z}^2 \,\mathrm{d}A \quad ; \quad i = 0;\; j = 2 \end{aligned} \qquad (2.9)$$

$$\bar{I}_{yz} = (\bar{A}_{yz}) = \int \bar{y} \cdot \bar{z} \,\mathrm{d}A \quad ; \quad i = 1;\; j = 1 \qquad (2.10)$$

Die Flächenmomente nach *Gl. (2.9)* werden als axiale Flächenträgheitsmomente I_z, I_y ; das Flächenmoment nach *Gl. (2.10)* als zentrifugales Trägheitsmoment, gemischtes Trägheitsmoment oder Deviationsmoment I_{yz} bezeichnet (Deviation = Abweichung). Alle besitzen die Dimension Längeneinheit hoch vier.

Bei Bemessungsaufgaben sowie Schnittgrößen- und Verformungsberechnungen werden die Flächenträgheitsmomente in der Regel als auf die Stabachse und damit auf den Schwerpunkt der Querschnittsfläche bezogene Kennwerte benötigt. Zwischen den schwerpunktbezogenen Koordinatenachsen *y* und *z* und einem beliebigen Bezugskoordinatensystem mit den

Achsen $\bar{y}$ und $\bar{z}$ muss ein mathematischer Zusammenhang entwickelt werden, der eine Transformation zwischen beiden Systemen ermöglicht. Beschränkt man sich zunächst auf eine Parallelverschiebung (Translation), so lassen sich unter Ansatz von

$$\bar{y} = y + \bar{y}_S \quad ; \quad \bar{z} = z + \bar{z}_S \tag{2.11}$$

die *Gl. (2.9)* und *(2.10)* umformen zu:

$$\begin{aligned} \bar{I}_z &= \int (y + \bar{y}_S)^2 \, dA = \int \left(y^2 + 2 \cdot y \cdot \bar{y}_S + \bar{y}_S^2\right) dA \\ \bar{I}_y &= \int (z + \bar{z}_S)^2 \, dA = \int \left(z^2 + 2 \cdot z \cdot \bar{z}_S + \bar{z}_S^2\right) dA \end{aligned} \tag{2.12}$$

$$\begin{aligned} \bar{I}_{yz} &= \int (y + \bar{y}_S) \cdot (z + \bar{z}_S) \, dA \\ &= \int \left(y \cdot z + y \cdot \bar{z}_S + z \cdot \bar{y}_S + \bar{y}_S \cdot \bar{z}_S\right) dA \end{aligned} \tag{2.13}$$

Durch Auflösung der Klammern und die Kenntnis, dass die statischen Momente bezüglich der Schwerpunktsachsen gleich null sind, entsteht als Ergebnis:

$$\begin{aligned} \bar{I}_z &= \int y^2 dA + 2 \cdot \bar{y}_S \cdot \int y \, dA + \bar{y}_S^2 \cdot \int dA = I_z + \bar{y}_S^2 \cdot A \\ \bar{I}_y &= \int z^2 dA + 2 \cdot \bar{z}_S \cdot \int z \, dA + \bar{z}_S^2 \cdot \int dA = I_y + \bar{z}_S^2 \cdot A \end{aligned} \tag{2.14}$$

$$\begin{aligned} \bar{I}_{yz} &= \int y \cdot z \, dA + \bar{z}_S \cdot \int y \, dA + \bar{y}_S \cdot \int z \, dA + \bar{y}_S \cdot \bar{z}_S \cdot \int dA \\ &= I_{yz} + \bar{y}_S \cdot \bar{z}_S \cdot A \end{aligned} \tag{2.15}$$

Die Auflösung der *Gl. (2.14)* und *(2.15)* nach I_z, I_y und I_{yz} führt auf die gesuchten schwerpunktbezogenen Flächenträgheitsmomente:

$$I_z = \bar{I}_z - \bar{y}_S^2 \cdot A \, ; \quad I_y = \bar{I}_y - \bar{z}_S^2 \cdot A \tag{2.16}$$

und

$$I_{yz} = \bar{I}_{yz} - \bar{y}_S \cdot \bar{z}_S \cdot A \tag{2.17}$$

Die Translation von einem beliebigen Bezugspunkt auf den Schwerpunkt des Querschnitts führt immer zu den zahlenmäßig kleinsten Trägheitsmomenten. Der Transformationsprozess gemäß den *Gl. (2.11)* bis *(2.17)* ist nicht erforderlich, wenn die Lage des Schwerpunktes vorab bekannt ist und

Natürlich lassen sich die Querschnittswerte auch auf ein gedrehtes Achsensystem beziehen. Hierzu erfahren Sie in *Abschn. 2.3* mehr.

Die Zusammenhänge der Trägheitsmomente nach *Gl. (2.14)* bis *(2.17)* wurden erstmals von J. Steiner (1796 – 1863) aufgezeigt und nach ihm als Steinerscher Satz bezeichnet. Die Transformationsterme

$$\ldots\ldots \pm \bar{y}^i \cdot \bar{z}^j \cdot A \quad \text{für } i + j = 2$$

in diesen Gleichungen sind die so genannten „Steiner-Anteile".

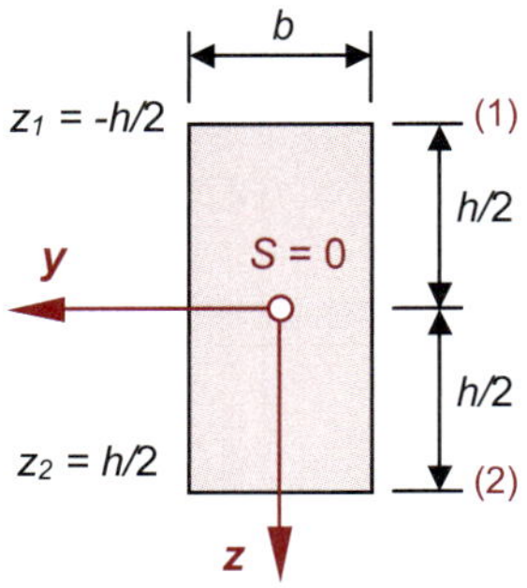

Bild 2.5 Rechteckquerschnitt mit den axialen Trägheitsmomenten $I_y = b \cdot h^3 / 12$ und $I_z = h \cdot b^3 / 12$ sowie dem Deviationsmoment $I_{zy} = 0$.

der Ursprung des Bezugskoordinatensystems bewusst in den Schwerpunkt gelegt wird (*0 = S*).

Die Flächenträgheitsmomente von einfachen Querschnittsflächen (z.B. Rechteck, Dreieck oder Kreis) können durch geschlossene Integration berechnet werden. *Gl. (2.18)* zeigt dieses Vorgehen exemplarisch für einen Rechteckquerschnitt (*Bild 2.5*):

$$I_y = \int z^2 \, dA = b \cdot \int_{-h/2}^{h/2} z^2 \, dz = \frac{b}{3} \cdot z^3 \Big|_{-h/2}^{h/2} = \frac{b}{3}\left[\left(\frac{h}{2}\right)^3 - \left(-\frac{h}{2}\right)^3\right] = \frac{b \cdot h^3}{12} \tag{2.18}$$

Die Trägheitsmomente anderer gebräuchlicher Querschnitte sind den bautechnischen Tabellenwerken [1] zu entnehmen. Grundsätzlich gilt:

- Die Größen I_z und I_y sind immer positiv und vom Richtungssinn der Koordinatenachsen unabhängig.
- Weist die Querschnittsfläche mindestens eine Symmetrieachse auf, die zugleich Bezugsachse ist und den Punkt *0* und *S* schneidet, so ist das Deviationsmoment gleich null.
- Bei unsymmetrischen Querschnitten kann das Deviationsmoment I_{yz} auch bei Bezug auf den Schwerpunkt positive oder negative Werte annehmen.

Zur Bestimmung der Flächenträgheitsmomente zusammengesetzter Querschnitte wird der Steinersche Satz als „Schlüssel“ benutzt. Sind die Teilflächen einfache geometrische Formen, so sind ihre Flächen, die Lage ihres Schwerpunktes und die Eigenträgheitsmomente bekannt. Unter dieser Voraussetzung lassen sich – bezogen auf einen beliebigen Bezugspunkt *0* – die Gesamt-Trägheitsmomente wie folgt berechnen:

Der hochgestellte Index 0 in den *Gl. (2.19)* und *(2.20)* soll – um Verwechslungen zu vermeiden – darauf hinweisen, dass es sich bei dieser Größe um das Eigenträgheitsmoment bezogen auf den Schwerpunkt der *k*-ten Teilfläche handelt.

$$\begin{aligned} \bar{I}_z &= \sum_{k=1}^{m}\left(\int \bar{y}^2 \, dA_k\right) = \sum_{k=1}^{m}(I_{z,k}^{(0)} + \bar{y}_{s,k}^2 \cdot A_k) \\ \bar{I}_y &= \sum_{k=1}^{m}\left(\int \bar{z}^2 \, dA_k\right) = \sum_{k=1}^{m}(I_{y,k}^{(0)} + \bar{z}_{s,k}^2 \cdot A_k) \end{aligned} \tag{2.19}$$

$$\bar{I}_{yz} = \sum_{k=1}^{m}\left(\int \bar{y} \cdot \bar{z} \, dA_k\right) = \sum_{k=1}^{m}(I_{yz,k}^{(0)} + \bar{y}_{s,k} \cdot \bar{z}_{s,k} \cdot A_k) \tag{2.20}$$

Mithilfe der *Gl. (2.8)* wird die Schwerpunktlage des Gesamtquerschnitts bestimmt, sodass nun gemäß *Gl. (2.16)* und *(2.17)* die Gesamt-Trägheitsmomente mit Bezug auf den Schwerpunkt des zusammengesetzten Querschnitts berechnet werden können.

Die für diese Aufgabe notwendigen Berechnungsschritte werden am nachfolgenden Rechenbeispiel vorgeführt. Wie bereits bei der Schwerpunktberechnung erwähnt, sollte bei mehreren Teilflächen die Berechnung tabellarisch oder mithilfe eines Tabellenkalkulationsprogramms erfolgen.

Beispiel 2.2

Es sollen die Lage des Schwerpunktes und alle maßgebenden Querschnittskennwerte des in *Bild 2.6* dargestellten Querschnitts (Angaben in mm) bestimmt werden.

Der Gesamtquerschnitt wird in drei Teilflächen unterteilt (k = 3). Die zweite Teilfläche ist eine Aussparung und wird als Negativfläche betrachtet. Der Bezugspunkt *0* wird in Unkenntnis der genauen Lage des Schwerpunktes des Gesamtquerschnitts auf einen markanten Geometriepunkt gelegt, um glatte Zahlenwerte ohne weitere Vorberechnungen zu erhalten.

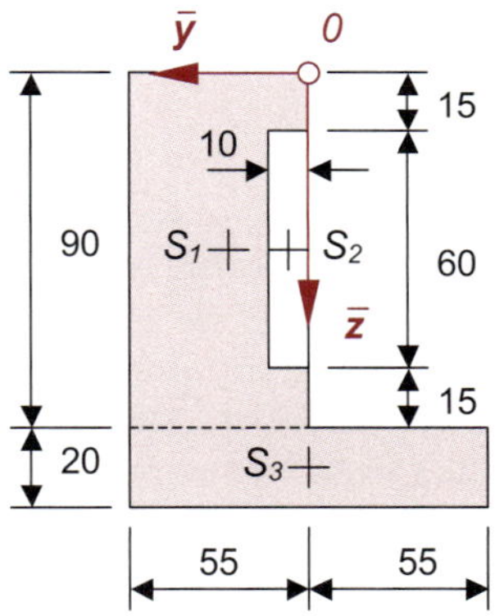

Bild 2.6 Beispiel für einen zusammengesetzten Querschnitt

Teil 1:

k	A_k	$\bar{y}_{s,k}$	$\bar{z}_{s,k}$	$\bar{S}_{z,k}(\bar{A}_{y,k})$	$\bar{S}_{y,k}(\bar{A}_{z,k})$	$\bar{I}_{z,k}(\bar{A}_{yy,k})$
1	2	3	4	5 = 2*3	6 = 2*4	7 = 5*3
--	cm²	cm	cm	cm³	cm³	cm⁴
1	49,5	+2,75	+4,5	+136,13	+222,75	+374,34
2	-6,0	+0,50	+4,5	-3,00	-27,0	-1,50
3	22,0	0,00	+10,0	0,00	+220,0	0,00
Σ	65,5	--	--	+133,13	+415,75	372,84

Teil 2:

k	$\bar{I}_{yz,k}(\bar{A}_{yz,k})$	$\bar{I}_{y,k}(\bar{A}_{zz,k})$	$I^{(0)}_{z,k}(A^{(0)}_{yy,k})$	$I^{(0)}_{yz,k}(A^{(0)}_{yz,k})$	$I^{(0)}_{y,k}(A^{(0)}_{zz,k})$
1	8 = 2*3*4	9 = 6*4	10	11	12
--	cm⁴	cm⁴	cm⁴	cm⁴	cm⁴
1	+612,56	+1002,38	+124,78	0,0	+334,13
2	-13,50	-121,50	-0,50	0,0	-18,00
3	0,00	+2200,00	+221,83	0,0	+7,33
Σ	599,06	3080,88	+346,11	0,0	+323,46

Aufgabe 2.3: Bestimmen Sie in Ergänzung zu *Aufgabe 2.2* alle Trägheitsmomente des dort dargestellten Querschnitts; natürlich mit Bezug auf den Schwerpunkt des Gesamtquerschnitts. Wenn Sie die Lage des Schwerpunktes bereits in tabellarischer Form ermittelt haben, so brauchen Sie Ihre Tabelle nur zu erweitern.

Der Schwerpunkt der Querschnittsfläche liegt gemäß *Gl. (2.8)* bei:

$$\bar{y}_S = \frac{+133{,}13}{65{,}5} = 2{,}03\text{ cm}\,; \quad \bar{z}_S = \frac{415{,}75}{65{,}5} = 6{,}35\text{ cm}$$

Die Trägheitsmomente bezüglich des Punktes *0* ergeben sich gemäß *Gl. (2.19)* und *Gl. (2.20)* zu:

$$\bar{I}_z = (\bar{A}_{yy} =)\,346{,}11 + 372{,}84 = 718{,}95\text{ cm}^4$$

$$\bar{I}_y = (\bar{A}_{zz} =)\,323{,}46 + 3080{,}88 = 3404{,}34\text{ cm}^4$$

$$\bar{I}_{yz} = (\bar{A}_{yz} =)\,0 + 599{,}06 = 599{,}06\text{ cm}^4$$

wobei der jeweils erste Summand den Eigen-Trägheitsmomentenanteil wiedergibt. Die schwerpunktbezogenen und maßgebenden Flächenträgheitsmomente werden mithilfe der *Gl. (2.16)* und *(2.17)* bestimmt. Der Querschnitt ist (erkennbar) unsymmetrisch ($I_{yz} \neq 0$).

$$I_z = (A_{yy} =)\,718{,}95 - 2{,}03^2 \cdot 65{,}5 = 448{,}4\text{ cm}^4$$

$$I_y = (A_{zz} =)\,3403{,}34 - 6{,}35^2 \cdot 65{,}5 = 765{,}4\text{ cm}^4$$

$$I_{yz} = (A_{yz} =)\,599{,}06 - 2{,}03 \cdot 6{,}35 \cdot 65{,}5 = -245{,}9\text{ cm}^4$$

Aufgabe 2.4: Bestimmen Sie für dieses typische Stahlbau-Profil die Lage des Schwerpunkts und die zugehörigen Flächenträgheitsmomente. Was fällt Ihnen bei diesem Querschnitt auf? Warum muss hier weniger gerechnet werden als bei *Aufgabe 2.3*?

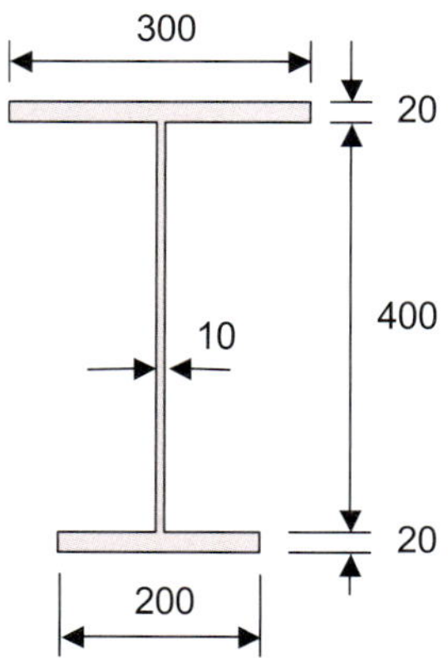

Bei der Behandlung von komplexeren Querschnitten (*Bild 2.7*), die sich nicht mehr aus Elementarformen oder vertafelten Standardprofilen (z.B. aus Walzprofilen des Stahlbaus) zusammensetzen, ist die Anwendung der Gaußschen Flächenformeln hilfreich.

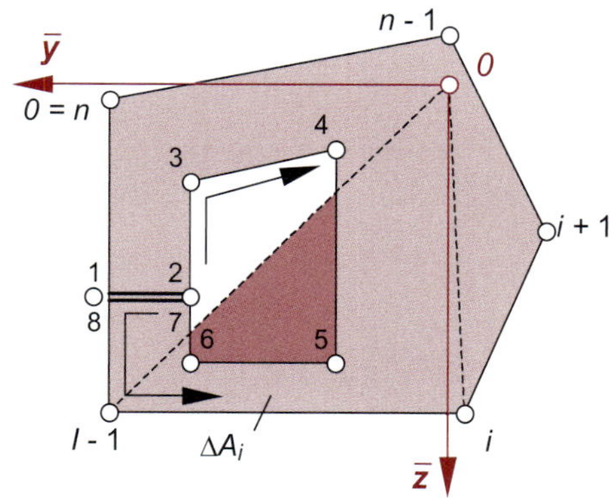

Bild 2.7 Polygonal begrenzter Querschnitt

Die Punkte einer polygonal begrenzten Querschnittsfläche werden im Gegenuhrzeigersinn durchnummeriert. Sind Abzugsflächen, also negative Hohlräume oder Aussparungen zu berücksichtigen, so erfolgt die Nummerierung im Uhrzeigersinn (*Bild 2.7*). Die „Verbindungskanäle" werden dabei wie normale Polygonseiten behandelt. Die Koordinaten des Anfangspunktes *0* sind mit denen des Endpunktes *n* identisch und beziehen sich auf einen beliebig positionierten Bezugspunkt *0*. Die Umrechnung der Kennwerte auf ein schwerpunktbezogenes Koordinatensystem erfolgt gemäß den *Gl. (2.16)* und *(2.17)*. Die angegebenen Formeln beziehen sich immer nur auf eine dreiecksförmige Teilfläche *i*. Erst die Addition aller Teilflächen ergibt das angestrebte Ergebnis.

$$\begin{aligned}
\Delta\bar{A}_i &= \tfrac{1}{2}\left(\bar{y}_{i-1}\cdot\bar{z}_i-\bar{y}_i\cdot\bar{z}_{i-1}\right)\\
\Delta\bar{A}_{y,i} &= \tfrac{1}{3}\left(\bar{y}_{i-1}+\bar{y}_i\right)\cdot\Delta\bar{A}_i\\
\Delta\bar{A}_{z,i} &= \tfrac{1}{3}\left(\bar{z}_{i-1}+\bar{z}_i\right)\cdot\Delta\bar{A}_i\\
\Delta\bar{A}_{yy,i} &= \tfrac{1}{6}\left(\bar{y}_{i-1}^2+\bar{y}_{i-1}\cdot\bar{y}_i+\bar{y}_i^2\right)\cdot\Delta\bar{A}_i\\
\Delta\bar{A}_{yz,i} &= \tfrac{1}{12}\left(2\cdot\bar{y}_{i-1}\cdot\bar{z}_{i-1}+\bar{y}_{i-1}\cdot\bar{z}_i+\bar{y}_i\cdot\bar{z}_{i-1}+2\cdot\bar{y}_i\cdot\bar{z}_i\right)\cdot\Delta\bar{A}_i\\
\Delta\bar{A}_{zz,i} &= \tfrac{1}{6}\left(\bar{z}_{i-1}^2+\bar{z}_{i-1}\cdot\bar{z}_i+\bar{z}_i^2\right)\cdot\Delta\bar{A}_i
\end{aligned} \tag{2.21}$$

Aufgabe 2.5: Starten Sie ein Tabellenkalkulationsprogramm und versuchen Sie, die in *Gl. (2.21)* aufgeführten Gaußschen Flächenformeln zu programmieren und auf diese Weise die Querschnittsfläche, die statischen Momente, den Schwerpunkt und die Trägheitsmomente zu ermitteln. Verwenden Sie als Beispiel den Querschnitt nach *Bild 2.6*.

Zur Berechnung von torsionsbeanspruchten Stäben mit einem Kreis- oder Kreisringquerschnitt ist das polare Flächenträgheitsmoment I_p von Bedeutung:

$$\bar{I}_p=\bar{I}_z+\bar{I}_y=\int\bar{r}^2\,\mathrm{d}A=\int\left(\bar{y}^2+\bar{z}^2\right)\mathrm{d}A \tag{2.22}$$

2.3 Transformation auf ein gedrehtes Achsensystem

In *Kapitel 2* wurden die Lage des Bezugspunktes *0* und die Ausrichtung der Querschnittsachsen $\bar{y}$ und $\bar{z}$ bzw. *y* und *z* willkürlich festgelegt und lediglich von einer ausgeprägten Kante des Querschnitts vorbestimmt. Diese Festlegung der Achsenausrichtung ist immer dann einfach, wenn Symmetrieachsen des Querschnitts vorliegen oder Lasteinwirkungen bzw. Schnittgrößen eine bestimmte Orientierung vorgeben. Für bestimmte Aufgaben der Festigkeitslehre ist es jedoch notwendig, die Querschnittskennwerte auf gedrehte Achsensysteme zu beziehen. Es müssen somit Transformationsbeziehungen entwickelt werden, die eine Rotation zwischen beiden Systemen ermöglichen (*Bild 2.8*).

Im Vorwort wird auf besondere Software und Dateien hingewiesen, die zu Lernzwecken per Download erhältlich sind. Auch zur Transformation von Querschnittskennwerten werden Hilfen angeboten.

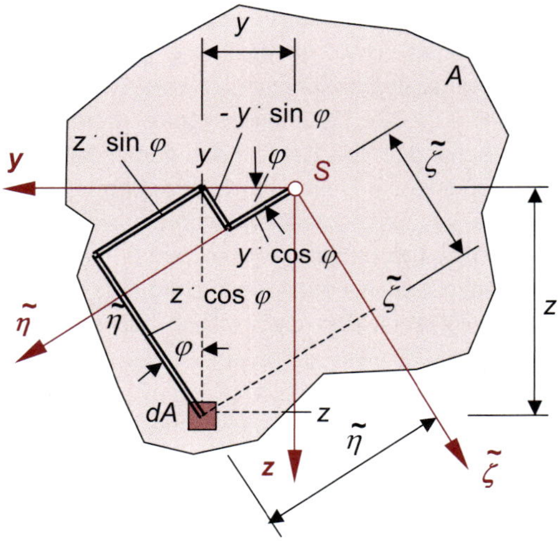

Bild 2.8 Transformation auf gedrehtes Achsensystem

Die neuen Koordinaten $\tilde{\eta}$ und $\tilde{\zeta}$ eines beliebigen Querschnittspunktes lassen sich über folgende Gleichungen transformieren:

$$\begin{aligned}\tilde{\eta} &= \quad y \cdot \cos\varphi + z \cdot \sin\varphi \\ \tilde{\zeta} &= -y \cdot \sin\varphi + z \cdot \cos\varphi\end{aligned} \tag{2.23}$$

Ziel der Transformation ist es, auch die Querschnittskennwerte im gedrehten Achsensystem, insbesondere die axialen Trägheitsmomente

Die Tilde in den weiteren Gleichungen weist auf ein beliebig gedrehtes Bezugssystem mit dem Ursprung im Schwerpunkt des Querschnitts hin.

$$\tilde{I}_{\zeta} = (\tilde{A}_{\eta\eta}) = \int \tilde{\eta}^2 \, \mathrm{d}A\,; \quad \tilde{I}_{\eta} = (\tilde{A}_{\zeta\zeta}) = \int \tilde{\zeta}^2 \, \mathrm{d}A \tag{2.24}$$

und das zentrifugale Trägheitsmoment

$$\tilde{I}_{\eta\zeta} = (\tilde{A}_{\eta\zeta}) = \int \tilde{\eta} \cdot \tilde{\zeta} \, \mathrm{d}A \tag{2.25}$$

durch I_z, I_{yz}, I_y und φ auszudrücken. Mit

$$\begin{aligned}\tilde{\eta}^2 &= y^2 \cdot \cos^2\varphi + 2 \cdot y \cdot z \cdot \sin\varphi \cdot \cos\varphi + z^2 \cdot \sin^2\varphi \\ \tilde{\eta} \cdot \tilde{\zeta} &= \left(z^2 - y^2\right) \cdot \sin\varphi \cdot \cos\varphi + y \cdot z \cdot \left(\cos^2\varphi - \sin^2\varphi\right) \\ \tilde{\zeta}^2 &= z^2 \cdot \cos^2\varphi - 2 \cdot y \cdot z \cdot \sin\varphi \cdot \cos\varphi + y^2 \cdot \sin^2\varphi\end{aligned} \tag{2.26}$$

und dem Einbinden der trigonometrischen Beziehungen

$$\sin\varphi \cdot \cos\varphi = \tfrac{1}{2}\sin 2\varphi\,; \quad \cos^2\varphi - \sin^2\varphi = \cos 2\varphi$$
$$\cos^2\varphi = \tfrac{1}{2}\cdot\left(1+\cos 2\varphi\right); \quad \sin^2\varphi = \tfrac{1}{2}\cdot\left(1-\cos 2\varphi\right) \tag{2.27}$$

gelingt es, die *Gl. (2.26)* deutlich zu vereinfachen; es ergibt sich:

$$\tilde{\eta}^2 = \tfrac{1}{2}\cdot\left(y^2+z^2\right)+\tfrac{1}{2}\cdot\left(y^2-z^2\right)\cdot\cos 2\varphi + y\cdot z\cdot\sin 2\varphi$$
$$\tilde{\eta}\cdot\tilde{\zeta} = -\tfrac{1}{2}\cdot\left(y^2+z^2\right)\cdot\sin 2\varphi + y\cdot z\cdot\cos 2\varphi \tag{2.28}$$
$$\tilde{\zeta}^2 = \tfrac{1}{2}\cdot\left(y^2+z^2\right)-\tfrac{1}{2}\cdot\left(y^2-z^2\right)\cdot\cos 2\varphi - y\cdot z\cdot\sin 2\varphi$$

Durch Einsetzen dieser Umformungen in *Gl. (2.24)* bzw. *Gl. (2.25)* ergeben sich nach Auswertung der Integrale folgende Gleichungen:

$$\tilde{I}_\zeta = \tfrac{1}{2}\cdot\left(I_z+I_y\right)+\tfrac{1}{2}\cdot\left(I_z-I_y\right)\cdot\cos 2\varphi + I_{yz}\cdot\sin 2\varphi$$
$$\tilde{I}_\eta = \tfrac{1}{2}\cdot\left(I_z+I_y\right)-\tfrac{1}{2}\cdot\left(I_z-I_y\right)\cdot\cos 2\varphi - I_{yz}\cdot\sin 2\varphi \tag{2.29}$$

$$\tilde{I}_{\eta\zeta} = -\tfrac{1}{2}\cdot\left(I_z-I_y\right)\cdot\sin 2\varphi + I_{yz}\cdot\cos 2\varphi \tag{2.30}$$

Aufgabe 2.6: Setzen Sie den Winkel φ auf null und prüfen Sie *Gl. (2.29)* und *Gl. (2.30)* auf Richtigkeit. Setzen Sie den Winkel auf φ = 59,258° und transformieren Sie die Trägheitsmomente, die Sie in *Aufgabe 2.3* ermittelt haben, auf das gedrehte Achsensystem. Was fällt Ihnen dabei auf?

Damit sind die Transformationsbeziehungen für Flächenträgheitsmomente auf ein beliebig gedrehtes Achsensystem gegeben. Aus *Gl. (2.29)* lässt sich leicht ableiten, dass unabhängig vom Drehwinkel grundsätzlich

$$\tilde{I}_\zeta + \tilde{I}_\eta = I_z + I_y \tag{2.31}$$

gelten muss. Mit *Gl. (2.31)* kann daher ein Umrechnungsergebnis kontrolliert werden.

2.4 Hauptträgheitsmomente, Hauptachsen

Jede Querschnittsfläche besitzt zwei senkrecht zueinanderstehende Achsen, bei denen die axialen Flächenträgheitsmomente Extremalwerte annehmen. Die Kenntnis dieser Querschnittskennwerte ist entscheidend, wenn das Formänderungsverhalten von Stabtragwerken mit komplizierten und/oder zusammengesetzten Querschnitten bei zweiachsiger Biegebeanspruchung untersucht werden soll. Auch im Zusammenhang mit Untersuchungen zur Stabilität von druckbeanspruchten Bauteilen sind derartige Querschnittkennwerte von Bedeutung.

Im Vorwort wird auf besondere Dateien hingewiesen, die zu Lehr- und Lernzwecken per Download erhältlich sind. Auch zur Transformation von Querschnittskennwerten werden Hilfen angeboten.

Die Bedingungen für die Ermittlung der Extremalwerte lauten:

$$\frac{d\tilde{I}_\zeta}{d\varphi} = 0 \quad \text{oder} \quad \frac{d\tilde{I}_\eta}{d\varphi} = 0 \tag{2.32}$$

Die Auswertung der beiden Extremalbedingungen führt auf:

$$\frac{d\tilde{I}_\zeta}{d\varphi} = -\frac{d\tilde{I}_\eta}{d\varphi} = -\left(I_z - I_y\right)\cdot \sin 2\varphi + 2\cdot I_{yz}\cdot \cos 2\varphi = 0 \tag{2.33}$$

φ_0 wird positiv im Gegenuhrzeigersinn von der y-Achse abgetragen.

bzw. nach Kennzeichnung des besonderen Winkels mit dem Index 0:

$$\tan 2\varphi_0 = \frac{2\cdot I_{yz}}{I_z - I_y} \quad \rightarrow \quad \text{Lösung:} \quad \varphi_{01};\ \varphi_{02} = \varphi_{01} + \frac{\pi}{2} \tag{2.34}$$

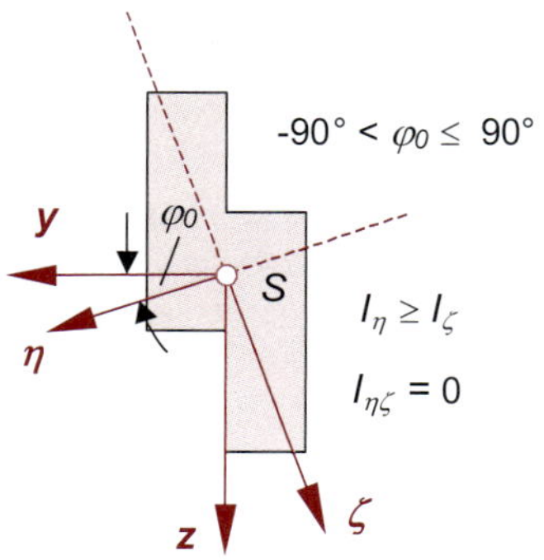

Bild 2.9 Hauptachsen an einem unsymmetrischen Querschnitt

Der Vergleich von *Gl. (2.33)* mit *Gl. (2.30)* zeigt, dass das zentrifugale Trägheitsmoment gleich null sein muss:

$$\frac{d\tilde{I}_\zeta}{d\varphi} = -\frac{d\tilde{I}_\eta}{d\varphi} = 2\cdot \tilde{I}_{\eta\zeta} = 0 \tag{2.35}$$

Die Lösungswinkel nach *Gl. (2.34)* legen die Orientierung von zwei senkrecht zueinander stehenden Achsen fest, die als Hauptachsen η und ζ bezeichnet werden (*Bild 2.9*). Das zentrifugale Trägheitsmoment bezüglich der Hauptachsen ergibt sich zu null. Die axialen Trägheitsmomente sind Extremalwerte und stellen die Hauptträgheitsmomente I_η und I_ζ dar.

Die Werte für die Hauptträgheitsmomente können durch die Auswertung der *Gl. (2.29)* mit den nun bekannten Drehwinkeln aus *Gl. (2.34)* ermittelt werden. Es lässt sich auf diesem Wege allerdings nicht eindeutig bestimmen, welche Achse des gedrehten Achsensystems die 1. Hauptachse η bzw. die 2. Hauptachse ζ ist. Um hier Abhilfe zu schaffen, wird die *Gl. (2.34)* in *Gl. (2.29)* eingesetzt. Man erhält nach längerer Umformung:

$$\begin{aligned} I_\zeta &= I_{min} = \left(A_{\eta\eta} =\right) \frac{I_z + I_y}{2} - \sqrt{\left(\frac{I_z - I_y}{2}\right)^2 + I_{yz}^2} \\ I_\eta &= I_{max} = \left(A_{\zeta\zeta} =\right) \frac{I_z + I_y}{2} + \sqrt{\left(\frac{I_z - I_y}{2}\right)^2 + I_{yz}^2} \end{aligned} \tag{2.36}$$

Aufgabe 2.7: Transformieren Sie die in *Aufgabe 2.3* ermittelten Trägheitsmomente auf das Hauptachsensystem. Stellen Sie den Querschnitt, die ursprünglichen Bezugsachsen, den Schwerpunkt und die Hauptachsen maßstäblich und richtungstreu dar.

Die Richtung der Hauptachse η mit dem um diese Achse wirksamen größeren Hauptträgheitsmoment I_η lässt sich nun eindeutig berechnen mit

$$\varphi_0 = \arctan \frac{I_{yz}}{I_z - I_\eta}; \quad -\frac{\pi}{2} < \varphi_0 \le +\frac{\pi}{2} \tag{2.37}$$

Bei Querschnittsflächen, die mindestens eine Symmetrieachse aufweisen, wird das zentrifugale Flächenträgheitsmoment gleich null, wenn dabei die Symmetrieachse als eine Achse des Bezugssystems gewählt wird. Damit liefert *Gl. (2.34)* die Ergebnisse φ_0 = 0 bzw. 90°. Die Hauptachsen eines solchen Querschnitts fallen folglich mit der Symmetrieachse und der Achse senkrecht dazu, die ggf. die zweite Symmetrieachse ist, zusammen (*Bild 2.10* und *Bild 2.11*).

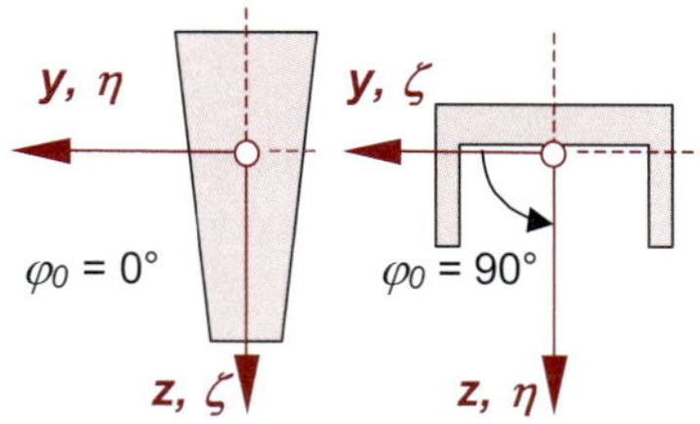

Bild 2.10 Querschnittsflächen mit einachsiger Symmetrie

Bei rotationssymmetrischen Querschnittsformen (Kreise, Kreisringe, Quadrate, regelmäßige Vielecke) sind die axialen Trägheitsmomente gleich groß. Das zentrifugale Trägheitsmoment ist unabhängig von der Orientierung der *y*- und *z*-Achse gleich null. Die Ausrichtung der Hauptachsen kann wegen *Gl. (2.34)* nicht mehr eindeutig bestimmt werden. Bei diesen Querschnitten ist dann jede Schwerpunktachse zugleich auch eine Hauptachse (*Bild 2.12*). Grundsätzlich lässt sich feststellen, dass jede Symmetrieachse einer Querschnittsfläche und jede Achse senkrecht dazu eine Hauptachse ist.

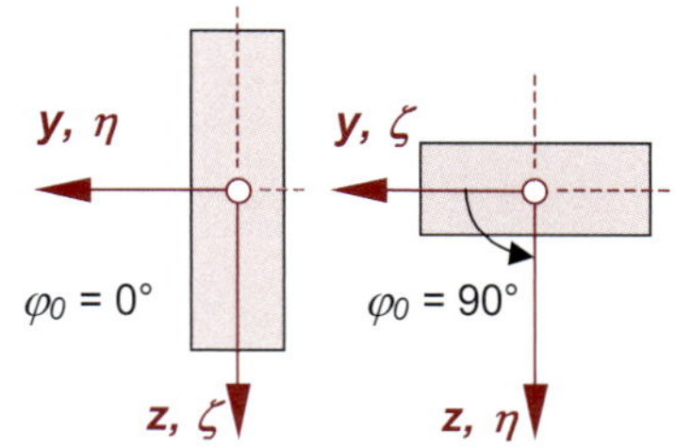

Bild 2.11 Querschnittsflächen mit zweiachsiger Symmetrie

Analog zu *Gl. (2.31)* kann aus *Gl. (2.36)* folgende Beziehung abgeleitet (vgl. *Bild 2.13*) und als Ergebniskontrolle für die Umrechnung auf die Hauptachsen genutzt werden:

$$I_z + I_y = \tilde{I}_\zeta + \tilde{I}_\eta = I_\zeta + I_\eta = I_P \tag{2.38}$$

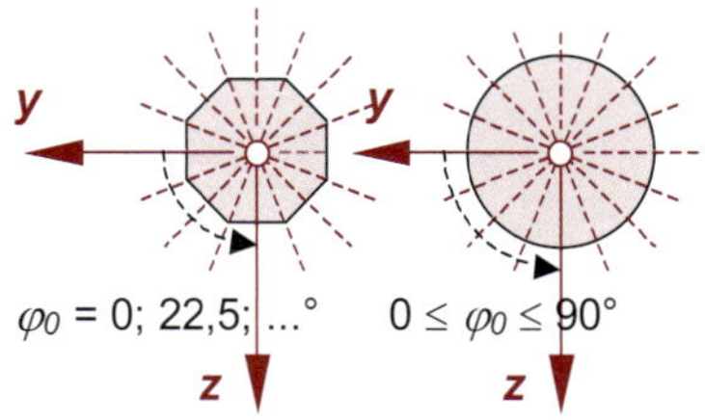

Bild 2.12 Querschnittsflächen mit Rotationssymmetrie

Die funktionale Abhängigkeit der Flächenträgheitsmomente vom Drehwinkel zeigt *Bild 2.13* beispielhaft für den Querschnitt gemäß *Bild 2.9*. Die Funktionsverläufe sind durch trigonometrische Funktionen beschreibbar.

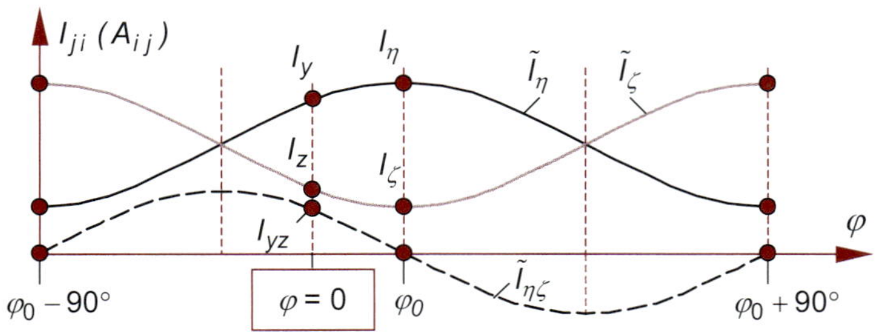

Bild 2.13 Charakteristische Funktionsverläufe für Flächenträgheitsmomente in Abhängigkeit vom Drehwinkel φ

Aufgabe 2.8: Wie sehen die charakteristischen Funktionsverläufe gemäß *Bild 2.13* für den in *Bild 2.12* dargestellten Querschnitt aus?

Aufgabe 2.9: Berechnen Sie für das nachfolgend dargestellte Winkelprofil die Lage des Schwerpunktes und die zugehörigen Hauptträgheitsmomente. Erstellen Sie eine Skizze, in der der Querschnitt mit der Lage des Schwerpunktes und den Hauptachsen maßstabsgerecht dargestellt und beschriftet sind.

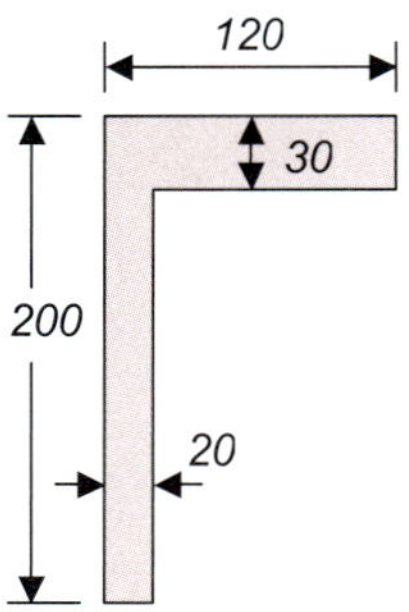

Die axialen Trägheitsmomente bleiben in ihrer Summe konstant (vgl. *Gl. (2.38)*). Das zentrifugale Trägheitsmoment geht in Zyklen von 90° auf null zurück. An diesen Stellen erreichen die axialen Trägheitsmomente ihre Extremalwerte und stellen die Hauptträgheitsmomente dar. Die zugehörigen Winkel beschreiben die Lage einer Hauptachse. Bei Querschnittsformen mit einer oder mehr Symmetrieachsen (*Bild 2.10* bis *2.12*) gilt $\varphi = \varphi_0$.

Beispiel 2.3

Es sollen die Hauptachsen und die Hauptträgheitsmomente des in *Bild 2.6* dargestellten Querschnitts (Angaben in mm) bestimmt werden. In *Beispiel 2.1* wurden bereits der Schwerpunkt und die Flächenträgheitsmomente bestimmt:

$$I_z = 448{,}4\ \text{cm}^4\ ;\quad I_y = 765{,}4\ \text{cm}^4\ ;\quad I_{yz} = +245{,}9\ \text{cm}^4$$

Mit *Gl. (2.36)* können die Hauptträgheitsmomente bestimmt werden:

$$I_\eta = \frac{448{,}4 + 765{,}4}{2} + \sqrt{\frac{(448{,}4 - 765{,}4)^2}{4} + 245{,}9^2}$$

$$= 606{,}90 + 292{,}56 = 899{,}5\ \text{cm}^4 = I_{\text{max}}$$

$$I_\zeta = 606{,}90 - 292{,}56 = 314{,}3\ \text{cm}^4 = I_{\text{min}}$$

Die Ausrichtung der Hauptachse η (mit I_{max}) ergibt sich aus *Gl. (2.37)*:

$$\tan\varphi_0 = \frac{245{,}9}{899{,}5 - 448{,}4} = 0{,}5451 \rightarrow \varphi_0 = 28{,}6°$$

2.5 Widerstandsmomente

Widerstandsmomente sind rechnerische Hilfsgrößen, die für die Ermittlung von Biegespannungen im Querschnitt benötigt werden (siehe *Kapitel 3*). Sie werden immer als auf Schwerpunktsachsen bezogene Querschnittskennwerte angegeben und durch folgende Gleichungen bestimmt:

$$W_{yi} = \frac{I_y}{|z_i|}\left(= \frac{A_{zz}}{|z_i|}\right);\quad W_{zi} = \frac{I_z}{|y_i|}\left(= \frac{A_{yy}}{|y_i|}\right) \tag{2.39}$$

bzw. bei Bezug auf Hauptachsen:

$$W_{\eta i} = \frac{I_\eta}{|\zeta_i|} \left(= \frac{A_{\zeta\zeta}}{|\zeta_i|} \right); \quad W_{\zeta i} = \frac{I_\zeta}{|\eta_i|} \left(= \frac{A_{\eta\eta}}{|\eta_i|} \right) \tag{2.40}$$

Die Absolutzeichen im Nenner der *Gl. (2.39)* und *(2.40)* weisen darauf hin, dass die Widerstandsmomente immer als positive Größen angegeben werden. Ihre Dimension ist Länge³. Um extremale Spannungen im Querschnitt zu ermitteln, sind besonders jene Widerstandsmomente von Bedeutung, die sich auf Querschnittsränder oder -punkte beziehen, die in der Regel am weitesten vom Schwerpunkt entfernt liegen (*Bild 2.14* und *2.15*). Dazu werden die extremalen Rand- bzw. Punktkoordinaten ermittelt und in die *Gl. (2.39)* oder *(2.40)* eingesetzt. Fallen die Hauptachsen nicht mit der *y*- und *z*-Achse zusammen, so lassen sich die benötigten Koordinaten im verdrehten System durch

$$\begin{aligned} \eta_i &= y_i \cdot \cos\varphi + z_i \cdot \sin\varphi \\ \zeta_i &= -y_i \cdot \sin\varphi + z_i \cdot \cos\varphi \end{aligned} \tag{2.41}$$

bestimmen (siehe *Beispiel 2.4*). Für gängige Profile des Holzbaus und Walzprofile des Stahlbaus sind die Widerstandsmomente um beide Achsen den bautechnischen Tabellenwerken zu entnehmen; vgl. [1]. Angegeben ist hier nur das jeweils kleinste Widerstandsmoment, das zur betragsmäßig größeren Biegespannung führt.

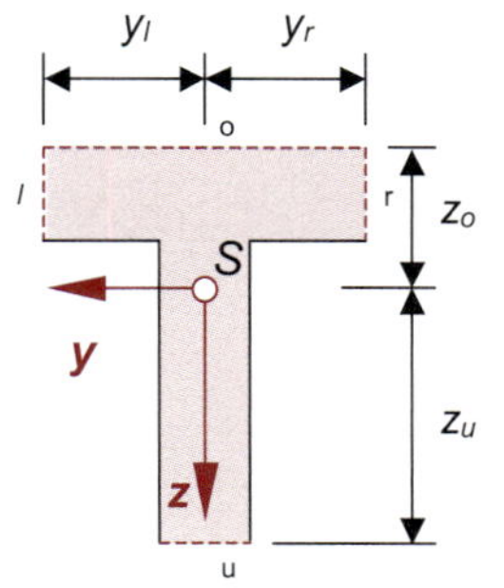

Bild 2.14 Ermittlung der Widerstandsmomente am symmetrischen Querschnitt

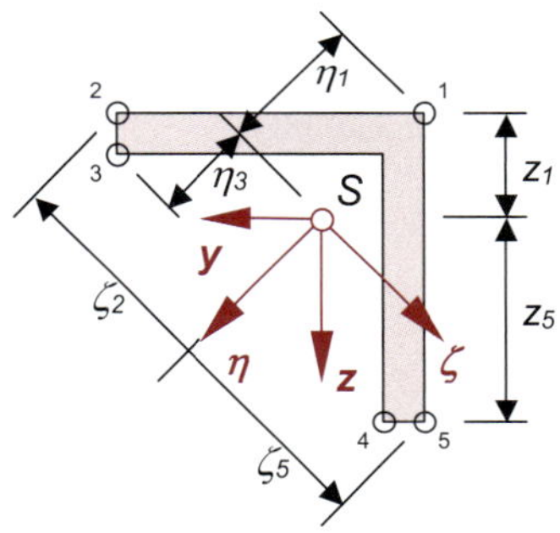

Bild 2.15 Ermittlung der Widerstandsmomente bei unsymmetrischem Querschnitt

2.6 Trägheitsradien

Bei der Berechnung und Bemessung von druckbeanspruchten Bauteilen, die aufgrund ihrer Geometrie kipp- oder knickgefährdet sind, spielen die so genannten Trägheitsradien als weitere Querschnittskennwerte eine besondere Rolle. Sie haben die Dimension einer Länge und lassen sich aus der Fläche und den Flächenträgheitsmomenten des betrachteten Querschnitts ableiten. Für Querschnitte mit der *y*- oder *z*-Achse als Symmetrieachse gilt:

$$i_y = \sqrt{\frac{I_y}{A}} \left(= \sqrt{\frac{A_{zz}}{A}} \right); \quad i_z = \sqrt{\frac{I_z}{A}} \left(= \sqrt{\frac{A_{yy}}{A}} \right) \tag{2.42}$$

Bei unsymmetrischen Querschnittsflächen werden die Trägheitsradien auf die Hauptachsen bezogen; es gilt in diesem Fall:

$$i_\eta = \sqrt{\frac{I_\eta}{A}} \left(= \sqrt{\frac{A_{\zeta\zeta}}{A}} \right); \quad i_\zeta = \sqrt{\frac{I_\zeta}{A}} \left(= \sqrt{\frac{A_{\eta\eta}}{A}} \right) \tag{2.43}$$

Die Interpretation der Trägheitsradien kann durch die Auflösung der *Gl. (2.42)* bzw. *(2.43)* nach den jeweiligen Flächenträgheitsmomenten erleichtert werden:

$$I_a = i_a^2 \cdot A$$

für $a = y, z$ bzw. $a = \eta, \zeta$

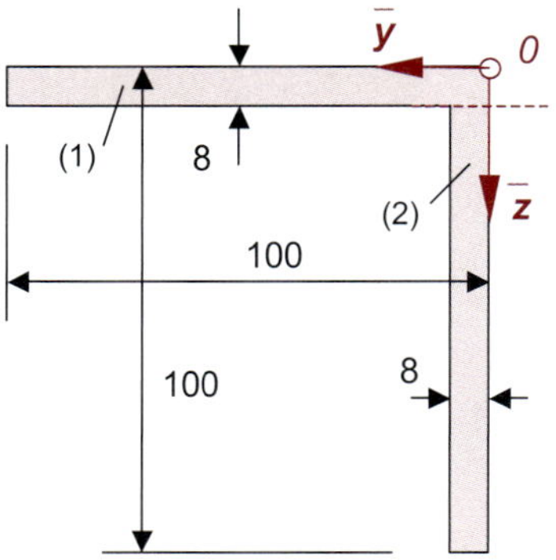

Bild 2.16 Gleichschenkliges Winkelprofil (typisches Stahlbau-Profil)

Beispiel 2.4

In diesem abschließenden Beispiel sollen die Hauptachsen, die Hauptträgheitsmomente, die maßgebenden Widerstandsmomente und Trägheitsradien des in *Bild 2.16* dargestellten Querschnitts (Angaben in mm) bestimmt werden. Der Querschnitt setzt sich aus zwei Teilflächen zusammen (k = 2). Der Bezugspunkt *0* wird in die obere linke Ecke des Profils gelegt, um glatte und positive Zahlenwerte ohne weitere Vorberechnungen zu erhalten.

Teil 1:

k	A_k	$\bar{y}_{s,k}$	$\bar{z}_{s,k}$	$\bar{S}_{z,k}(\bar{A}_{y,k})$	$\bar{S}_{y,k}(\bar{A}_{z,k})$	$\bar{I}_{z,k}(\bar{A}_{yy,k})$
1	2	3	4	5 = 2*3	6 = 2*4	7 = 5*3
--	cm²	cm	cm	cm³	cm³	cm⁴
1	8,00	+5,0	+0,4	+40,00	+3,20	+200,00
2	7,36	+0,4	+5,4	+2,94	+39,74	+1,18
Σ	15,36	--	--	+42,94	+42,94	+201,18

Teil 2:

k	$\bar{I}_{yz,k}(\bar{A}_{yz,k})$	$\bar{I}_{y,k}(\bar{A}_{zz,k})$	$I^{(0)}_{z,k}(A^{(0)}_{yy,k})$	$I^{(0)}_{yz,k}(A^{(0)}_{yz,k})$	$I^{(0)}_{y,k}(A^{(0)}_{zz,k})$
1	8 = 2*3*4	9 = 6*4	10	11	12
--	cm⁴	cm⁴	cm⁴	cm⁴	cm⁴
1	+16,00	+1,28	66,667	0,0	0,427
2	+15,90	+214,62	0,393	0,0	51,913
Σ	+31,90	3080,88	67,060	0,0	+52,34

Der Schwerpunkt der Querschnittsfläche liegt gemäß *Gl. (2.8)* bei:

$$\bar{y}_S = \bar{z}_S = \frac{+42,94}{15,36} = 2,796 \text{ cm} \quad \text{(Spiegelsymmetrie um 45°-Achse)}$$

Die Flächenträgheitsmomente bezüglich des Punktes *0* ergeben sich gemäß *Gl. (2.19)* und *Gl. (2.20)* zu:

$$\bar{I}_z = (\bar{A}_{yy} =)\, 67,06 + 201,18 = 268,24 \text{ cm}^4$$

$$\bar{I}_y = (\bar{A}_{zz} =)\, 52,34 + 215,90 = 268,24 \text{ cm}^4$$

$$\bar{I}_{yz} = (\bar{A}_{yz} =)\, 0 + 31,90 = 31,90 \text{ cm}^4$$

Die auf den Schwerpunkt bezogenen Flächenträgheitsmomente werden mithilfe der *Gl. (2.16)* und *(2.17)* bestimmt:

$$I_z = (A_{yy} =)\ 268{,}24 - 2{,}796^2 \cdot 15{,}56 = 148{,}17\ \text{cm}^4$$

$$I_y = (A_{zz} =)\ 148{,}17\ \text{cm}^4$$

$$I_{yz} = (A_{yz} =)\ 31{,}9 - 2{,}796 \cdot 2{,}796 \cdot 15{,}36 = -88{,}17\ \text{cm}^4$$

Die axialen Trägheitsmomente I_z und I_y müssen aufgrund der Spiegelsymmetrie zur 45°-Achse gleich groß sein. Das negative Zentrifugalmoment I_{yz} weist darauf hin, dass sich die überwiegenden Querschnittsanteile im 2. und 4. Quadranten des schwerpunktbezogenen Koordinatensystems befinden. Die Transformation der Trägheitsmomente auf die Hauptachsen – diese liegen um ±45° gedreht gegenüber der x-Achse – führt gemäß *Gl. (2.29)* auf folgendes Ergebnis.

$$I_\zeta = \tfrac{1}{2}\cdot(148{,}17 + 148{,}17) + \tfrac{1}{2}\cdot(148{,}17 - 148{,}17)\cos 90^\circ + (-88{,}17)\cdot \sin 90^\circ = 60{,}01\,\text{cm}^4$$

$$I_\eta = \tfrac{1}{2}\cdot(148{,}17 + 148{,}17) - \tfrac{1}{2}\cdot(148{,}17 - 148{,}17)\cos 90^\circ - (-88{,}17)\cdot \sin 90^\circ = 236{,}34\ \text{cm}^4$$

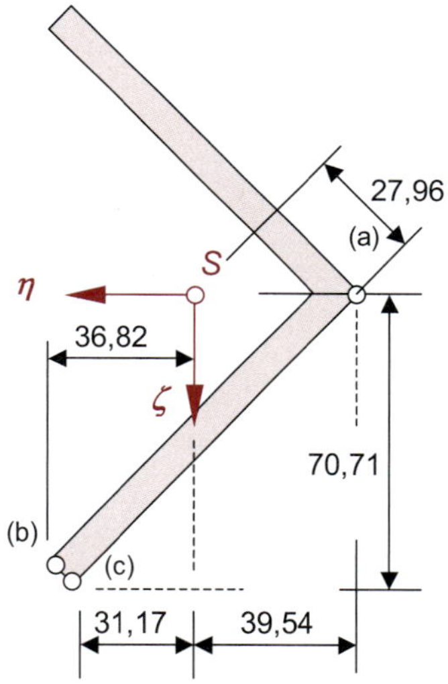

Bild 2.17 Schwerpunktlage und Hauptachsen des Winkelprofils

Das Zentrifugalmoment $I_{\eta\zeta}$ wird – wie *Gl. (2.30)* beweist – zu null. Die Widerstandsmomente beziehen sich auf Querschnittsränder oder -punkte, die am weitesten vom Schwerpunkt entfernt sind (*Bild 2.17, Punkte a, b* und *c*). Es errechnet sich mithilfe der *Gl. (2.40)*:

$$W_{\zeta a} = \frac{I_\zeta}{|\zeta_a|} = \frac{60{,}01}{3{,}954} = 15{,}18\ \text{cm}^3\,; \quad W_{\zeta b} = \frac{60{,}01}{3{,}682} = 16{,}30\ \text{cm}^3$$

Das Widerstandsmoment bezüglich der 1. Hauptachse η ist:

$$W_{\eta c} = \frac{I_\eta}{|\eta_c|} = \frac{236{,}34}{7{,}071} = 33{,}42\ \text{cm}^3$$

Als weitere Querschnittskennwerte sollen die Trägheitsradien bezüglich der Hauptachsen bestimmt werden. Mithilfe der *Gl. (2.43)* errechnet sich:

$$i_\eta = \sqrt{\frac{I_\eta}{A}} = \sqrt{\frac{236{,}34}{15{,}36}} = 3{,}92\ \text{cm}\,; \qquad i_\zeta = \sqrt{\frac{I_\zeta}{A}} = \sqrt{\frac{60{,}01}{15{,}36}} = 1{,}98\ \text{cm}$$

3 Balkenbiegung

3.1 Allgemeines

In der x-z-Ebene entstehen Biegemomente um die y-Achse M_y durch Kräfte F_z mit dem Hebelarm x oder durch Kräfte F_x mit dem Hebelarm z.

Ein Moment ohne Index ist immer ein M_y.

Ein Träger wird auf Biegung beansprucht, wenn er Lasten senkrecht zur Stabachse zu den Auflagern abträgt, sodass Momente entstehen (siehe die beiden linken Bilder von *Bild 3.1*). Im Bauwesen werden die vorhandenen räumlichen Konstruktionen fast immer auf ebene Systeme reduziert. Da diese Ebene meistens die x-z-Ebene ist, bewirken Kräfte in dieser Ebene Biegemomente M_y. Momente können ebenfalls bei statisch unbestimmten Systemen durch Zwängungen aus Temperatur oder Auflagerverschiebungen bzw. -verdrehungen und allgemein durch angreifende Einzelmomente (siehe *Bild 3.1* rechts) entstehen.

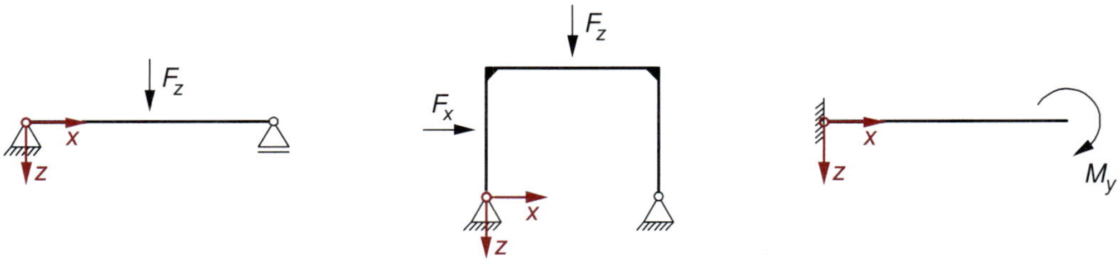

Bild 3.1 Systeme mit Biegemomenten

In der Statik werden aus den Beanspruchungen so genannte „Schnittgrößen" wie das Biegemoment M_y ermittelt. Um die Träger aber zu dimensionieren, müssen die Spannungen (siehe *Kapitel 1*) bekannt sein. In den folgenden Abschnitten werden Zusammenhänge zwischen den Schnittgrößen und den Spannungen ermittelt. Diese Zusammenhänge sind aber nicht allgemeingültig, sondern an bestimmte Voraussetzungen gekoppelt.

Verformungen sind Verschiebungen und Verdrehungen. Wenn die Verformungen klein bleiben müssen, gelten die folgenden Gleichungen z.B. nicht für Träger aus Gummi.

1. So müssen die Abmessungen der Querschnitte klein gegenüber der Trägerlänge sein ($l >> h$). Wenn dieses nicht gegeben ist, kann man als statisches Ersatzsystem nicht den Balken wählen (siehe die Systeme aus *Bild 3.1*). Man hat dann je nach Belastung eine Scheibe oder eine Platte vorliegen.
2. Die Verformungen sind klein gegenüber den Trägerabmessungen. Damit können die Schnittgrößen am unverformten System nach Theorie I. Ordnung berechnet werden (vgl. *Kapitel 6*). Durch Beschränkung auf kleine Verformungen können in den Gleichungen der nachfolgenden Abschnitte die Terme höherer Ordnung vernachlässigt werden. Auch Winkelfunktionen können durch lineare Terme ersetzt werden.

3. Die Kräfte gehen durch den Schwerpunkt des Trägers. Wenn Kräfte in x-Richtung nicht durch den Schwerpunkt gehen, erzeugen sie auch Biegemomente und werden nach *Abschn. 3.5* berücksichtigt. Kräfte F_z und F_y müssen eigentlich im Schubmittelpunkt angreifen (vgl. *Abschn. 4.4*).

4. Der Träger ist gerade, d.h. die Schwereachse muss gerade sein. Für gekrümmte Träger gelten andere Spannungsgleichungen, die hier nicht gezeigt werden. Schwach gekrümmte Träger können vereinfacht als gerade angenommen werden.

5. Ebene Querschnitte bleiben bei Formänderungen eben und stehen rechtwinklig zur Stabachse. Jakob Bernoulli (1654–1704) stellte diese Annahme auf, die gut mit der Wirklichkeit übereinstimmt. Sie ist eine der wichtigsten Festlegungen der Festigkeitslehre und wird nach ihm Bernoulli-Hypothese genannt (Näheres dazu im Zusammenhang mit *Bild 3.5*).

Mit der Bernoulli-Hypothese werden die nachfolgenden Betrachtungen in den Trägern stark vereinfacht, so dass pragmatische Modelle entstehen, mit denen wir die Spannungsverteilung in den Trägern gut annähern können. Bei Torsion (*Kapitel 5*) gilt die Bernoulli-Hypothese teilweise nicht mehr.

3

Es handelt sich um einachsige Biegung, wenn die Wirkungslinie der Lasten mit einer Hauptachse übereinstimmt (*Bild 3.2*). Einachsige Biegung wird auch als „einfache“ Biegung bezeichnet. Sie wird in *Abschn. 3.2* behandelt.

Eine Symmetrieachse ist immer eine Hauptachse (siehe *Abschn. 2.4*).

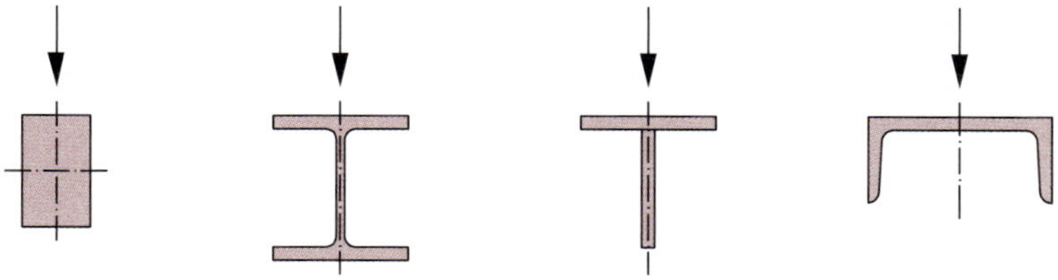

Bild 3.2 Einachsige Biegung

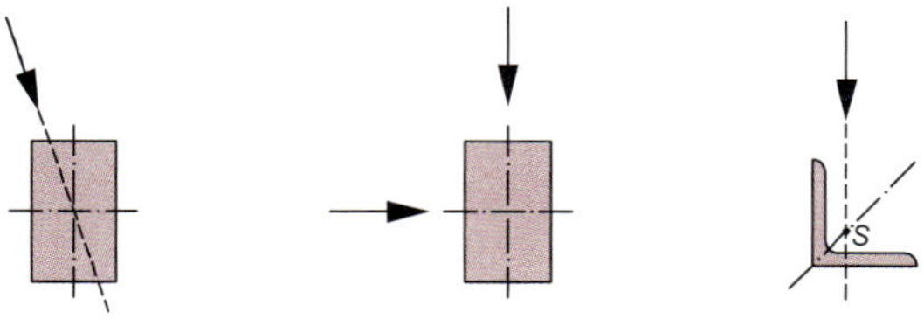

Bild 3.3 Schiefe Biegung

Manchmal taucht noch der Begriff der „reinen Biegung“ auf. Bei der reinen Biegung existiert nur das Biegemoment M_y, wobei alle anderen Schnittgrößen dann gleich null sind.

Bei schiefer Biegung, die auch als Doppelbiegung, allgemeine oder zweiachsige Biegung bezeichnet wird, entstehen die Momente M_y und M_z (siehe *Bild 3.3*). Zweiachsige Biegung an symmetrischen Querschnitten wird in *Abschn. 3.3* und an beliebigen Querschnitten in *Abschn. 3.4* behandelt.

3.2 Symmetrische Querschnitte mit einachsiger Biegung

Wird ein belasteter Träger an einer beliebigen Stelle x geschnitten, werden als Schnittgrößen Momente M, Querkräfte V und Normalkräfte N freigesetzt. Der Einfluss der Normalkraft N soll erst später untersucht werden. Daher wird sie hier erst einmal zu null gesetzt.

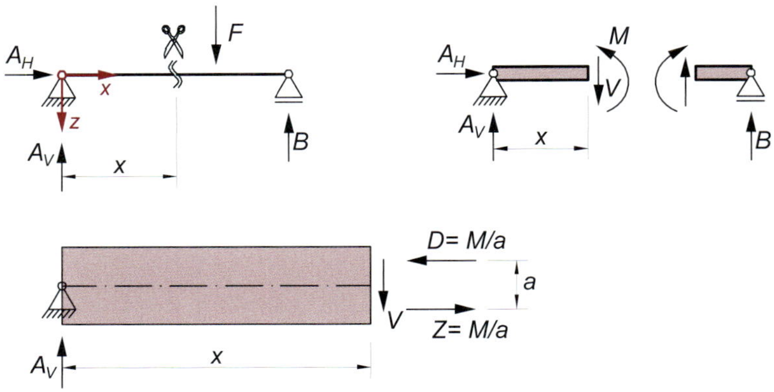

Bild 3.4 Umwandlung des Momentes in ein Kräftepaar

Da Gleichgewicht im Trägerabschnitt herrschen muss, kann $A_v = V$, $D = Z$ und damit $V \cdot x = Z \cdot a$ gesetzt werden. Da die Länge x wesentlich größer als der Hebelarm a ist, (siehe auch die 1. Vorraussetzung), müssen die Kräfte Z und D des Kräftepaares wesentlich größer als die Querkraft V sein.

Folglich beanspruchen Biegemomente den Träger wesentlich stärker als Querkräfte. Nur bei sehr kurzen Trägern, z.B. Konsolen, ist die Querkraft für die Bemessung maßgebend.

Das Biegemoment wird in *Bild 3.4* durch ein Kräftepaar $D = Z$ ersetzt. Dabei wird sichtbar, dass das Moment durch das Kräftepaar den Träger in Längsrichtung beansprucht. Damit bewirkt ein Moment Spannungen σ_x in Längsrichtung des Trägers, sogenannte Normalspannungen.

Ganz deutlich wird die Beanspruchung aus der Verformung des Trägers sichtbar.

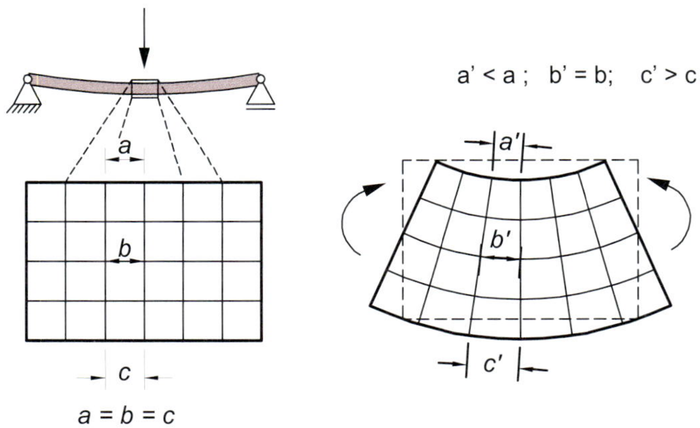

Bild 3.5 Verformtes Trägersegment

Wenn man den Träger von *Bild 3.5* gedanklich in Segmente unterteilt und belastet, ist durch die Verkrümmung des Trägers eine Verkürzung der oberen Randfaser zu sehen. Die obere Randfaser wird durch die Verkürzung gestaucht, d.h. sie erhält Druckspannungen aus der Druckkraft *D* (*Bild 3.4*). Die untere Randfaser dehnt sich. Sie wird länger und erhält Zugspannungen aus der Zugkraft *Z*. Die mittlere Faser im Schwerpunkt bleibt unverändert und spannungsfrei. Aus der Bernoulli-Hypothese (Voraussetzung 5) vom Ebenbleiben der Querschnitte folgt, dass hier in der *x*-*z*-Ebene eine lineare Dehnungsverteilung über die Trägerhöhe vorliegen muss. Bei Anwendung des Hookeschen Gesetzes (vgl. *Bild 3.6*) erhält man eine lineare Spannungsverteilung nach *Bild 3.7*.

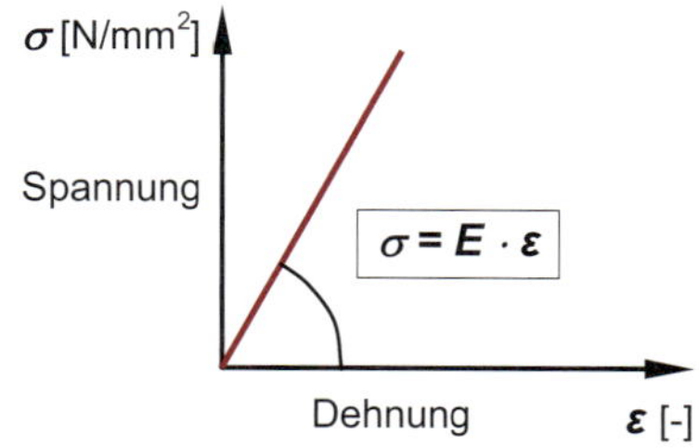

Bild 3.6 Hookesches Gesetz

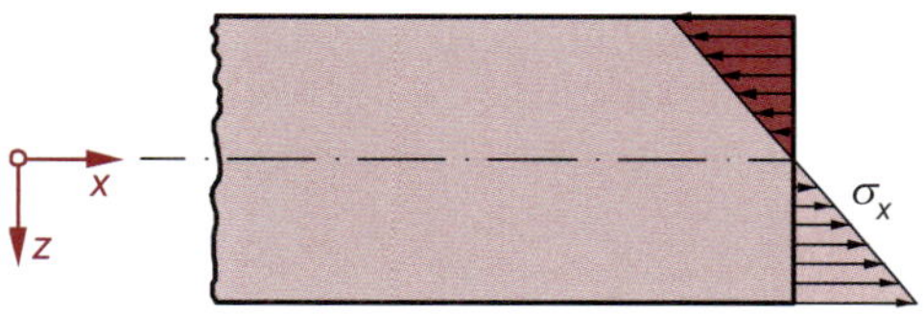

Bild 3.7 Lineare Spannungsverteilung

Die Spannungsnulllinie entspricht der neutralen Faser und liegt bei alleiniger Wirkung von Biegemomenten immer im Schwerpunkt des Querschnittes.

Die Spannungen sind σ_x–Spannungen, da sie in Richtung der *x*-Koordinatenachse wirken. Da sie normal (senkrecht) auf dem Querschnitt stehen, werden sie auch als Normalspannungen bezeichnet. In der Praxis treten bei stabförmigen Bauteilen meistens nur σ_x-Spannungen auf, daher wird der Index *x* üblicherweise weggelassen.

Umgangssprachlich bezeichnet man diese Spannungen auch als „Biegespannungen“. Es sind aber dieselben Spannungen, die durch eine Normalkraft entstehen. Nur die Verteilung über den Querschnitt ist anders.

Anschaulich kann der Zusammenhang von Moment M_y *(M)* und der Spannung σ_x (σ) bei einem Rechteckquerschnitt hergeleitet werden. *Bild 3.8* zeigt die perspektivische Darstellung der Spannungsverteilung. Die Kraft *D* sei die Spannungsresultierende der Druckspannungen. Ihre Wirkungslinie liegt im Schwerpunkt der Druckspannungen. Analog ruht die Wirkungslinie der Spannungsresultierenden der Zugspannungen *Z* im Schwerpunkt der Zugspannungen. Da der Schwerpunkt eines Dreiecks im Drittelspunkt liegt,

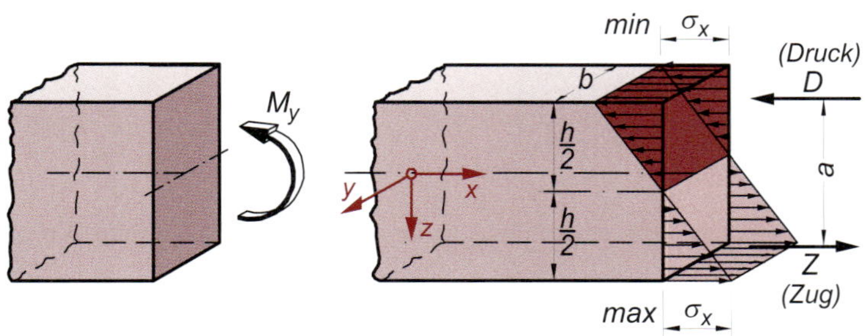

Bild 3.8 Spannungsverteilung bei einem Rechteckquerschnitt

lautet der Abstand a zwischen den Kräften:

$$a = \frac{2}{3} \cdot \frac{h}{2} + \frac{2}{3} \cdot \frac{h}{2} = \frac{2}{3} h \tag{3.1}$$

Das Integral der Spannungen ergibt sich aus dem Volumen des Spannungskörpers. Bei einer linearen Verteilung der Spannungen ist das Integral daher einfach zu berechnen.

Die Kräfte werden durch Integration der Spannungen berechnet.

$$Z = \frac{1}{2} \cdot \max \sigma_x \cdot \frac{h}{2} \cdot b \tag{3.2}$$

$$D = Z \tag{3.3}$$

Da die Spannungen dreiecksförmig verteilt sind, ergeben sich die resultierenden Kräfte D und Z jeweils im Drittelspunkt (im Schwerpunkt) des Spannungsblockes. Das Moment M_y wird aus dem Kräftepaar ermittelt:

$$M = Z \cdot a = \frac{1}{2} \cdot \max \sigma_x \cdot \frac{h}{2} \cdot b \cdot \frac{2}{3} \cdot h = \max \sigma_x \cdot \frac{b \cdot h^2}{6} \tag{3.4}$$

Der Term $b{\cdot}h^2 / 6$ ist nach *Abschn. 2.5* das Widerstandsmoment W_y eines Rechteckprofils.

Die maximale Spannung ergibt sich dann zu

$$\max \sigma_x = \max \sigma = \frac{M_y}{\frac{b \cdot h^2}{6}} = \frac{M_y}{W_y} \tag{3.5}$$

Die Spannungen σ_x werden üblicherweise geklappt und neben dem Querschnitt dargestellt. In dieser Darstellung (*Bild 3.9*) sind alle wichtigen Informationen angegeben.

Zugspannungen sind positive Spannungen, da sie in positive x-Richtung weisen. Druckspannungen sind mit einem negativen Vorzeichen behaftet.

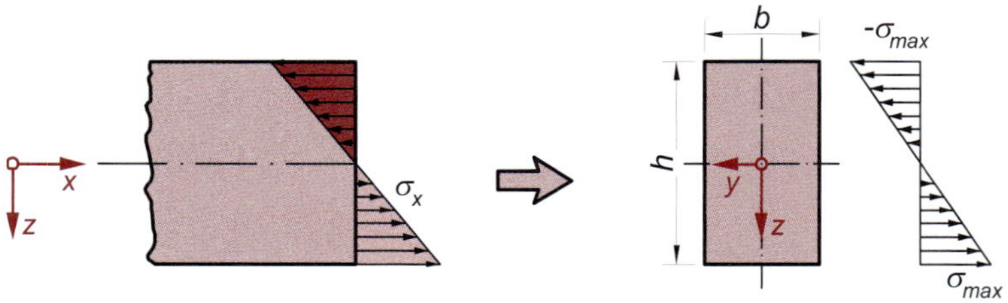

Bild 3.9 Übliche Spannungsdarstellung

Nachfolgend wird bei der Normalspannung σ_x der Index x weggelassen.

Allgemein wird der Zusammenhang an einem beliebigen einfach symmetrischen Querschnitt nach *Bild 3.10* hergeleitet. In der Faser z wirkt die Spannung $\sigma(z)$ und damit die Teilkraft:

$$F(z) = \sigma(z) \cdot dA \tag{3.6}$$

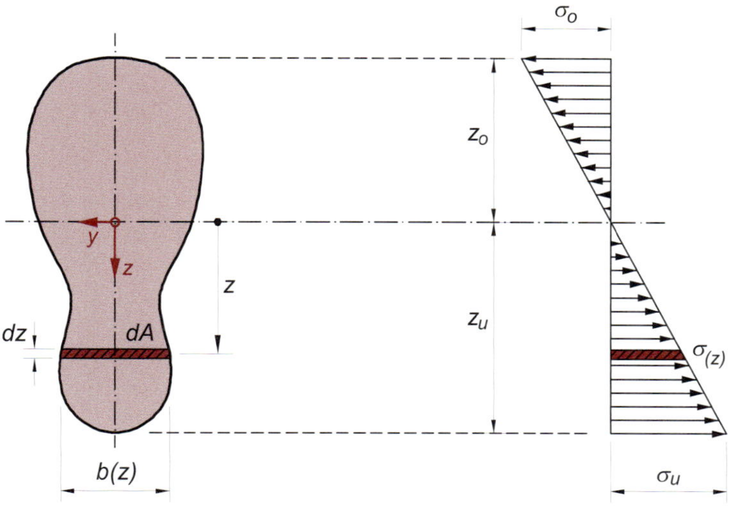

Bild 3.10 Allgemeine Spannungsherleitung

Da z eine Symmetrieachse ist, sind im Querschnitt nach *Bild 3.10* die y- und z-Achsen Hauptachsen (siehe *Abschn. 2.4*).

3

und das Teilmoment

$$dM = \sigma(z) \cdot dA \cdot z \tag{3.7}$$

Das resultierende Moment M_y ergibt sich aus der Summe aller Einzelkräfte um den Schwerpunkt des Querschnittes:

$$M_y = \int_{z_u}^{z_o} \sigma(z) \cdot dA \cdot z \tag{3.8}$$

Dann wird $\sigma(z)$ in Abhängigkeit der unteren Randspannung formuliert:

$$\sigma(z) = \frac{\sigma_u}{z_u} \cdot z \tag{3.9}$$

Eingesetzt in *Gl. (3.8)* ergibt sich:

$$M_y = \int_{z_u}^{z_o} \frac{\sigma_u}{z_u} \cdot z \cdot \mathrm{d}A \cdot z = \frac{\sigma_u}{z_u} \cdot \int_{z_u}^{z_o} z^2 \cdot \mathrm{d}A \tag{3.10}$$

Die Berechnung des Flächenträgheitsmomentes I_y erfolgt im *Kapitel 2*.

Dabei ist

$$\int z^2 \cdot dA = I_y$$

das Flächenmoment 2. Ordnung, das Flächenträgheitsmoment um die *y*-Achse. Damit lautet die allgemeine Spannungsgleichung

$$\sigma = \frac{M_y}{I_y} \cdot z \tag{3.11}$$

Werden M_y und z mit korrektem Vorzeichen eingesetzt, erhält man für jede Höhenkoordinate z eine vorzeichenbehaftete Spannung. Für Tragsicherheitsnachweise interessiert häufig nur die maximale Spannung, die immer am Rand liegt. Werden die Randspannungen mit dem Widerstandsmoment W_y berechnet,

Das Widerstandsmoment lautet nach *Kapitel 2:*

$$W_y = \frac{I_y}{z_{Rand}}$$

Die Größen z_o und z_u werden auch als z_{Rand} bezeichnet.

$$\sigma = \frac{|M_y|}{W_y} \qquad \text{(allgemein: } \sigma = \frac{M}{W} \text{)} \tag{3.12}$$

erhält man die Spannungsbeträge. An welchem Querschnittsrand positive (= Zugspannungen) oder negative Spannungen (= Druckspannungen) entstehen, müssen die Anwender aus dem Vorzeichen des Momentes schließen. Ist der Querschnitt nur einfach symmetrisch, so sind die Randabstände in Richtung der Symmetrieachse unterschiedlich ($z_u \neq z_o$). Folglich gibt es verschiedene Widerstandsmomente und damit unterschiedliche Randspannungen.

$$\sigma_o = \frac{M_y}{W_{yo}} \quad \text{mit} \quad W_{yo} = \frac{I_y}{z_o} \tag{3.13}$$

$$\sigma_u = \frac{M_y}{W_{yu}} \quad \text{mit} \quad W_{yu} = \frac{I_y}{z_u} \tag{3.14}$$

Die maximale Spannung entsteht an der Seite mit dem größten Randabstand, daher muss der Träger nur mit dem kleinsten Widerstandsmoment nachgewiesen werden.

Aufgabe 3.1: Für das Stahlbauprofil HEB 300, dessen Querschnittswerte in jedem üblichen Tabellenwerk wie z.B. in [1] stehen, soll für

M_y = -310 kNm

die Spannungsverteilung berechnet und dargestellt werden.

Beispiel 3.1

Für den gegebenen Querschnitt nach *Bild 3.11* soll für M_y = *400* kNm die Spannungsverteilung berechnet und dargestellt werden.

Das Flächenträgheitsmoment um die *y*-Achse wurde bereits in *Aufgabe 2.4* berechnet; es ist I_y = 48207 cm^4. Die Schwerpunktlage ist bekannt. Der Abstand zum unteren Rand beträgt z_u = 25 cm; der zum oberen Rand z_0 = -19 cm.

Nach *Gl. (3.11)* berechnet sich die allgemeine Spannungsverteilung zu:

$$\sigma = \frac{M_y}{I_y} \cdot z = \frac{400 \cdot 100}{48207} \cdot z$$

Mit ihr können die Spannungen für jede beliebige Höhenkoordinate z berechnet werden. Die Randspannungen lauten:

$$\sigma_u = \frac{400 \cdot 100}{48207} \cdot 25 = 20{,}7 \frac{\text{kN}}{\text{cm}^2} \qquad \text{(Zugspannung, unten)}$$

$$\sigma_u = \frac{400 \cdot 100}{48207} \cdot (-19) = -15{,}8 \frac{\text{kN}}{\text{cm}^2} \qquad \text{(Druckspannung, oben)}$$

Dieselben Werte – aber nur als absolute Zahlenwerte – erhält man durch *Gl. (3.12)* unter Verwendung von Widerstandsmomenten, die nach *Gl. (3.13)* und *(3.14)* berechnet werden.

$$\sigma_u = \frac{M}{W_u} = \frac{400 \cdot 100}{1928} = 20{,}7 \frac{\text{kN}}{\text{cm}^2} \quad \text{mit} \quad W_{yu} = \frac{48207}{25} = 1928 \text{ cm}^3$$

$$\sigma_o = \frac{M}{W_o} = \frac{400 \cdot 100}{2537} = 15{,}8 \frac{\text{kN}}{\text{cm}^2} \quad \text{mit} \quad W_{yo} = \frac{48207}{19} = 2537 \text{ cm}^3$$

In den Beispielen wird mit den Einheiten kN und cm gerechnet, daher erfolgt in der *Gl. (3.11)* die Multiplikation mit dem Faktor 100, um das Moment von kNm in kNcm umzurechnen.

In *Bild 3.11* wird das Biegemoment durch einen Momentenvektor dargestellt, der durch einen Doppelpfeil gekennzeichnet ist. Er steht senkrecht auf der durch das Kräftepaar *Z* und *D* aufgespannten Ebene (*Bild 3.8*). Der Momentenvektor M_y steht also senkrecht auf der *z-x*-Ebene. Den Drehsinn erhält man anschaulich z.B. über das Schraubenmodell. Der Momentenvektor hat den gleichen Drehsinn wie eine Schraube, die in Richtung des Momentenvektors in eine Wand gedreht wird.

3

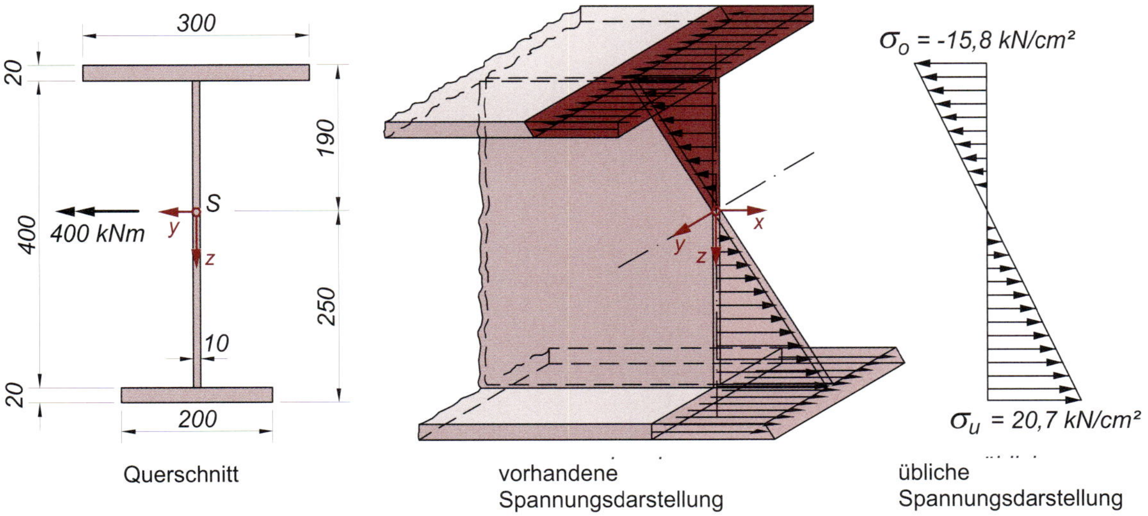

Bild 3.11 Querschnitt und Spannungsverteilung (Maße in mm)

Die vorhandene Spannungsverteilung ist einmal perspektivisch und einmal in der üblichen geklappten Darstellung in *Bild 3.11* zu sehen. Der Querschnitt hat bei einem vorhandenen Moment M_y bei gleicher y-Koordinate immer die gleiche Spannung, d.h. an jedem Punkt der 200 mm langen Unterkante gibt es die maximalen Spannungen.

3.3 Symmetrische Querschnitte mit zweiachsiger Biegung

Beanspruchen Momente M_z einen Träger, so wird der ebenfalls in x-Richtung gedehnt und erhält damit aus einem Moment M_z ebenfalls σ_x--Spannungen. Im *Bild 3.12* erhält der linke Träger Momente M_y infolge einer in z-Richtung einwirkenden Kraft F_z eine Durchbiegung w in z-Richtung und Dehnungen in x-Richtung. Die Beanspruchung des rechten Trägers lässt sich durch Drehen des linken Trägers herleiten. Der rechte Träger erhält durch eine in y-Richtung wirkende Kraft F_y Biegemomente M_z, Durchbiegungen v in y-Richtung und ebenfalls Dehnungen in x-Richtung.

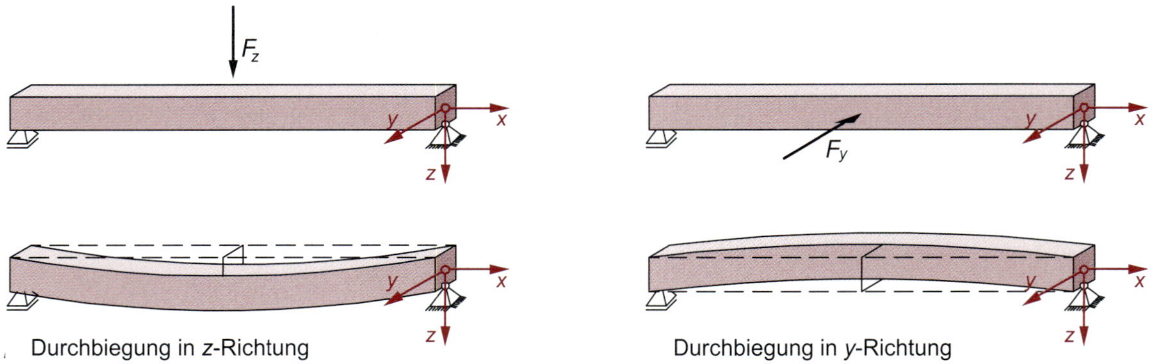

Bild 3.12 Vergleich Verformung eines Trägers infolge M_y und M_z

Die Herleitung von Spannungen infolge eines Momentes M_z erfolgt analog zu *Abschnitt 3.2*. Ein positives Moment M_z – der Momentenvektor zeigt in positive z-Richtung – bewirkt nach *Bild 3.13* am linken Rand Druck- und am rechten Rand Zugspannungen. Damit ergibt sich

In den *Gl. (3.15) bis (3.18)* wird die Normalspannung σ_x wieder nur mit σ bezeichnet. Eine Spannung σ ist immer eine σ_x –Spannung.

$$\sigma = -\frac{M_z}{I_z} \cdot y \qquad (3.15)$$

Bei gleichzeitiger Wirkung von M_y und M_z, d.h. bei doppelter oder auch schiefer Biegung ergibt sich die Normalspannung zu:

$$\sigma = \frac{M_y}{I_y} \cdot z - \frac{M_z}{I_z} \cdot y \tag{3.16}$$

Gl. (3.16) beschreibt eine Ebenengleichung, eine Spannungsebene, die abhängig von den Koordinaten *y* und *z* des Querschnittes ist. Die extremalen Spannungen treten jeweils nur an einem Punkt auf. Bei doppeltsymmetrischen Querschnitten lässt sich die betragsmäßig größte Spannung über die Widerstandsmomente ermitteln:

$$\sigma = \frac{|M_y|}{W_y} + \frac{|M_z|}{W_z} \tag{3.17}$$

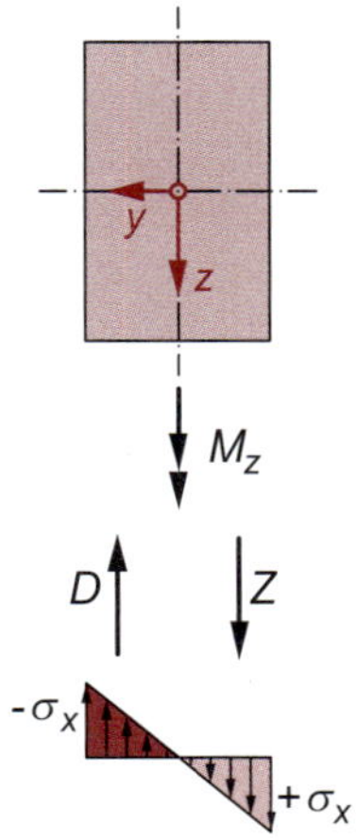

Bild 3.13 Spannungen aus M_z

Die Gerade, auf der die Spannungen gleich null sind, wird Nulllinie oder auch neutrale Faser genannt. Die Lage der Nulllinie ist bei einachsiger Biegung immer senkrecht zur angreifenden Last und damit parallel zum zugehörigen Momentenvektor. Bei zweiachsiger Biegung ist der resultierende Momentenvektor nicht mehr parallel zur Nulllinie. Die Lage der Spannungsnulllinie kann dann folgendermaßen ermittelt werden:

$$\tan\beta = \frac{-M_z}{M_y} \cdot \frac{I_y}{I_z} \tag{3.18}$$

Der Winkel β ist in *Bild 3.14* definiert.

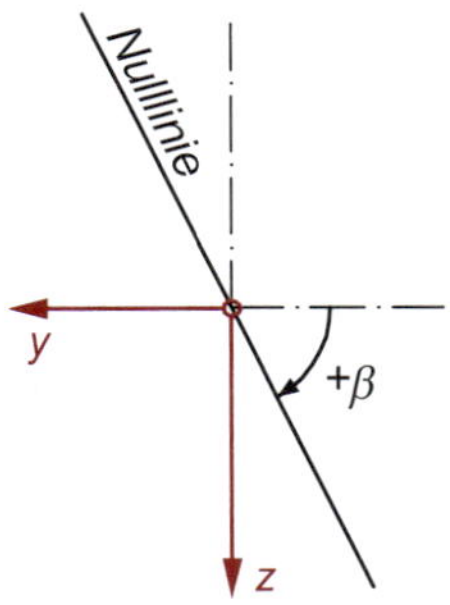

Bild 3.14 Lage der Nulllinie

Beispiel 3.2

Der Querschnitt nach *Bild 3.15* erfährt eine Doppelbiegung durch die Biegemomente M_y = *40* kNm und M_z = *30* kNm. Es sind die Spannungen in den Eckpunkten zu berechnen.

Für den Rechteckquerschnitt werden folgende Querschnittswerte ermittelt:

$$I_y = \frac{b \cdot h^3}{12} = \frac{18 \cdot 30^3}{12} = 40500\ \text{cm}^4$$

$$W_y = \frac{b \cdot h^2}{6} = \frac{18 \cdot 30^2}{6} = 2700\ \text{cm}^3$$

$$I_z = \frac{h \cdot b^3}{12} = \frac{30 \cdot 18^3}{12} = 14580\ \text{cm}^4$$

$$W_z = \frac{h \cdot b^2}{6} = \frac{30 \cdot 18^2}{6} = 1620\ \text{cm}^3$$

Aufgabe 3.2: Berechnen Sie die Spannung in den Eckpunkten eines HEB 300 (vgl. *Aufgabe 3.1*) infolge M_y = -*200* kNm und M_z = -*30* kNm

3

Die extremale Spannung wird benötigt, um den Träger zu bemessen. In welchem Punkt sie auftritt, müssen sich die Anwender bei der Verwendung von Widerstandsmomenten selbst überlegen; im Beispiel:

$+ M_y \Rightarrow$ unten Zug
$+ M_z \Rightarrow$ rechts Zug

Also ist die größte Zugspannung unten rechts vorhanden.

Die extremalen Spannungen ergeben sich durch *Gl. (3.16)*:

$$\sigma_a = \frac{40 \cdot 100}{40500} \cdot (+15) - \frac{30 \cdot 100}{14580} \cdot (+9) = +1{,}48 - 1{,}85 = -0{,}37 \text{ kN/cm}^2$$

$$\sigma_b = \frac{40 \cdot 100}{40500} \cdot (+15) - \frac{30 \cdot 100}{14580} \cdot (-9) = +1{,}48 + 1{,}85 = +3{,}33 \text{ kN/cm}^2$$

$$\sigma_c = \frac{40 \cdot 100}{40500} \cdot (-15) - \frac{30 \cdot 100}{14580} \cdot (-9) = -1{,}48 + 1{,}85 = +0{,}37 \text{ kN/cm}^2$$

$$\sigma_d = \frac{40 \cdot 100}{40500} \cdot (-15) - \frac{30 \cdot 100}{14580} \cdot (+9) = -1{,}48 - 1{,}85 = -3{,}33 \text{ kN/cm}^2$$

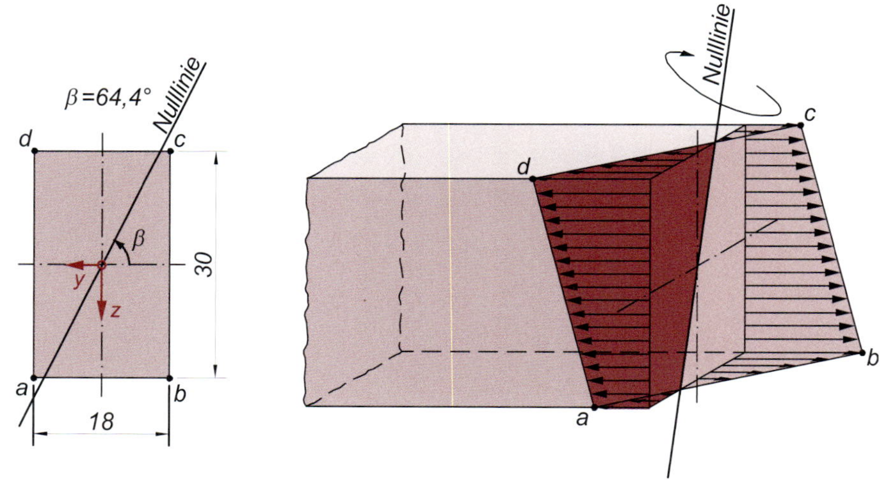

Bild 3.15 Querschnitt zu *Beispiel 3.2* (Maße in cm) und Spannungsverteilung über die Querschnittsfläche

In *Bild 3.15* sieht man die Spannungsverteilung über der Querschnittsfläche dargestellt. Die Spannung ist in jedem Punkt unterschiedlich. Im Punkt *b* wirkt die größte Zugspannung, im Punkt *d* die größte Druckspannung. Bei der Berechnung mithilfe von Widerstandsmomenten nach *Gl. (3.17)* wird die betragsmäßig größte Spannung ermittelt.

$$\sigma = \frac{40 \cdot 100}{2700} + \frac{30 \cdot 100}{1620} = 1{,}48 + 1{,}85 = 3{,}33 \frac{\text{kN}}{\text{cm}^2}$$

Die Spannungsnulllinie ergibt sich nach *Gl. (3.18)* zu

$$\tan\beta = \frac{-30}{40} \cdot \frac{40500}{14580} = -2{,}08 \qquad \Rightarrow \beta = -64{,}4^\circ$$

Beispiel 3.3

Der Träger aus *Beispiel 3.1* wird nun mit den Momenten $M_y = 300$ kNm und $M_z = -25$ kNm belastet. Gesucht sind die extremalen Randspannungen.

Die gesuchte maximale Spannung ist in dem Randpunkt, der von der Nulllinie den größten Abstand hat. Die Nulllinie verläuft unter

$$\tan\beta = \frac{-(-25)}{300}\cdot\frac{48207}{5837} = 0{,}688 \qquad \Rightarrow \beta = 34{,}5°$$

Das positive Moment M_y bewirkt an der Unterkante Zugspannungen und das negative Moment M_z an der linken Seite des Querschnittes Zugspannungen. So sind unterhalb der Spannungsnulllinie (siehe *Bild 3.16*) Zugspannungen mit dem maximalen Wert im Punkt *a* und oberhalb der Nulllinie Druckspannungen mit dem minimalen Wert im Punkt *b*. Nach *Gl. (3.16)* ergeben sich die Spannungen zu:

$$\sigma_a = \frac{300\cdot 10^2}{48207}\cdot(+25) - \frac{(-25)\cdot 10^2}{5837}\cdot(+10) = 19{,}8\ \text{kN/cm}^2$$

$$\sigma_b = \frac{300\cdot 10^2}{48207}\cdot(-19) - \frac{(-25)\cdot 10^2}{5837}\cdot(-15) = -18{,}2\ \text{kN/cm}^2$$

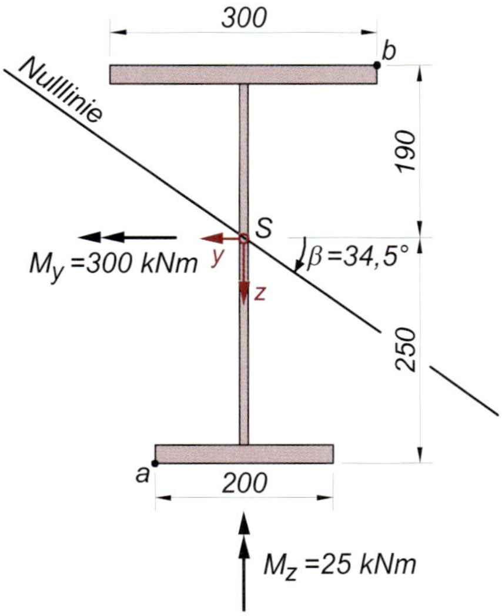

Bild 3.16 Querschnitt zu *Beispiel 3.3*, Maße in mm

Aufgabe 3.3: Wie groß ist die maximale bzw. minimale Normalspannung für den Querschnitt nach *Bild 3.17* für $M_y = -490$ kNm und $M_z = 340$ kNm?

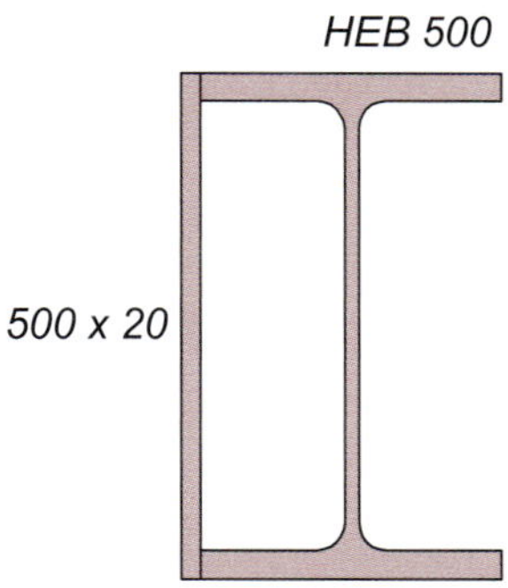

Bild 3.17 Querschnitt *Aufgabe 3.3*, Maße in mm

Das Biegemoment M_z in *Bild 3.16* ist negativ, da der Momentenvektor in die negative Achsrichtung zeigt.

3

3.4 Beliebige Querschnitte mit zweiachsiger Biegung

Bei einem beliebigen Querschnitt ohne jede Symmetrieachse gibt es für die Ermittlung der Normalspannung σ aus Biegemomenten zwei Varianten:

Variante 1: Spannungsermittlung im *y-z*-Koordinatensystem

Für die Berechnung der Normalspannungen σ in einem beliebigen *y-z*-Koordinatensystem müssen die angreifenden Momente in *y*- und *z*-Achse zerlegt sein (siehe *Bild 3.18*).

Da im Bauwesen üblicherweise das *y-z*-Koordinatensystem mit einer vertikalen *z*-Achse als globales Koordinatensystem gewählt wird, sind aus der statischen Berechnung meistens die Momente M_y und M_z bekannt.

Weiterhin müssen der Schwerpunkt und die Trägheitsmomente I_y, I_z und I_{yz} bezüglich der Schwerpunktsachsen *y* und *z* bekannt sein. Ihr Berechnungsweg wird in *Kapitel 2* aufgezeigt.

$$\sigma = \frac{-I_{yz} \cdot y + I_z \cdot z}{D} \cdot M_y - \frac{I_y \cdot y - I_{yz} \cdot z}{D} \cdot M_z \tag{3.19}$$

mit $D = I_y \cdot I_z - I_{yz}^2$

und *y* und *z* als Querschnittskoordinaten im schwerpunktbezogenen *y-z*-Koordinatensystem.

Variante 2: Spannungsermittlung im Hauptachsensystem

Sind die Hauptachsen in ihrer Lage mit dem Winkel φ_0 und den dazugehörigen Hauptträgheitsmomenten I_η und I_ζ bekannt, kann die Spannungsermittlung auch im Hauptachsensystem erfolgen. Dazu müssen die Biegemomente in ihre Komponenten in η- und ζ-Richtung zerlegt werden.

$$M_\eta = M_y \cdot \cos\varphi + M_z \cdot \sin\varphi \tag{3.20}$$

$$M_\varsigma = -M_y \cdot \sin\varphi + M_z \cdot \cos\varphi \tag{3.21}$$

Dann ergibt sich die Normalspannung zu

$$\sigma = \frac{M_\eta}{I_\eta} \cdot \varsigma - \frac{M_\varsigma}{I_\varsigma} \cdot \eta \tag{3.22}$$

Die mit η und ζ indizierten Größen sind Querschnittswerte im η-ζ-Koordinatensystem. Die Hauptachsen sind so festgelegt, dass I_η immer das maximale Trägheitsmoment ergibt.

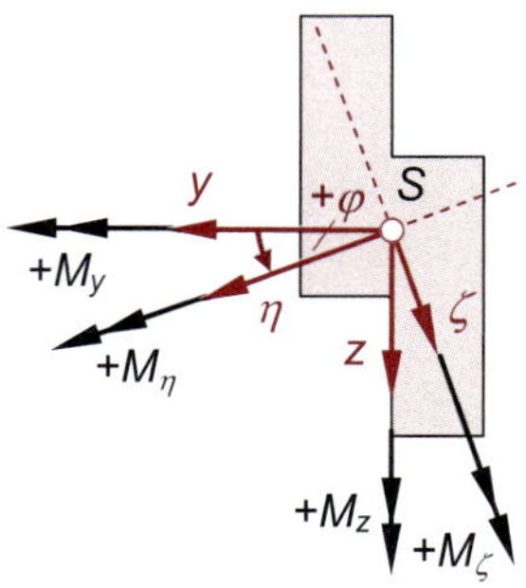

Bild 3.18 Momentendefinition bei einem beliebigen Querschnitt

Beispiel 3.4

Die maximalen Spannungen im Querschnitt nach *Bild 3.19* sollen nach beiden vorgestellten Varianten für M_y = -6,0 kNm und M_z = 2,5 kNm berechnet werden.

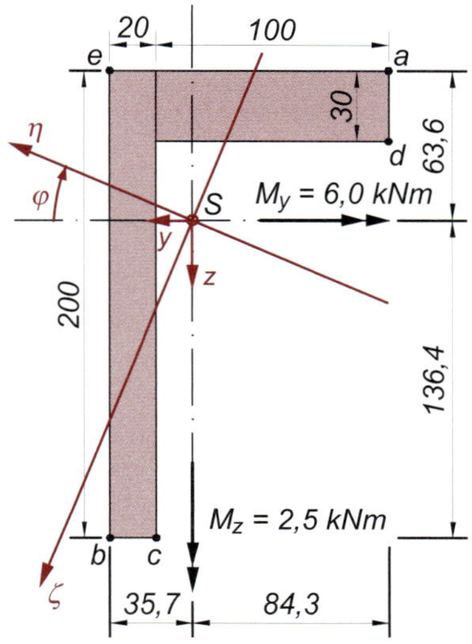

Bild 3.19 Querschnitt *Beispiel 3.4*, Maße in mm

Die Querschnittswerte wurden bereits in *Aufgabe 2.9* berechnet.

I_y = 2595 cm⁴,

I_z = 880 cm⁴,

I_{yz} = 874 cm⁴,

I_η = 2962 cm⁴,

I_ζ = 513 cm⁴

Variante 1: Berechnung der Spannungen im *y*-*z*-Koordinatensystem

Aus den Vorzeichen der Momente wird im Punkt *a* die größte Zug- und im Punkt *b* die größte Druckspannung erwartet. Der Hilfswert *D* lautet nach *Gl. (3.19):*

$$D = 2595 \cdot 880 - 874^2 = 1519724 = 1{,}52 \cdot 10^6$$

Die Spannung im Punkt *a* mit den Koordinaten y_a = *-8,43* cm und z_a = *-6,36* cm wird mit Hilfe der *Gl. (3.19)* berechnet.

$$\sigma_a = \frac{-874 \cdot (-8{,}43) + 880 \cdot (-6{,}36)}{1{,}52 \cdot 10^6} \cdot (-6{,}0) \cdot 100 - \frac{2595 \cdot (-8{,}43) - 874 \cdot (-6{,}36)}{1{,}52 \cdot 10^6} \cdot 2{,}5 \cdot 100 = 1{,}98 \text{ kN/cm}^2$$

Die Druckspannungen im Punkt *b* mit den Koordinaten y_b = 3,57 cm und z_b = 13,64 cm ergeben sich zu:

$$\sigma_b = \frac{-874 \cdot 3{,}57 + 880 \cdot 13{,}64}{1{,}52 \cdot 10^6} \cdot (-6{,}0) \cdot 100 - \frac{2595 \cdot 3{,}57 - 874 \cdot 13{,}64}{1{,}52 \cdot 10^6} \cdot 2{,}5 \cdot 100 = -3{,}07 \text{ kN/cm}^2$$

Variante 2: Berechnung der Spannungen im Hauptachsensystem

Zuerst müssen die angegebenen Momente in ihre Komponenten in Richtung der η- bzw. ζ-Achse zerlegt werden.

$$M_\eta = -6{,}0 \cdot \cos(-22{,}8°) + 2{,}5 \cdot \sin(-22{,}8°) = -6{,}5 \text{ kNm}$$

$$M_\varsigma = -(-6{,}0) \cdot \sin(-22{,}8°) + 2{,}5 \cdot \cos(-22{,}8°) = -0{,}02 \text{ kNm}$$

Das Moment M_y erzeugt am oberen Rand des Querschnittes Zug- und am unteren Rand Druckspannungen. M_z bewirkt am rechten Rand des Querschnittes Zug- und am linken Rand Druckspannungen.

Dadurch, dass im Hauptachsensystem nahezu nur ein Moment vorhanden ist, lassen sich hier die Punkte mit den Maximalspannungen leichter identifizieren. Sie müssen von der η-Achse, die hier ungefähr die Nulllinie ist,

3

Aufgabe 3.4: Berechnen Sie für den Querschnitt nach *Bild 3.19* die Normalspannungen für weitere Randpunkte und den Eckpunkt *d*.

Aufgabe 3.5: Berechnen Sie für den Querschnitt nach *Bild 3.20* die maximale Spannung infolge $M_y = 30$ kNm. Die Querschnittskennwerte der U-Profile können in üblichen Nachschlagewerken [1] gefunden werden.

Bild 3.20 Querschnitt zu *Aufgabe 3.5*

den größten Abstand haben. Um die Spannungen mit *Gl. (3.22)* berechnen zu können, müssen die Koordinaten der Punkte *a* und *b* mit *Gl. (2.22)* ins Hauptachsensystem transformiert werden.

$$\eta_a = (-8{,}43)\cdot\cos(-22{,}8) + (-6{,}36)\cdot\sin(-22{,}8) = -5{,}31\,\text{cm}$$

$$\varsigma_a = -(-8{,}43)\cdot\sin(-22{,}8) + (-6{,}36)\cdot\cos(-22{,}8) = -9{,}13\,\text{cm}$$

$$\eta_b = 3{,}57\cdot\cos(-22{,}8) + 13{,}64\cdot\sin(-22{,}8) = -1{,}99\,\text{cm}$$

$$\varsigma_b = -3{,}57\cdot\sin(-22{,}8) + 13{,}64\cdot\cos(-22{,}8) = 13{,}96\,\text{cm}$$

Die Spannungsermittlung erfolgt mit *Gl. (3.22)*.

$$\sigma_a = \frac{-6{,}5\cdot 100}{2962}\cdot(-9{,}13) - \frac{(-0{,}02)\cdot 100}{513}\cdot(-5{,}31) = 1{,}98\ \text{kN/cm}^2$$

$$\sigma_b = \frac{-6{,}5\cdot 100}{2962}\cdot 13{,}96 - \frac{(-0{,}02)\cdot 100}{513}\cdot(-1{,}99) = -3{,}07\ \text{kN/cm}^2$$

Die Spannungsermittlung im Hauptachsensystem ist für die Handrechnung sehr aufwändig. In der Praxis werden folgende Möglichkeiten ergriffen:

- Nutzung spezieller Programme, die Querschnittswerte und Spannungen berechnen können;
- Hersteller von unregelmäßigen Querschnitten stellen den Anwendern besondere Tafeln für Querschnittswerte und Tragfähigkeitstabellen zur Verfügung;
- Die Anwender vereinfachen die Querschnitte durch Weglassen von Querschnittsteilen, sodass symmetrische Querschnitte entstehen, die einfach zu berechnen sind. Für eine Vordimensionierung wird dieses auf der sicheren Seite liegendes Verfahren häufig eingesetzt.

3.5 Biegung mit Normalkraft

Wirkt in einem Querschnitt eine Normalkraft *N*, so erhält jeder Punkt des Querschnittes die gleiche Spannung, da sich die Kraft auf den ganzen Querschnitt gleichmäßig verteilt (*Bild 3.21*).

$$\sigma_x = \sigma = \frac{N}{A} \quad \text{mit } A = \text{Fläche des Querschnittes} \qquad (3.23)$$

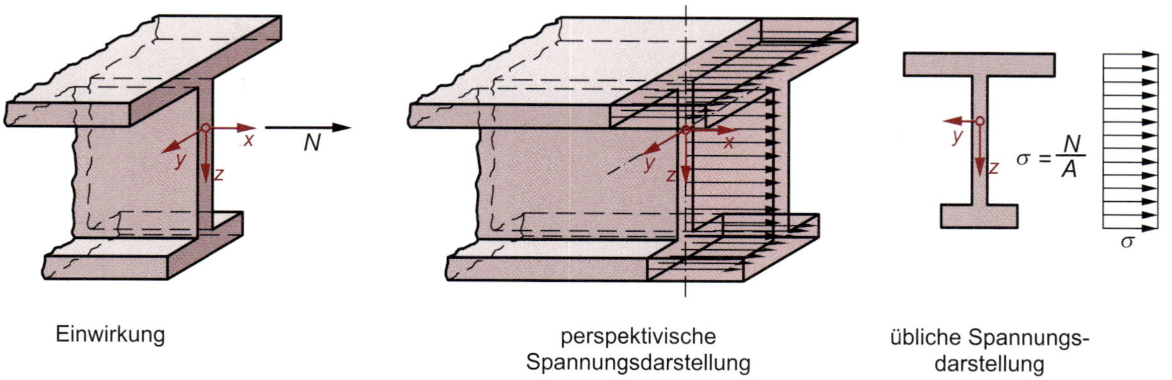

Bild 3.21 Spannungsverteilung im Querschnitt infolge Normalkraft

Wird ein Stab durch eine exzentrische, d.h. nicht im Schwerpunkt wirkende Kraft F beansprucht, so erzeugt sie eine Normalkraft und Momente. In *Bild 3.22* greift die Kraft F parallel zur x-Achse (Schwerachse, Stabachse) an. Die Biegebeanspruchung kann ermittelt werden, indem man in der Schwerachse ohne Verletzung des Gleichgewichts zwei gleich große Kräfte F und $-F$ ansetzt. Diese drei Kräfte können dann als ein Kräftepaar („rote" Kräfte)

$$M = F \cdot e \tag{3.24}$$

und als Normalkraft $N = F$ beschrieben werden.

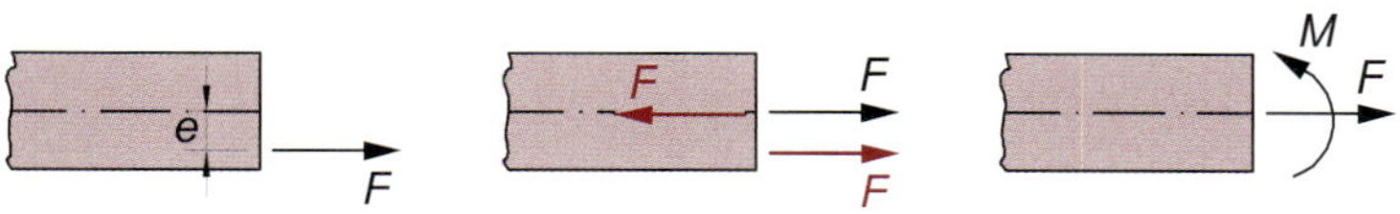

Bild 3.22 Moment aus exzentrischer Normalkraft

Eine Normalkraft ist eine Schnittgröße (Spannungsresultierende), die in Stabrichtung x weist und im Schwerpunkt des Querschnittes angreift. Die Spannung ist – wie die Biegespannungen auch – eine Normalspannung σ_x. Im *Abschn. 3.5* wird wiederum der Index x bei σ_x weg gelassen.

Greift eine Kraft F – wie im *Bild 3.23* zu sehen ist – parallel zur Schwerachse räumlich versetzt an, entstehen Biegemomente um beide Achsen.

$$N = F \tag{3.25}$$

$$M_y = N \cdot e_z \tag{3.26}$$

$$M_z = -N \cdot e_y \tag{3.27}$$

In die *Gl. (3.24)* bis *(3.27)* müssen die Kraft F und die Koordinaten des Angriffspunktes vorzeichengerecht eingesetzt werden.

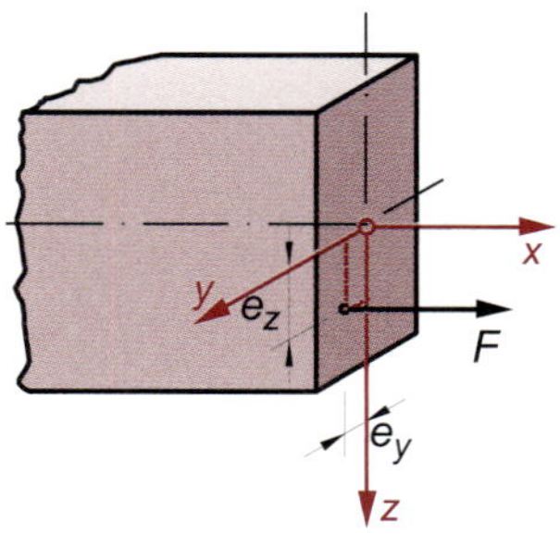

Bild 3.23 Räumlich exzentrisch wirkende Normalkraft

Sind in einem Träger Normalkräfte und Biegemomente – entweder aus Belastung senkrecht zum Träger oder aus exzentrischer Normalkraft – werden die Spannungen aus der Normalkraft additiv zu den Spannungen aus den Momenten hinzugefügt. So lautet die allgemeine Spannungsgleichung bei mindestens einfachsymmetrischen Querschnitten:

$$\sigma = \frac{N}{A} + \frac{M_y}{I_y} \cdot z - \frac{M_z}{I_z} \cdot y \tag{3.28}$$

Speziell für Anfänger: Im Bauwesen wird bei der Bemessung von Stützen häufig das Vorzeichen der Normalkraft weggelassen, da die Ersteller einer Statik das Vorzeichen einer – in den meisten Fällen – negativen Kraft (Druckkraft) für selbstverständlich halten. Statikprogramme geben die Vorzeichen in der Regel korrekt an, wobei natürlich auf eine ebenfalls korrekte Dateneingabe geachtet werden muss.

Bei einem doppeltsymmetrischen Querschnitt erhält man die maximale Spannung, die meistens nur bei der Bemessung benötigt wird, durch die Benutzung der Widerstandsmomente:

$$\sigma = \frac{|N|}{A} + \frac{|M_y|}{W_y} + \frac{|M_z|}{W_z} \tag{3.29}$$

Bei beliebigen Querschnitten kann *Gl. (3.28)* im Hauptachsensystem

$$\sigma = \frac{N}{A} + \frac{M_\eta}{I_\eta} \cdot \varsigma - \frac{M_\varsigma}{I_\varsigma} \cdot \eta \tag{3.30}$$

oder im *y*-*z*-Koordinatensystem

$$\sigma = \frac{N}{A} + \frac{-I_{yz} \cdot y + I_z \cdot z}{D} \cdot M_y - \frac{I_y \cdot y - I_{yz} \cdot z}{D} \cdot M_z \tag{3.31}$$

mit $D = I_y \cdot I_z - I_{yz}^2$ nach *Gl. (3.19)* formuliert werden.

Beispiel 3.5

Der Querschnitt von *Beispiel 3.1* soll zusätzlich zum vorhandenen Biegemoment M_y = 400 kNm durch eine Normalkraft N = -480 kN (Druckkraft) beansprucht werden.

Um die Spannungen infolge der Normalkraft berechnen zu können, muss die Fläche des Querschnittes berechnet werden. Es ergibt sich:

$$A = 30 \cdot 2 + 40 \cdot 1 + 20 \cdot 2 = 140\,\text{cm}^2$$

Die Trägheitsmomente wurden bereits in *Beispiel 3.1* berechnet. Mit *Gl. (3.28)* und M_z = 0 ergeben sich folgende Randspannungen:

$$\sigma_u = \frac{-480}{140} + \frac{400 \cdot 100}{48207} \cdot 25 = -3{,}4 + 20{,}7 = 17{,}3 \text{ kN/cm}^2$$

$$\sigma_o = \frac{-480}{140} + \frac{400 \cdot 100}{48207} \cdot (-19) = -3{,}4 - 15{,}8 = -19{,}2 \text{ kN/cm}^2$$

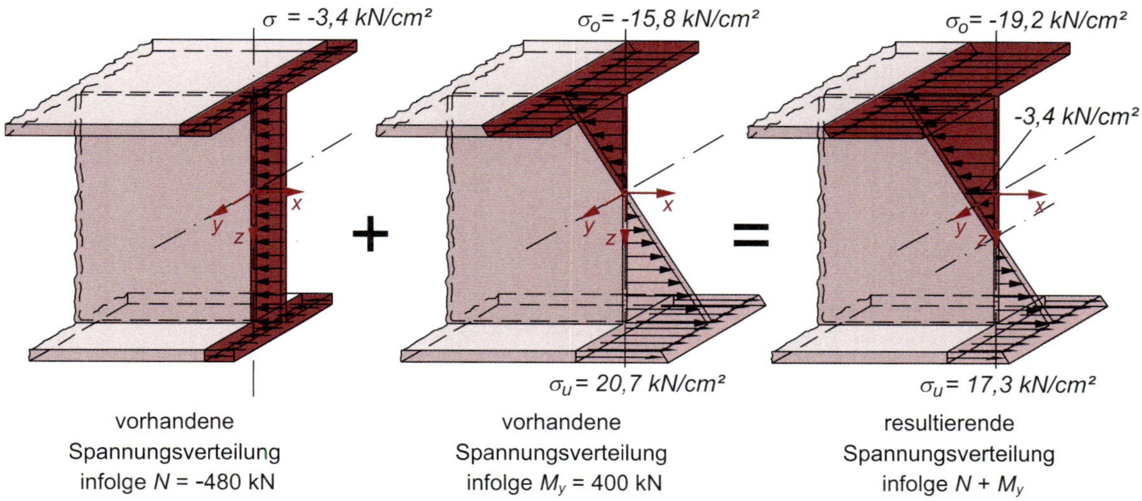

Bild 3.24 Querschnitt und vorhandene Spannungsverteilung gemäß *Beispiel 3.5*

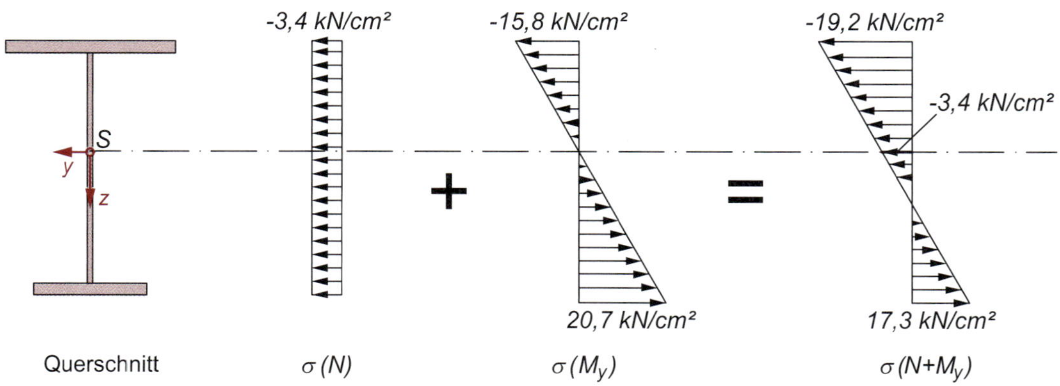

Bild 3.25 Querschnitt mit üblicher Spannungsdarstellung gemäß *Beispiel 3.5*

Zur konstanten Spannungsverteilung infolge N wird die lineare Spannungsverteilung infolge M_y addiert (*Bild 3.24*) In der sich daraus ergebenden Spannungsverteilung ist nun in der Schwerachse der Spannungsanteil aus der Normalkraft vorhanden. In *Bild 3.25* wird die gleiche Spannungsaddition in der üblichen geklappten Form gezeigt.

Aufgabe 3.6: In *Beispiel 3.6* wird für einen Eckpunkt des Rechteckquerschnittes eine maximale Spannung von 3,83 kN/cm² errechnet. An welchem Eckpunkt wirkt diese maximale Spannung? Finden Sie den Punkt mithilfe der Vorzeichen der Schnittgrößen. Kontrollieren Sie Ihre Überlegungen, indem Sie für alle vier Eckpunkte die Spannung mit *Gl. (3.28)* ermitteln. Durch die Normalkraft ist die resultierende Spannungsverteilung nicht mehr symmetrisch.

Beispiel 3.6

Der Rechteckquerschnitt von *Beispiel 3.2* erhält zu den vorhandenen Biegemomenten M_y = 40 kNm und M_z = 30 kNm eine zusätzliche Normalkraft von N = + 270 kN (Zugkraft).

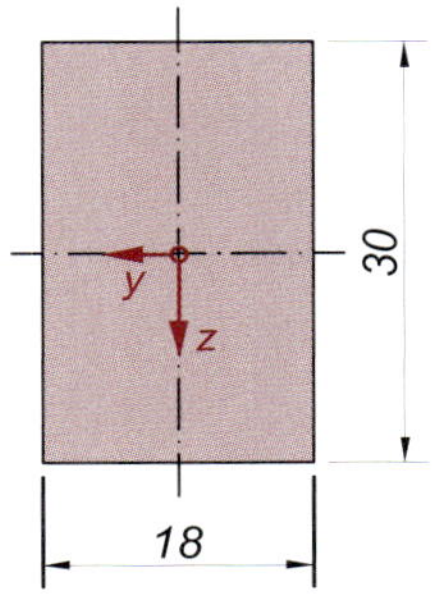

$$I_y = 40500\,\text{cm}^4$$
$$W_y = 2700\,\text{cm}^3$$
$$I_z = 14580\,\text{cm}^4$$
$$W_z = 1620\,\text{cm}^3$$
$$A = 18 \cdot 30 = 540\,\text{cm}^2$$

Bild 3.26 Rechteckquerschnitt mit Querschnittswerten, Maße in cm

Da der Rechteckquerschnitt doppeltsymmetrisch ist, kann mit *Gl. (3.29)* die maximale Spannung ermittelt werden. *Gl. (3.29)* ermittelt nur die maximale Spannung, gibt aber nicht den Punkt an, an dem diese Spannung wirkt.

$$\sigma = \frac{|270|}{540} + \frac{|40 \cdot 100|}{2700} + \frac{|30 \cdot 100|}{1620} = 0{,}5 + 1{,}48 + 1{,}85 = 3{,}83\ \text{kN/cm}^2$$

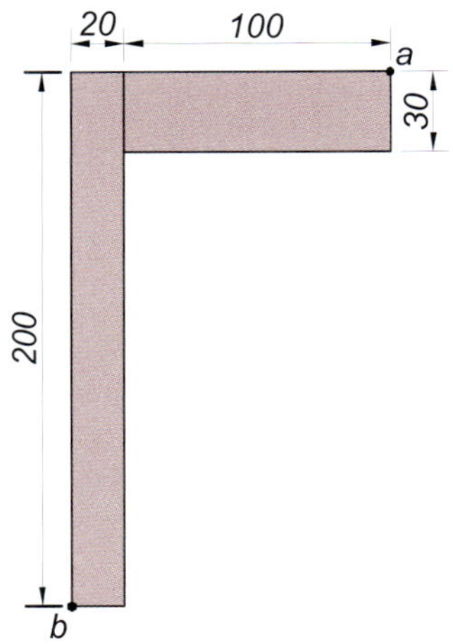

Bild 3.27 Querschnitt *Beispiel 3.7*, Maße in mm

Beispiel 3.7

Der Winkelquerschnitt aus *Beispiel 3.4* (*Bild 3.27*) soll zusätzlich zur vorhandenen Momentenbeanspruchung eine Normalkraft von N = -200 kN erhalten. Die Größe der Fläche ergibt sich zu:

$$A = 20 \cdot 2 + 10 \cdot 3 = 70\ \text{cm}^2$$

Infolge der Momentenbeanspruchung liegt die maximale Spannung im Punkt *a*; und die minimale in Punkt b; es gilt:

$$\sigma_a(M_y, M_z) = 1{,}98\ \text{kN/cm}^2\,; \qquad \sigma_b(M_y, M_z) = -3{,}07\ \text{kN/cm}^2$$

Zu jedem Punkt des Querschnittes kommt nun additiv die Spannung aus der Normalkraft hinzu. So lauten jetzt die resultierenden Spannungen in den Punkten

Für den Nachweis dieses Trägers würde ein reiner Spannungsnachweis nicht ausreichen. Wegen der vorhandenen Druckspannungen besteht die Gefahr eines Stabilitätsversagens (Biegeknicken oder Biegedrillknicken; siehe *Kapitel 7*).

$$\sigma_a = \frac{-200}{70} + 1{,}98 = -0{,}88 \text{ kN/cm}^2$$

$$\sigma_b = \frac{-200}{70} + (-3{,}07) = -5{,}93 \text{ kN/cm}^2$$

Da nun selbst im Punkt mit der maximalen Spannung infolge des Normalkrafteinflusses eine negative Spannung – eine Druckspannung – vorliegt, ist der ganze Querschnitt überdrückt.

Beispiel 3.8

Ein U-Profil [200 soll als Zugstab benutzt werden. Bedingt durch die vorhandene Konstruktion muss die Kraft in der Mitte des Oberflansches eingeleitet werden (*Bild 3.28*). Wie groß kann die Zugkraft Z werden, damit eine maximale/minimale Spannung von 20 kN/cm² erreicht wird?

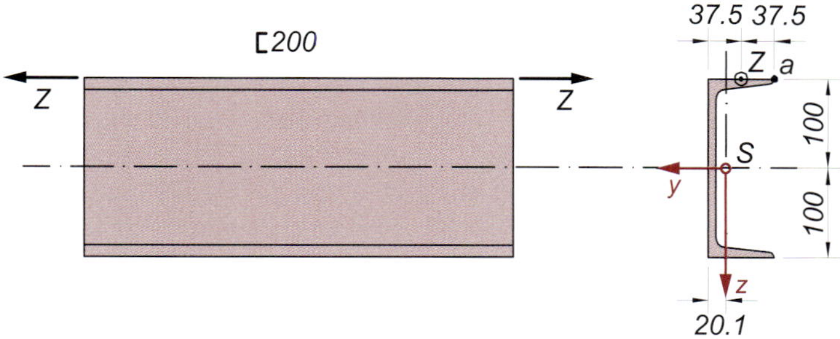

Bild 3.28 Beanspruchung und Querschnitt *Beispiel 3.8*, Maße in mm

Im Querschnitt sieht man Z als Zugkraft mit einem Kreis und einem Punkt – die Spitze eines Pfeils. Eine Druckkraft würde als Kreis mit einem Kreuz gezeichnet werden – das Ende eines gefiederten Pfeils.

Die Zugkraft Z bewirkt nicht nur eine Normalkraft, sondern auch Momente, da Z nicht im Schwerpunkt eingeleitet wird. Nach den *Gl. (3.25)* bis *(3.27)* und *Bild 3.22* ergeben sich folgende Schnittgrößen:

$$N = Z \quad \text{kN}$$

$$M_y = Z \cdot (-10) = -\ 10 \cdot Z \quad \text{kNcm}$$

$$M_z = -Z \cdot (-\ 3{,}75 + 2{,}01) = 1{,}74 \cdot Z \quad \text{kNcm}$$

Die Querschnittswerte und die Lage des Schwerpunktes lassen sich aus üblichen Tabellenwerken [1] entnehmen.

$$I_y = 1919 \text{ cm}^4 \qquad I_z = 148 \text{ cm}^4 \qquad A = 32{,}2 \text{ cm}^2$$

Aufgabe 3.7: Für den Querschnitt nach *Bild 3.29* soll die maximale und die minimale Normalspannung für M_y = -480 kNm und einer exzentrischen, in der oberen rechten Ecke angreifenden Druckkraft F = 500 kN berechnet werden. Der zusammengesetzte bzw. zusammengeschweißte Stahlquerschnitt besteht aus einem HEB 400 und zwei U-Profil [400.

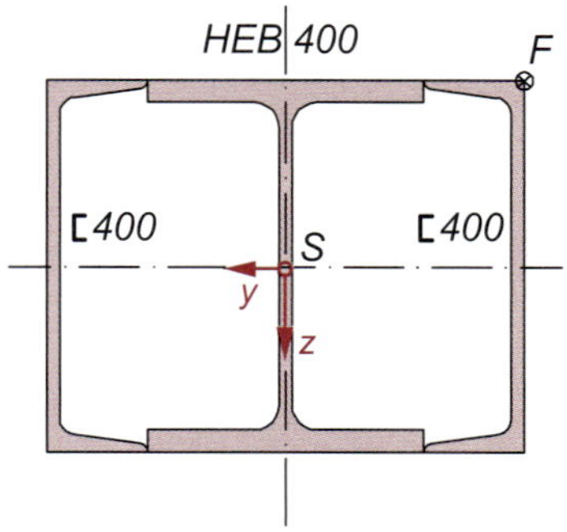

Bild 3.29 Querschnitt *Aufgabe 3.7*

Da N eine Zugkraft ist, wird die maximale Spannung eine Zugspannung sein. Aus den Momenten

M_y = negativ $\Rightarrow$ oben „Zug“ , M_z = positiv $\Rightarrow$ rechts „Zug“

kann man schließen, dass die maximale Spannung im Punkt *a* vorliegt. Nach *Gl. (3.28)* ergibt sich für den Punkt *a* folgende Beziehung

$$\sigma = \frac{Z}{32,2} + \frac{-10 \cdot Z}{1910} \cdot (-10) - \frac{(3,75 - 2,01) \cdot Z}{148} \cdot (2,01 - 2 \cdot 3,75) \leq 20 \text{ kN/cm}^2$$

und zusammengefasst

$$0,031 \cdot Z + 0,052 \cdot Z + 0,0645 \cdot Z \leq 20,0 \quad \Rightarrow \quad Z \leq 135 \text{ kN}$$

Folglich darf Z maximal 135 kN groß sein.

3.6 Biegelinie

Die Durchbiegung in y-Richtung infolge des Momentes M_z wird mit $v(x)$ und die Stabstreckung in x-Richtung infolge Normalkraft N wird mit $u(x)$ bezeichnet.

Ein durch Lasten beanspruchter Träger verformt sich, er erhält sogenannte Formänderungen: Verschiebungen und Verdrehungen. Die verformte Stabachse wird Biegelinie genannt (siehe *Bild 3.30*). Im Folgenden soll nur der ebene Fall der „einfachen“ Biegung untersucht werden. Kräfte in z-Richtung F_z bewirken Momente M_y und verformen den Träger in z-Richtung. Die Durchbiegung in z-Richtung wird als $w(x)$ bezeichnet.

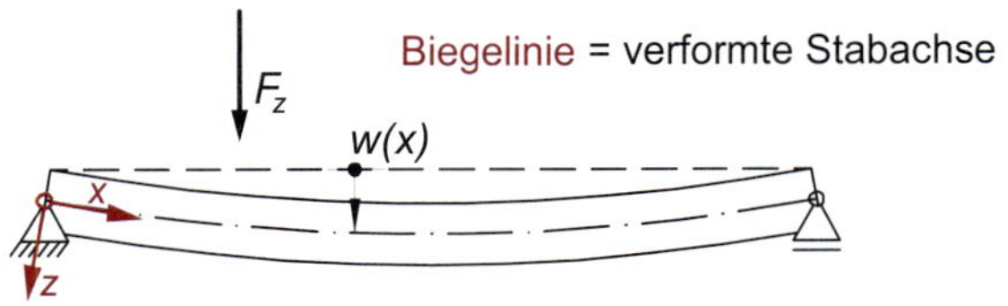

Bild 3.30 Definition der Biegelinie

Zur Beschreibung der Biegelinie wird nicht nur die Durchbiegung $w(x)$, sondern auch die Krümmung $\kappa(x)$ und der Krümmungsradius $\rho(x)$ verwendet. Wird an einen beliebigen Punkt der Biegelinie $w(x)$ ein Kreis angeschmiegt (mathematisch: Krümmungskreis), so wird der Radius dieses angeschmiegten Kreises $\rho(x)$ genannt. Die Krümmung einer Kurve wird als

$$\kappa = \frac{1}{\rho} \tag{3.32}$$

definiert. Werden die Momente vergrößert, vergrößert sich die Durchbiegung und die Krümmung der Biegelinie, während der Krümmungsradius kleiner wird.

Wird nun in *Bild 3.31* ein Teilstück – ein infinitesimaler Stababschnitt – eines gekrümmten Trägers betrachtet, so wird das Bogenelement *ds* um das Maß Δds gestreckt. Die Dehnung dieses Elementes ist

$$\varepsilon = \frac{\Delta ds}{ds} \tag{3.33}$$

Die Bogenlängen lassen sich mithilfe des Winkels $d\varphi$ formulieren

$$ds = d\varphi \cdot \rho \tag{3.34}$$

$$\Delta ds = d\varphi \cdot \frac{h}{2} \tag{3.35}$$

und werden in *Gl. (3.33)* eingesetzt.

$$\varepsilon = \frac{d\varphi \cdot h}{d\varphi \cdot \rho \cdot 2} = \frac{h}{2 \cdot \rho} \tag{3.36}$$

Die Dehnung lässt sich ebenfalls mithilfe des Hookeschen Gesetzes beschreiben.

$$\varepsilon = \frac{\sigma}{E} = \frac{h}{2 \cdot \rho} \tag{3.37}$$

Der Index „*y*" des Momentes wird im Weiteren weggelassen. Für die Normalspannung σ gilt nach *Gl. (3.11)*:

$$\sigma = \frac{M_y}{I_y} \cdot z = \frac{M}{I} \cdot z \tag{3.11}$$

und für den Randpunkt mit $z = 0{,}5 \cdot h$:

$$\sigma = \frac{M}{I} \cdot \frac{h}{2} \tag{3.38}$$

Damit ist

$$\frac{M}{E \cdot I} \cdot \frac{h}{2} = \frac{h}{2 \cdot \rho} \tag{3.39}$$

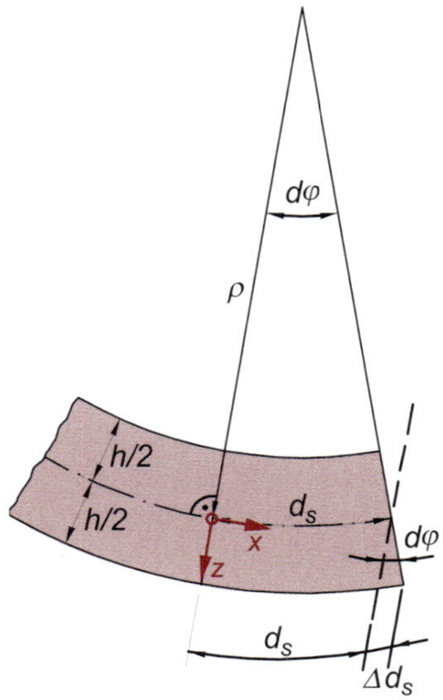

Bild 3.31 Zusammenhang Moment und Krümmung

$E \cdot I$, also das Produkt aus dem Elastizitätsmodul und dem Flächenträgheitsmoment wird als Biegesteifigkeit eines Trägers bezeichnet.

Für den Krümmungsradius ρ gilt dann

$$\rho = \frac{E \cdot I}{M} \tag{3.40}$$

und für die Krümmung κ

$$\kappa = \frac{1}{\rho} = \frac{M}{E \cdot I} \tag{3.41}$$

Unter einer Krümmung einer Kurve versteht man in der Mathematik eine Richtungsänderung pro Längeneinheit. Ist die Kurve als Funktion *y = f(x)* gegeben, kann ihre Krümmung in einem Punkt mit *Gl. (3.42)* angegeben werden. Diese Gleichung kann z.B. mathematischen Formelbüchern entnommen werden.

Mithilfe der Differenzialrechnung kann die Krümmung der Funktion *y = f(x)* bestimmt werden.

$$\kappa = \frac{1}{\rho} = \frac{y''}{(1+y'^2)^{3/2}} \tag{3.42}$$

Angewendet, erhält man die Differenzialgleichung der Biegelinie

$$\frac{1}{\rho} = \frac{-w''}{(1+w'^2)^{3/2}} = \frac{M}{E \cdot I} \tag{3.43}$$

Da im Bauwesen die *z*-Achse, bzw. die positive Durchbiegung *w*(*x*) nach unten geht, erhält *Gl. (3.43)* gegenüber *Gl. (3.42)* ein negatives Vorzeichen. Diese Differenzialgleichung wird nun vereinfacht.

w', die Ableitung der Biegelinie *w(x)*, ist die Neigung der Biegelinie; d.h.

$$w' = \tan\varphi \tag{3.44}$$

Weil nach Voraussetzung Nr. 2 (siehe *Abschn. 3.1*) die Verformungen klein gegenüber den Abmessungen des Trägers sind, kann

$$\tan\varphi \cong \varphi \tag{3.45}$$

Zur Erinnerung: Winkel in der Statik haben immer die Einheit Bogenmaß.

und damit

$$1+\varphi^2 \cong 1 \tag{3.46}$$

gesetzt werden. Es folgt daraus:

$$\frac{1}{\rho} = -w'' = \frac{M}{E \cdot I} \quad \text{oder} \quad w'' = -\frac{M}{E \cdot I} \tag{3.47}$$

Beispiel 3.9

Gegeben sei ein Einfeldträger mit einer mittigen Einzellast (*Bild 3.32*). Es soll die Durchbiegung in Feldmitte mithilfe der Differenzialgleichung bestimmt werden.

Aufgrund der symmetrischen Belastung lassen sich die Auflagerkräfte mit $A = B = 0{,}5 \cdot F$ einfach angeben. Somit lautet die Momentenlinie $M(x)$ im Bereich $0 \geq x \geq 0{,}5 \cdot l$: $M(x) = 0{,}5 \cdot F \cdot x$. Die Momentengleichung wird in die Differenzialgleichung *Gl. (3.47)* eingesetzt und aufintegriert; folglich gilt:

$$w'' = -\frac{M}{E \cdot I} = -\frac{F}{2 \cdot E \cdot I} \cdot x$$

$$w' = -\frac{F}{4 \cdot E \cdot I} \cdot x^2 + C_1$$

$$w = -\frac{F}{12 \cdot E \cdot I} \cdot x^3 + C_1 \cdot x + C_2$$

Durch die Integration gibt es zwei Unbekannte C_1 und C_2, die durch Randbedingungen zu bestimmen sind.

Randbedingung 1: Am linken Auflager ($x = 0$) ist die vertikale Verschiebung

$$w(x{=}0) = 0 \quad \Rightarrow \quad C_2 = 0$$

Randbedingung 2: In der Mitte unter der Einzellast hat die Biegelinie ihr Maximum, dort ist die Steigung

$$w'(x = \frac{l}{2}) = 0 \quad \Rightarrow \quad C_1 = \frac{F}{4 \cdot E \cdot I} \cdot (\frac{l}{2})^2 = \frac{F \cdot l^2}{16 \cdot E \cdot I}$$

Damit lautet die Biegelinie für diesen Einfeldträger:

$$w(x) = -\frac{F}{12 \cdot E \cdot I} \cdot x^3 + \frac{F \cdot l^2}{16 \cdot E \cdot I} \cdot x$$

Für die maximale Durchbiegung in der Mitte ergibt sich

$$w(x = \frac{l}{2}) = \frac{-F \cdot l^3}{12 \cdot E \cdot I \cdot 8} + \frac{F \cdot l^3}{16 \cdot E \cdot I \cdot 2} = \frac{F \cdot l^3}{48 \cdot E \cdot I}$$

Diese maximale Durchbiegung kann z.B. in den üblichen Tabellenwerken [1] nachgeschlagen werden.

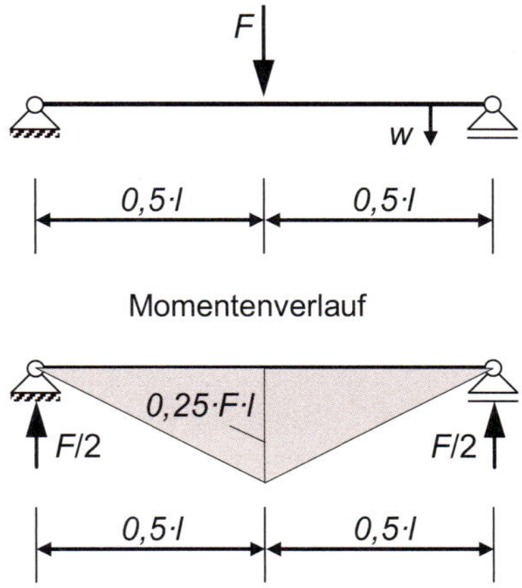

Bild 3.32 Anwendung der Differenzialgleichung

Für eine Verformungsberechnung ist es zu aufwändig und in manchen Fällen auch gar nicht möglich, mit der Differenzialgleichung zu arbeiten. Im Bauwesen werden deshalb numerische Verfahren eingesetzt. Die Verformungen eines Tragwerks werden üblicherweise in Programmen mit dem Weggrößenverfahren oder per Hand mit dem Prinzip der virtuellen Kräfte berechnet. Dieses Verfahren kann z.B. in [2] nachgelesen werden.

3

4 Querkraft

4.1 Allgemeines

Früher wurden die Querkräfte mit *Q* bezeichnet. Seit Beginn der Erarbeitung von Europäischen Normen und der damit verbundenen Harmonisierung werden Querkräfte in allen eingeführten Normen mit *V* (vertical) bezeichnet.

Im *Kapitel 3* wurden Normalspannungen σ_x infolge von Momenten und Normalkräften berechnet. Diese Normalspannungen stehen senkrecht (normal) auf der betrachteten Querschnittsfläche. Spannungen, die tangential zur betrachteten Querschnittsfläche wirken, werden als Schubspannungen τ bezeichnet (vgl. auch *Kapitel 1*).

Für Studierende ist es oft schwierig, sich Schubspannungen vorzustellen. Schubspannungen werden auch häufig mit Scherspannungen verwechselt. Daher werden als Erstes Scherspannungen beschrieben.

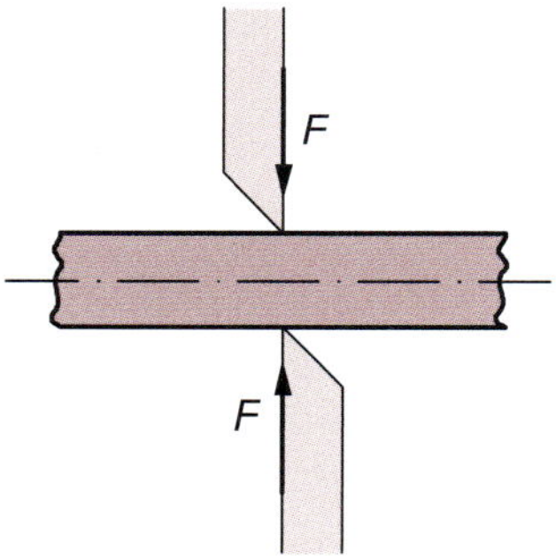

Bild 4.1 Entstehung von Scherspannungen

Scherspannungen treten auf, wenn die angreifende Last und die Gegenkraft auf einer Wirkungslinie liegen, z.B. beim Abscheren von Verbindungsmitteln, z.B. Schrauben, siehe auch *Bild 4.1.* Scherspannungen entstehen nur in Systemen ohne Momenteneinwirkungen, da die einwirkenden Kräfte auf einer Wirkungslinie liegen.

Schubspannungen dagegen treten nur in Systemen auf, die durch Querkräfte *V* und damit auch durch Biegemomente *M* beansprucht werden. Aus den Grundlagen der Stabstatik [2] ist bekannt, dass die Querkräfte die Ableitungen der Momente sind. So ist

$$V_z = \frac{\mathrm{d}M_y}{\mathrm{d}x} \tag{4.1}$$

$$V_y = -\frac{\mathrm{d}M_z}{\mathrm{d}z} \tag{4.2}$$

Obwohl Schubspannungen aus Querkräften berechnet werden, ist folglich das Vorhandensein der Biegemomente unerlässlich. Ein weiteres wichtiges Merkmal von Schubspannungen ist deren „paarweises Auftreten“. Da das Verständnis dieses „paarweise Auftretens“ sehr wichtig sowohl für das Verständnis vom Tragverhalten der Konstruktionen als auch zur Identifizierung der Schubspannungen ist, soll dieser Zusammenhang noch einmal hergeleitet werden.

Werden die Momente *M* und Querkräfte *V* ohne Index angegeben, so sind immer das Moment M_y und die Querkraft V_z gemeint.

An einem infinitesimalen Volumenelement (siehe *Bild 4.2*) mit den Abmessungen d*x*, d*y* und d*z* wirken die Normalspannungen σ_x senkrecht und die Schubspannungen τ tangential zu den einzelnen Flächen. Der jeweilige Spannungszuwachs – τ_{xz} auf der hinteren Fläche des Volumenelementes ändert sich zu $\tau_{xz} + \mathrm{d}\tau_{xz}$ auf der vorderen Schnittfläche – wird vernachlässigt, da der Zuwachs $\mathrm{d}\tau_{xz}$ sehr klein gegenüber der Schubspannung τ_{xz} selbst ist. Für dieses Volumenelement gelten natürlich auch die Gleichgewichtsbeziehungen. Um die Summe der Momente um die *y*-Achse zu bilden, die – um im Gleichgewicht zu sein – Null sein muss ($\Sigma M_y = 0$), werden Teilresultierende berechnet (Teilresultierende = Spannung × zugehörige Fläche).

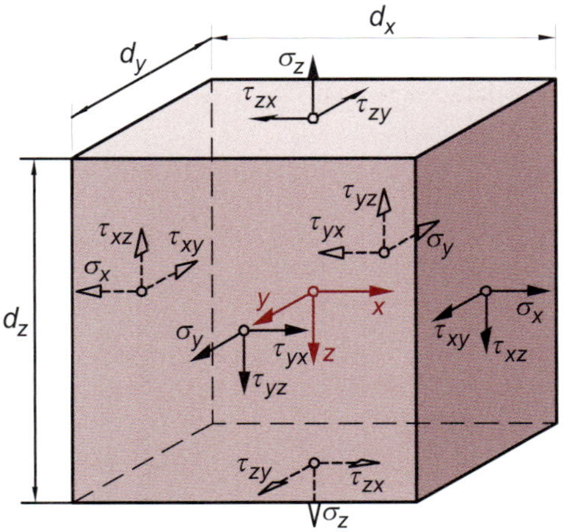

Bild 4.2 Volumenelement

Normalspannungen werden mit dem Index der Koordinatenachse versehen, in dessen Richtung sie wirken. So ist σ_x parallel zur Koordinatenachse *x*. τ_{xz} wirkt in der Ebene, die senkrecht auf der Koordinatenachse *x* steht und parallel zur Achse *z* ist.

Für die Summe der Momente um die *y*-Achse bewirken nur die Teilresultierenden ein Moment,

- die nicht durch den Schwerpunkt gehen; d.h. alle σ-Spannungen fallen weg,
- die nicht parallel zu *y*-Achse sind; d.h. alle τ-Spannungen mit dem 2. Index *y* fallen weg und
- die nicht die *y*-Achse schneiden. Alle τ-Spannungen mit 1. Index *y* fallen somit weg.

Auf die Gleichheit der Schubspannungen wurde bereits in *Abschn. 1.4* hingewiesen.

Die restlichen Schubspannungen, die ein Moment um die *y*-Achse bilden, sind in *Bild 4.2* eingezeichnet.

$$\sum M_y = (\tau_{xz} \cdot \mathrm{d}y \cdot \mathrm{d}z) \cdot \frac{\mathrm{d}x}{2} + (\tau_{xz} \cdot \mathrm{d}y \cdot \mathrm{d}z) \cdot \frac{\mathrm{d}x}{2} - (\tau_{zx} \cdot \mathrm{d}x \cdot \mathrm{d}y) \cdot \frac{\mathrm{d}z}{2} - (\tau_{zx} \cdot \mathrm{d}x \cdot \mathrm{d}y) \cdot \frac{\mathrm{d}z}{2} = 0 \tag{4.3}$$

$$\Rightarrow \quad \tau_{xz} = \tau_{zx} \tag{4.4}$$

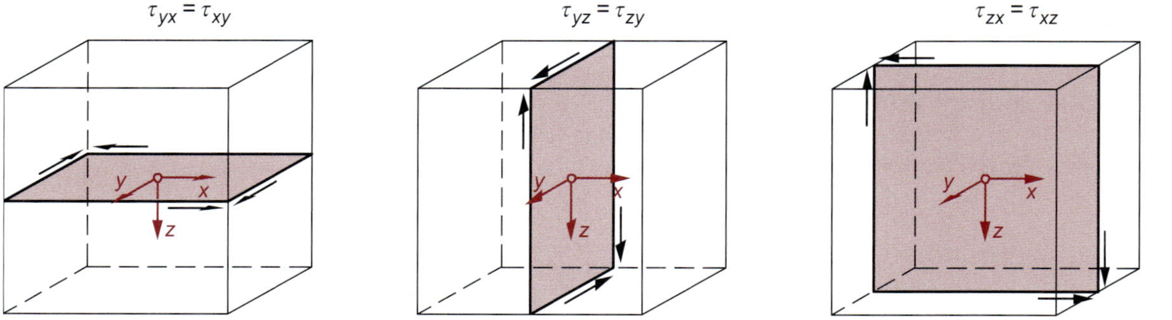

Bild 4.3 Paarweises Auftreten der Schubspannungen

Aus Summe der Momente um die anderen Achsen folgt

$$\tau_{xy} = \tau_{yx} \tag{4.5}$$

$$\tau_{yz} = \tau_{zy} \tag{4.6}$$

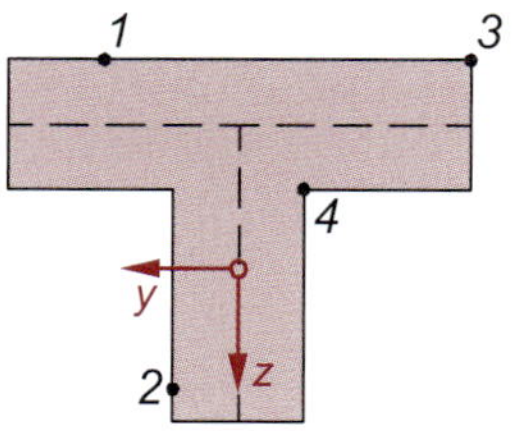

Bild 4.4 Randbedingungen, Querschnittsmittellinie

Der Zusammenhang wird als „paarweise Gleichheit" der Schubspannungen bezeichnet, es bedeutet auch, dass sie immer nur als „Paar" auftreten. Wird eine Schubspannung τ_{xz} berechnet, ist auch immer eine Schubspannung τ_{zx} vorhanden. Die freien Oberflächen eines Trägers sind spannungsfrei, sodass Schubspannungen nur tangential zu den Schnittflächen verlaufen können. So können im Punkt 1 des Querschnitts nach *Bild 4.4* nur Schubspannungen $\tau_{xy} = \tau_{yx}$ auftreten, im Punkt 2 nur Schubspannungen $\tau_{xz} = \tau_{zx}$ und in der Außenecke Punkt 3 – Schnittpunkt zweier Ränder – sind die Schubspannungen gleich null. Da es schwierig ist, für eine Handrechnung anwendbare Formeln aus den theoretischen Grundlagen zu entwickeln, wurden umfangreiche Vereinfachungen getroffen.

Die Schubspannungsgleichungen, die in *Abschn. 4.2* hergeleitet werden, gelten nur für dünnwandige Querschnitte. Die Querschnittsteile werden in der Querschnittsmittellinie gemäß *Bild 4.4* konzentriert. Für diese Querschnittsmittellinie werden die Schubspannungen berechnet, die dann über die Querschnittsdicke t als konstant angenommen werden. So ist in *Bild 4.5* die Schubspannungsverteilung in z-Richtung veränderlich, aber in y-Richtung – über die Dicke t – konstant. Je größer das Verhältnis von t zu h wird – je dickwandiger oder kompakter die Querschnittsteile sind – umso mehr weichen die berechneten Schubspannungen von den wahren Schubspannungen, die z.B. in Versuchen gemessen werden können, ab.

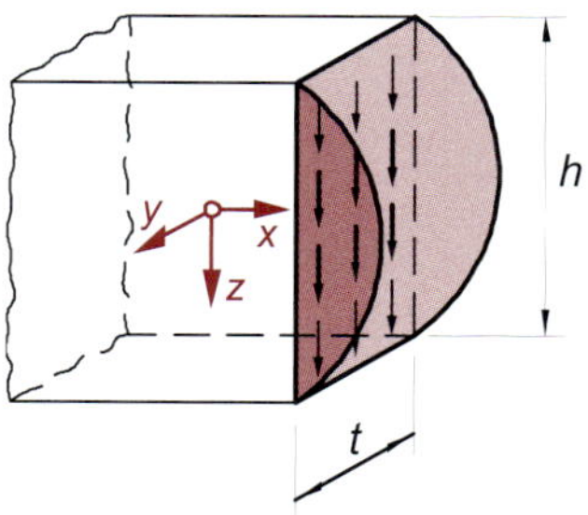

Bild 4.5 konstante Schubspannungsverteilung über die Dicke t

Da es bei dünnwandigen Querschnitten nur eine Schubspannung tangential zu den Schnittflächen gibt, wird diese nur mit τ bezeichnet.

4.2 Schub in einfach symmmetrischen, dünnwandigen offenen Querschnitten

In der Überschrift zu diesem Abschnitt ist schon ersichtlich, welche Einschränkungen für die üblichen Schubspannungsformeln gelten. Geschlossene Querschnitte werden im *Abschn. 4.3* behandelt. Wer Schubspannungen für beliebige Querschnitte berechnen möchte, sollte in weiterführender Literatur z.B. [3] nachsehen. Zum Ende des jeweiligen Abschnittes werden praktische Hinweise zu Vereinfachungen gegeben.

Aus einem Balken mit Rechteckquerschnitt und einem konstanten Momentenverlauf M_y wird ein infinitesimales Element (*Bild 4.6*) mit der Breite d*x* und der Höhe d*z* geschnitten. Bei einem konstanten Momentenverlauf M_y gibt es keine Querkraft V_z. Es entstehen nach *Kapitel 3* nur Normalspannungen

$$\sigma = \frac{M_y}{I_y} \cdot z \qquad (3.11)$$

die linear über den Querschnitt verlaufen. Am infinitesimalen Element wirken infolge des konstanten Momentes rechts und links die gleichen Normalspannungen, sodass das Element im Gleichgewicht ist.

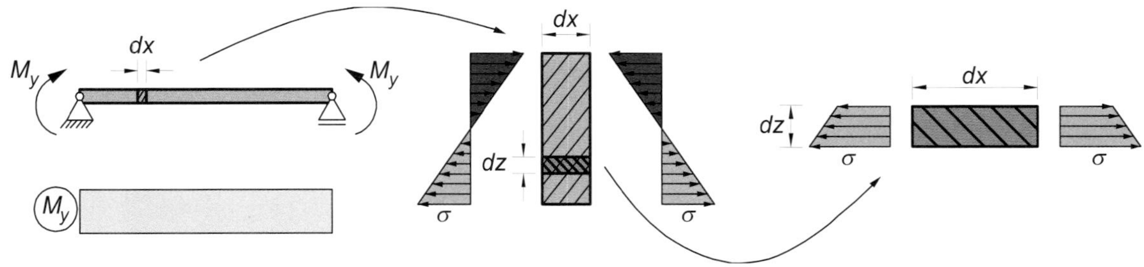

Bild 4.6 Gleichgewicht am Element bei konstantem Momentenverlauf

In *Bild 4.7* wird ein Träger mit einer Einzellast beansprucht, die einen linearen Momentenverlauf M_y mit konstantem Querkraftverlauf V_z hervorruft. Der Träger besteht aus einem Rechteckquerschnitt mit der Höhe *h* und der Breite *t*. Wieder wird ein infinitesimales Element der Länge d*x* und der Höhe d*z*, das sich dieses Mal am unteren Rand des Querschnitts befindet, herausgeschnitten. Auch für dieses abgeschnittene Element muss Gleichgewicht vorhanden sein. Am linken Rand wirken die Normalspannungen

$$\sigma(\bar{z}) = \frac{M_y}{I_y} \cdot \bar{z} \qquad (4.7)$$

Die Koordinate z ist als Beginn des infinitesimalen Elementes festgelegt. Die Koordinate $\overline{z}$ hat in diesem Element ihren Gültigkeitsbereich. $\overline{z}$ ist also größer als z und kleiner als $h/2$.

Die Schubspannungen, die allgemein mit τ bezeichnet werden, sind Schubspannungen τ_{xz}. Alle anderen Schubspannungen – τ_{yz} und τ_{xy} – sind im dünnwandigen Rechteckquerschnitt gleich null.

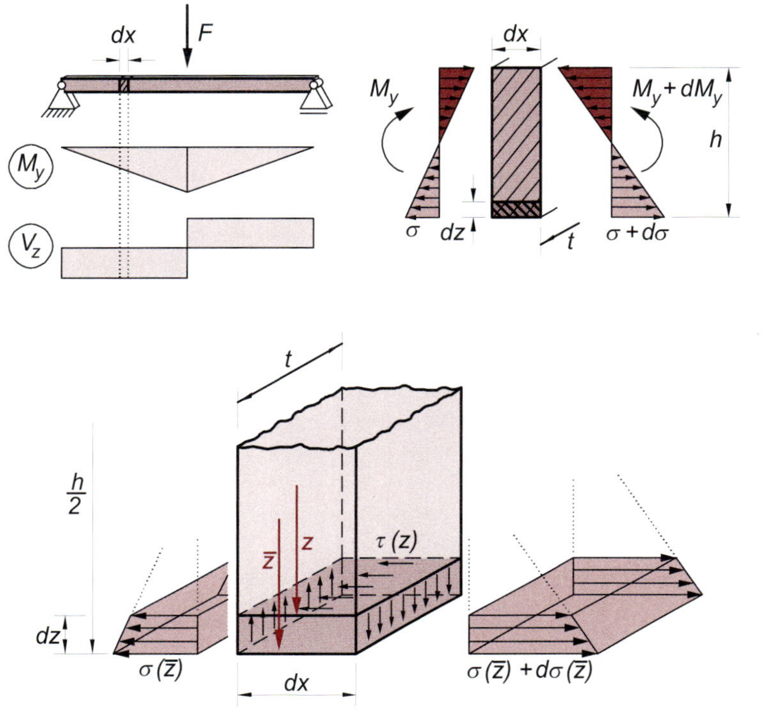

Bild 4.7 Herleitung der Schubspannungen am Balkenelement

An der rechten Schnittkante wirken infolge des vergrößerten Momentes die Spannungen

$$\sigma(\overline{z}) + \mathrm{d}\sigma(\overline{z}) \;=\; \frac{M_y + \mathrm{d}M_y}{I_y} \cdot \overline{z} \tag{4.8}$$

Nur mithilfe der Normalspannungen gelingt es nicht, ein horizontales Kräftegleichgewicht zu erzeugen. Dafür werden die Schubspannungen τ benötigt, die im Schnitt z wirken und über die Breite t als konstant angenommen werden. Am unteren Rand müssen die Schubspannungen gemäß *Bild 4.4* gleich null sein.

$$\sum \overleftarrow{H} = 0 = \int_z^{\frac{h}{2}} \sigma(\overline{z}) \cdot \mathrm{d}A - \int_z^{\frac{h}{2}} \left[\sigma(\overline{z}) + \mathrm{d}\sigma(\overline{z})\right] \cdot \mathrm{d}A + \tau(z) \cdot t \cdot \mathrm{d}x \tag{4.9}$$

Durch Einsetzen der *Gl. (4.7)* und *(4.8)* in *Gl. (4.9)* ergibt sich:

$$\tau(z)\cdot t\cdot \mathrm{d}x = \int_z^{\frac{h}{2}} \left(\frac{M_y}{I_y}+\frac{\mathrm{d}M_y}{I_y}\right)\cdot \bar{z}\cdot \mathrm{d}A - \int_z^{\frac{h}{2}} \frac{M_y}{I_y}\cdot \bar{z}\cdot \mathrm{d}A$$
$$= \int_z^{\frac{h}{2}} \frac{\mathrm{d}M_y}{I_y}\cdot \bar{z}\cdot \mathrm{d}A = \frac{\mathrm{d}M_y}{I_y}\cdot \int_z^{\frac{h}{2}} \bar{z}\cdot \mathrm{d}A \quad (4.10)$$

Hinweis: Die Berechnung des Statischen Momentes wird in *Kapitel 2* gezeigt.

Noch einmal kurz zur Erinnerung: In der Ordinate *z* wird die Fläche *A(z)* abgeschnitten. *a(z)* ist der Abstand vom Teilschwerpunkt der abgeschnittenen Fläche zum Gesamtschwerpunkt.

$$S_y(z) = A(z)\cdot a(z)$$

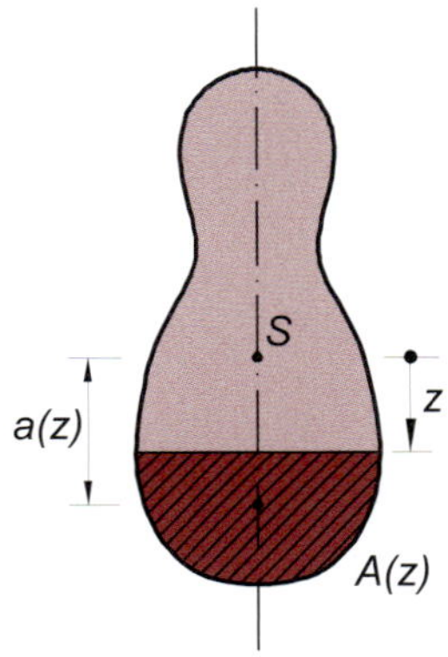

Bild 4.8 Statisches Moment

Dabei gilt für den rechteckigen Teilquerschnitt:

$$\int_z^{\frac{h}{2}} \bar{z}\cdot \mathrm{d}A = \text{Flächenmoment 1.Ordnung} = \text{Statisches Moment } S_y(z)$$

Für die Verteilung von τ ergibt sich dann unter Beachtung von *Gl. (4.1)*:

$$\tau(z) = \frac{\mathrm{d}M_y}{\mathrm{d}x}\cdot\frac{S_y(z)}{I_y\cdot t} = \frac{V_z\cdot S_y(z)}{I_y\cdot t} \quad (4.11)$$

t ist immer die jeweilige – dünnwandige – Dicke des Bauteils. Für einwirkende Momente M_z und Querkräfte V_y gilt analog

$$\tau(z) = \frac{V_y\cdot S_z(y)}{I_z\cdot t} \quad (4.12)$$

und allgemein: $\tau = \dfrac{V\cdot S}{I\cdot t}$ (4.13)

mit den Dimensionen $\tau\ [\mathrm{kN/cm^2}] = \dfrac{V\ [\mathrm{kN}]\cdot S\ [\mathrm{cm^3}]}{I\ [\mathrm{cm^4}]\cdot t\ [\mathrm{cm}]}$ (4.14)

Gl. (4.13) ist eine bekannte Schubspannungsgleichung und wird auch als „Dübelformel" bezeichnet.

Aus den vorhandenen Schubspannungen lassen sich durch Integration die Querkräfte als Spannungsresultierende bestimmen.

$$V_z = \int_A \tau_{xz}\cdot \mathrm{d}A \quad (4.15)$$

$$V_y = \int_A \tau_{xy}\cdot \mathrm{d}A \quad (4.16)$$

Im nachfolgenden Beispiel soll die Schubspannungsverteilung im Rechteckprofil mithilfe der hier vorgestellten Gleichungen bestimmt werden.

4

Beispiel 4.1

Für einen Rechteckquerschnitt mit der Höhe h und der Breite b soll für eine Querkraft V_z die Schubspannungsverteilung berechnet werden. Das Statische Moment des Rechteckquerschnitts (*Bild 4.9* – linker Querschnitt) kann als Funktion formuliert werden.

Die hierbei zu berechnenden Spannungskomponenten sind τ_{xz}-Spannungen. Diese liegen in der Querschnittsfläche senkrecht zur x-Achse und verlaufen parallel zu z-Achse.

$$S_y = \int z \cdot dA = A(z) \cdot a(z) \quad \text{nach } \textit{Bild 4.8}$$

$$= b \cdot \left(\frac{h}{2} - z\right) \cdot \left[z + \left(\frac{h}{2} - z\right) \cdot \frac{1}{2}\right] = b \cdot \left(\frac{h^2}{8} - \frac{z^2}{2}\right)$$

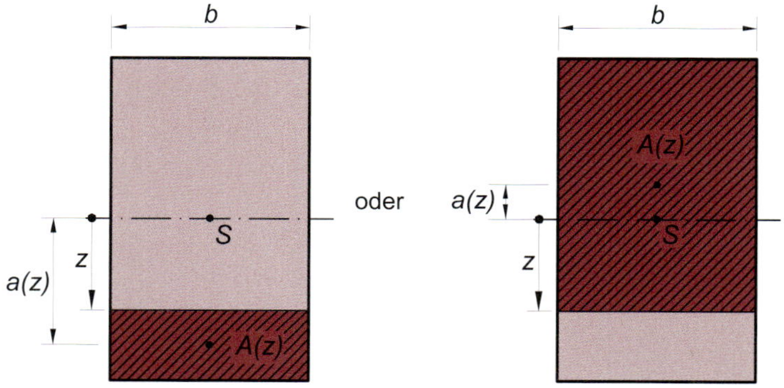

Bild 4.9 Variationen beim Berechnen des Statischen Momentes

Dabei ist es egal, welche Fläche im Schnitt z als $A(z)$ definiert wird. Das Ergebnis ist immer dasselbe. Für den rechten Querschnitt ergibt sich das Statische Moment zu

$$S_y = b \cdot \left(\frac{h}{2} + z\right) \cdot \left[\frac{h}{2} - \left(\frac{h}{2} + z\right) \cdot \frac{1}{2}\right] = b \cdot \left(\frac{h^2}{8} - \frac{z^2}{2}\right)$$

Das Trägheitsmoment eines Rechteckquerschnittes lautet:

$$I_y = \frac{b \cdot h^3}{12}$$

Das Trägheitsmoment des Rechteckquerschnittes wird in *Gl. (4.11)* eingesetzt. Man erhält so die Schubspannungsverteilung für einen Rechteckquerschnitt

$$\tau = \frac{V_z \cdot S_y}{I_y \cdot t} = \frac{V_z \cdot b \cdot \left(\frac{h^2}{8} - \frac{z^2}{2}\right)}{\frac{b \cdot h^3}{12} \cdot b} = \frac{V_z}{b \cdot h} \cdot \frac{3}{2} \cdot \left(1 - 4 \cdot \frac{z^2}{h^2}\right) \tag{4.17}$$

Für $z = +h/2$ oder $z = -h/2$ wird die Schubspannung zu null berechnet – wie man es an einem Randpunkt erwarten musste. Für $z = 0$ ergibt sich das Maximum der Schubspannungsverteilung zu

$$\tau_{\max} = 1{,}5 \cdot \frac{V_z}{b \cdot h} \tag{4.18}$$

Das Maximum der Schubspannungsverteilung ist abhängig vom Maximum des Statischen Momentes. Das Statische Moment hat sein Maximum im Schwerpunkt. Folglich hat die Schubspannung ihr Maximum immer im Schwerpunkt.

In *Bild 4.10* ist die vorhandene Schubspannungsverteilung im Rechteckquerschnitt zu sehen. Auch bei Schubspannungen ist es üblich, die Spannungen zu klappen und neben dem Querschnitt darzustellen.

Da bei einem Tragfähigkeitsnachweis meistens nur die maximale Schubspannung im Bauteil wichtig ist, sollte man sich *Gl. (4.18)* gut merken.

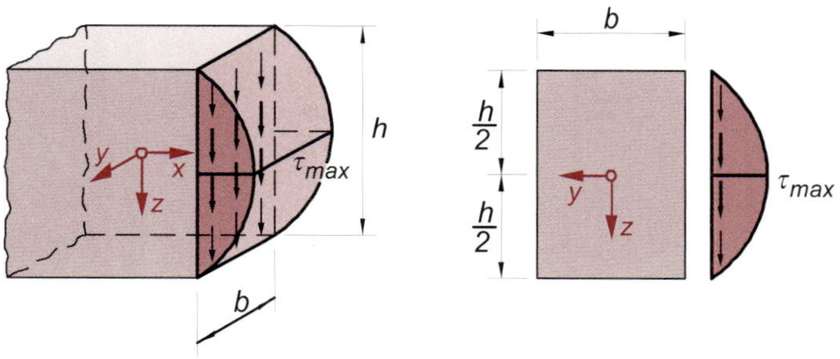

Bild 4.10 Schubspannungsverteilung im Rechteckquerschnitt

Ein weiterer wichtiger Querschnitt ist der Vollkreisquerschnitt (*Bild 4.11*). Dort ist die maximale Schubspannung

$$\tau_{\max} = \frac{4}{3} \cdot \frac{V}{A} \tag{4.19}$$

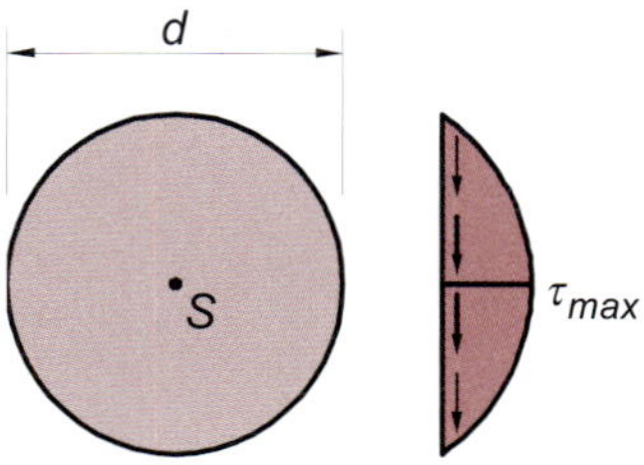

Bild 4.11 Schubspannungsverteilung im Kreisquerschnitt

Häufig kann man Rechteckquerschnitte und Kreisquerschnitte nicht als dünnwandig bezeichnen. Mit steigender Dicke weichen die berechneten Schubspannungen, die wir konstant über die Dicke annehmen, von gemessenen oder räumlich genauer berechneten Werten ab. Die größte Schubspannung tritt dann in der Mitte der Dicke b oder d auf und fällt zu den Rändern ab.

Genauere Berechnungen mit Berücksichtigung der Schubverzerrungen haben ergeben, dass Schubspannungen mit wachsender Dicke/Breite immer größer werden. Ist die Breite sogar deutlich größer als die Höhe des Bauteils, können die Schubspannungen ein Mehrfaches der theoretischen Werte annehmen. Weiterhin existieren bei massiven Querschnitten zusätzlich zu den berechneten τ_{xz}-Spannungen auch τ_{xy}-Spannungen.

Beispiel 4.2

Für den Querschnitt aus *Beispiel 3.1* (*Bild 3.11* und *Bild 4.12*) soll für eine Querkraft von V_z = 400 kN die Schubspannungsverteilung berechnet werden.

Da der Querschnitt aus verschiedenen Einzelteilen besteht, kann keine Schubspannungsfunktion wie beim Rechteckquerschnitt aufgestellt werden. Die Schubspannungen müssen daher in verschiedenen Schnitten berechnet werden. Im jeweiligen Schnitt ist die Schubspannung konstant über die Dicke. Für diese Schnitte (*Bild 4.12*) werden zuerst die Statischen Momente berechnet.

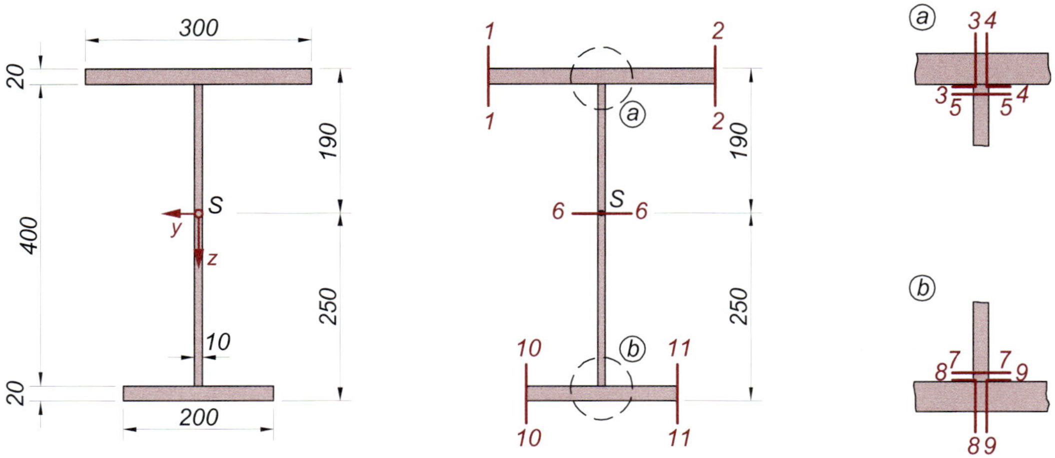

Bild 4.12 *Beispiel 4.2*; Bestimmung der Schnitte, Maße in mm

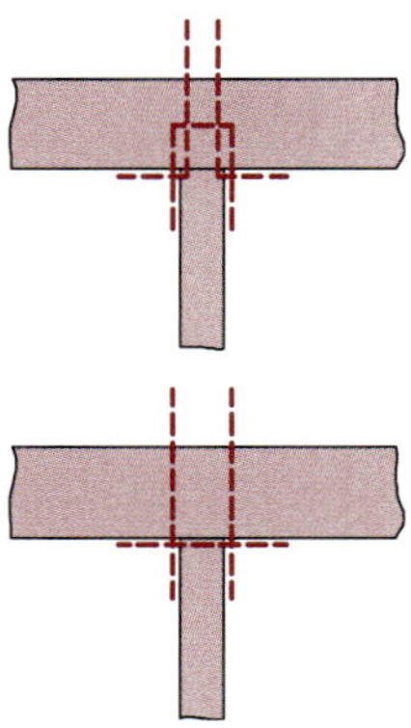

Bild 4.13 Alternativen in der Schnittführung

In den Randpunkten – den Schnitten 1 und 2 – erwarten wir die Schubspannung zu null. Dort ist auch

$$S_1 = S_2 = 0$$

Die abgeschnittene Fläche ist dort entweder *A(z)* = 0 oder es liegt die Gesamtfläche vor. Im letzten Fall liegt der Schwerpunkt der abgeschnittenen Fläche im Gesamtschwerpunkt und *a(z)* = 0. Der nächste Schnitt sollte im Kreuzungspunkt der Einzelquerschnittsflächen liegen. In diesem Bereich können die Schubspannungen nicht exakt ermittelt werden, da er hier nicht als dünnwandig betrachtet werden kann. Eine übliche Schnittführung wird in *Bild 4.12* vorgenommen. Die Schnittführung 3-4-5 oder 7-8-9 hat den Vorteil, dass die gesamte Fläche erfasst wird. In *Bild 4.13* sind auch andere Schnittführungen zu sehen. Die Ergebnisse unterscheiden sich nur minimal, und – wie bereits erwähnt – kein Ergebnis ist ganz richtig.

$$S_3 = S_4 = 15 \cdot 2 \cdot (19-1) = 540 \text{ cm}^3$$

Die Statischen Momente können addiert werden, daher ist

$$S_5 = 30 \cdot 2 \cdot (19-1) = 1080 \text{ cm}^3 \quad \text{oder} \quad S_5 = S_3 + S_4 = 1080 \text{ cm}^3$$

$$S_6 = S_5 + 17 \cdot 1 \cdot \frac{17}{2} = 1224{,}5 \text{ cm}^3$$

Das Statische Moment im Schwerpunkt S_6 ist der wichtigste Wert, da die Schubspannungen dort maximal sind. Für die weitere Berechnung der Statischen Momente kann entweder einfach von unten oder über den Schwerpunkt hinweg gerechnet werden. Es gilt:

$$S_{10} = S_{11} = 0$$

$$S_8 = S_9 = 10 \cdot 2 \cdot (25-1) = 480 \text{ cm}^3$$

$$S_7 = S_8 + S_9 = 960 \text{ cm}^3$$

Zur Kontrolle: $S_6 = S_7 + 23 \cdot 1 \cdot \frac{23}{2} = 1224{,}5 \text{ cm}^3$

Mit $I_y = 48207 \text{ cm}^4$, $V_z = 400$ kN und der jeweiligen Querschnittsdicke ergibt sich die Schubspannung in den einzelnen Schnitten zu:

$$\tau_1 = \tau_2 = \tau_{10} = \tau_{11} = 0$$

$$\tau_3 = \tau_4 = \frac{400 \cdot 540}{48207 \cdot 2} = 2{,}24 \text{ kN/cm}^2$$

$$\tau_5 = \frac{400 \cdot 1080}{48207 \cdot 1} = 8{,}96 \text{ kN/cm}^2$$

$$\tau_6 = \tau_{max} = \frac{400 \cdot 1224{,}5}{48207 \cdot 1} = 10{,}2 \text{ kN/cm}^2$$

$$\tau_7 = \frac{400 \cdot 960}{48207 \cdot 1} = 7{,}97 \text{ kN/cm}^2$$

$$\tau_8 = \tau_9 = \frac{400 \cdot 480}{48207 \cdot 2} = 1{,}99 \text{ kN/cm}^2$$

Aufgabe 4.1: Bestimmen Sie für den Querschnitt (*Bild 4.14*) den Schubspannungsverlauf für V_z = 100 kN.

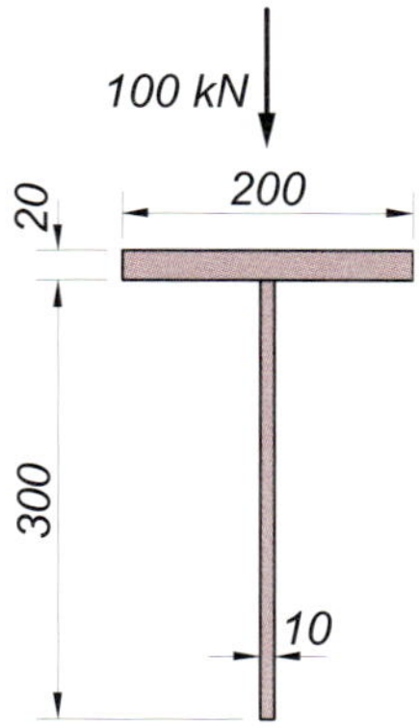

Bild 4.14 Querschnitt zu *Aufgabe 4.1,* Maße in mm

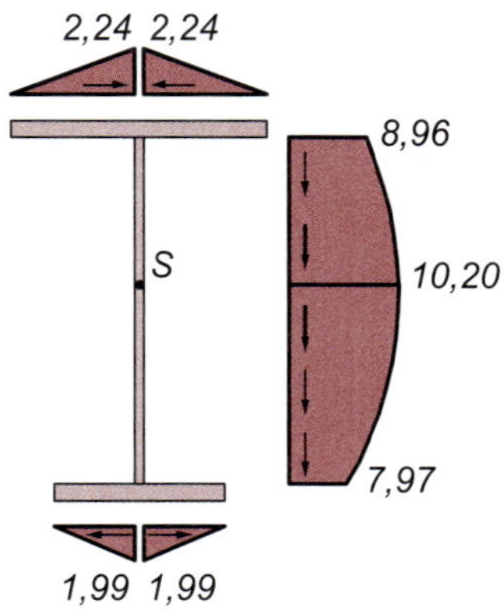

Bild 4.15 *Beispiel 4.2*; Schubspannungsverlauf in kN/cm²

4

Der Verlauf der Schubspannungen wird in *Bild 4.15* gezeigt. Er hängt nur vom Verlauf des Statischen Momentes *S(z)* = *A(z)* · *a(z)* ab. In den horizontalen Flächen – den Gurten oder Flanschen – steigt die Fläche *A(z)* linear an, der Hebelarm *a(z)* bleibt konstant; somit steigt auch der τ-Verlauf linear an. In der vertikalen Querschnittsfläche – dem Steg – wachsen sowohl die Fläche als auch der Hebelarm linear an; d.h. das Statische Moment und der Schubspannungsverlauf verändern sich damit parabelförmig.

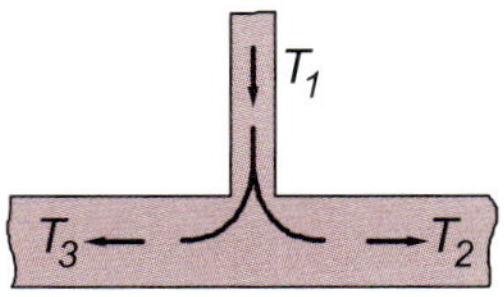

Bild 4.16 Modell der „Wasserleitung“

Es ist in der Praxis unüblich, Schubspannungen Vorzeichen zu geben. Der Richtungsverlauf wird durch Pfeile angegeben. Für die Richtung der Pfeile hilft das Modell der „Wasserleitung“. An den oberen Nullpunkten der Schubspannung wird Wasser in den Querschnitt eingeleitet und an den unteren Nullpunkten fließt es wieder hinaus. Zwischendurch darf kein Wasser verloren gehen. Kontrolliert wird es über den Schubfluss *T*:

$$T = \tau \cdot t \quad \text{in kN/cm} \tag{4.20}$$

Im T-Knoten nach *Bild 4.16* muss

$$T_1 = T_2 + T_3 \tag{4.21}$$

sein. Auf das *Beispiel 4.2* angewendet bedeutet es für den oberen Knoten (Nummerierung wie in den Schnitten):

$$T_3 = \tau_3 \cdot 2{,}0 = 2{,}24 \cdot 2{,}0 = 4{,}48 \text{ kN/cm} = T_4$$

$$T_5 = \tau_5 \cdot 1{,}0 = 8{,}96 \cdot 1{,}0 = 8{,}96 \text{ kN/cm} \overset{!}{=} T_3 + T_4$$

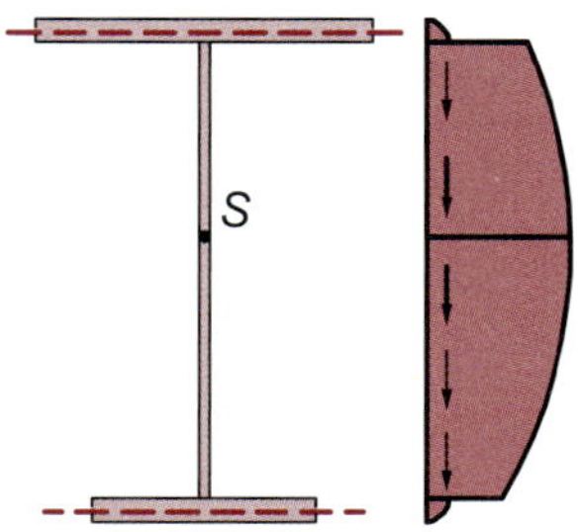

Bild 4.17 Falsche Schnitte im Gurt

Gelegentlich bemerkt man, dass beim Berechnen von Schubspannungsverläufen falsche Schnitte gezogen werden; z.B. in *Beispiel 4.2* ein Schnitt horizontal durch den Flansch. Diese Schnittführung führt zu Schubspannungsverläufen, wie sie in *Bild 4.17* zu sehen sind. Die Schubspannungen in den Gurten sind rein theoretisch. Sie passen nicht zur Theorie der dünnwandigen Querschnitte und haben mit der Wirklichkeit nichts zu tun.

Ist in einem Querschnittsteil eine plötzliche Dickenänderung vorhanden, z.B. durch das Aneinanderfügen zweier Bleche mit unterschiedlicher Blechdicke, so wird an diesem Dickensprung auch ein Schubspannungssprung berechnet. Dieser Schubspannungssprung wird sich in der Realität natürlich nicht einstellen, der Übergang wird fließend sein.

Querkräfte werden von Querschnittsteilen aufgenommen, die parallel zur angreifenden Querkraft angeordnet sind. So wird im *Beispiel 4.2* die Querkraft V_z vom Steg aufgenommen. Die Integration der Schubspannungen im Steg ergibt V_z, während das Integral der Schubspannungen in den Gurten zu null berechnet wird. Analog wird eine Querkraft V_y von den Gurten aufgenommen.

Beispiel 4.3

Für den Querschnitt aus *Beispiel 4.2* sollen die Schubspannungsverteilung für a) V_y = 100 kN und b) V_y = 100 kN zusammen mit V_z = 400 kN berechnet werden.

Das Trägheitsmoment I_z beträgt

$$I_z = \frac{2{,}0 \cdot 30^3}{12} + \frac{2{,}0 \cdot 20^3}{12} = 5833 \text{ cm}^4$$

Das Flächenträgheitsmoment I_z besteht nur aus Eigenträgheitsmomenten, wobei das Eigenträgheitsmoment des Steges wegen seiner geringen Größe vernachlässigt wurde.

Die Statischen Momente lauten (Schnitte siehe *Bild 4.18*)

$$S_{z1} = S_{z2} = 0$$

$$S_{z3} = S_{z4} = 15 \cdot 2 \cdot \frac{15}{2} = 225 \text{ cm}^3$$

$$S_{z5} = S_{z6} = 10 \cdot 2 \cdot \frac{10}{2} = 100 \text{ cm}^3$$

$$S_{z7} = S_{z8} = 0$$

Im Steg entstehen keine Schubspannungen, da es nicht zulässig ist, in Längsrichtung des Steges zu schneiden. Damit lauten die Schubspannungen

$$\tau_1 = \tau_2 = \tau_7 = \tau_8 = 0$$

$$\tau_5 = \tau_6 = \frac{100 \cdot 225}{5833 \cdot 2} = 1{,}93 \text{ kN/cm}^2$$

$$\tau_7 = \tau_8 = \frac{100 \cdot 100}{5833 \cdot 2} = 0{,}86 \text{ kN/cm}^2$$

Da die Statischen Momente S_z quadratisch anwachsen, ist der Schubspannungsverlauf in den Gurten ebenfalls quadratisch.

4

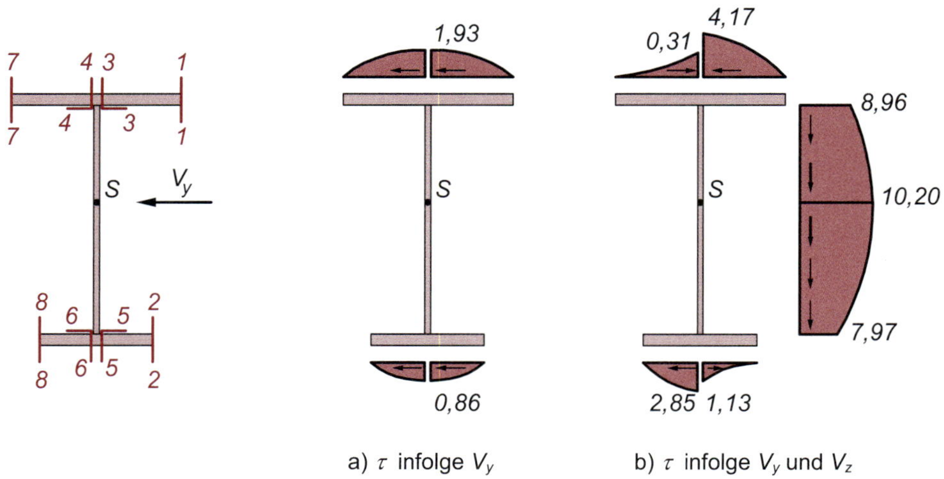

Bild 4.18 Schubspannungsverteilung infolge V_y und V_z in kN/cm²

In *Bild 4.18* sind die Schubspannungen infolge V_y einmal unter a) dargestellt. Unter b) wird der Schubspannungsverlauf infolge V_z = 400 kN (siehe *Beispiel 4.2*) hinzuaddiert. Die Vorzeichen der Addition orientieren sich an der Richtung der Pfeile. Da bei diesem einfachsymmetrischen Querschnitt der Schubmittelpunkt nicht mit dem Schwerpunkt zusammenfällt (siehe Bild 4.25), entsteht noch zusätzlich Torsion.

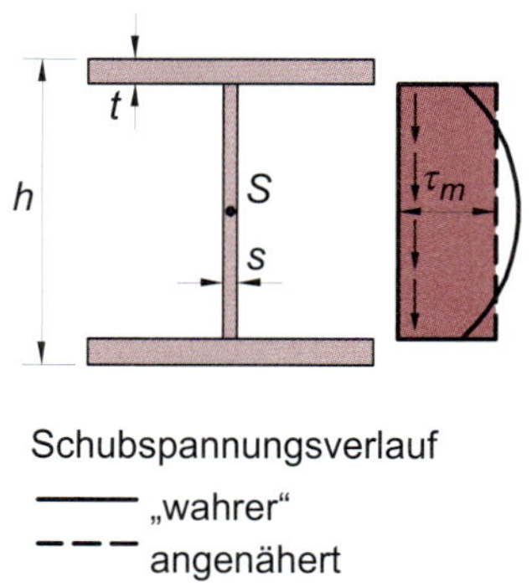

Bild 4.19 Näherung für I-Träger

In der Praxis gibt es für einige Querschnitte Näherungslösungen, mit denen Schubspannungen schneller und einfacher ermittelt werden können. Ein typischer, sehr häufig eingesetzter dünnwandiger Querschnitt ist der I-Träger in gewalzter oder geschweißter Form. Für I-Träger mit „kräftigen“ Gurten, d.h. die Fläche der Gurte ist deutlich größer als die des Steges, darf im Steg eine rechteckförmige – gemittelte – Schubspannungsverteilung nach *Bild 4.19* angenommen werden. Je größer die Fläche der Flansche ist, umso mehr wird sich der parabelförmige Verlauf im Steg einem Rechteck annähern. Diese Mittelung ist bei Werkstoffen zulässig, die Spannungsspitzen durch Plastizierung ausgleichen.

$$\tau_m = \frac{V_z}{A_{Steg}} \tag{4.22}$$

Nach der dünnwandigen Schubspannungstheorie ist

$$A_{Steg} = (h - t) \cdot s \tag{4.23}$$

Auf das *Beispiel 4.2* angewendet, ergibt sich

$$A_{Steg} = (44 - 2) \cdot 1 = 42 \text{ cm}^2$$

$$\tau_m = \frac{400}{42} = 9{,}5 \text{ kN/cm}^2$$

In Wirklichkeit ist A_{Steg} in Normen definiert und sehr unterschiedlich. In den maßgebenden Normen werden verschiedene Berechnungen für A_{Steg} angegeben.

Wie ist vorzugehen, wenn Schubspannungen für unsymmetrische Querschnitte zu berechnen sind? Dann können einmal – ziemlich aufwändig – die Schubspannungen im Hauptachsensystem berechnet werden (siehe z.B. [3]), oder die Querschnitte werden durch Weglassen von Querschnittsteilen symmetrisch gemacht. So kann z.B. ein Winkel durch Weglassen eines Schenkels in einen Rechteckquerschnitt verwandelt werden. Für diesen symmetrischen Restquerschnitt wird dann die Schubspannungsverteilung ermittelt. Dieses Näherungsverfahren liegt auf der „sicheren Seite"; d.h. die berechneten Schubspannungen sind größer als die vorhandenen Schubspannungen. Da im Bauwesen sehr oft das Biegemoment und nicht die Querkraft für die Bemessung maßgebend ist, ist das ein praktikables Vorgehen.

4

In den Beispielen wurden bis jetzt nur Schubspannungen in der Ebene senkrecht zur *x*-Achse, die Schubspannungen τ_{xz} und τ_{xy}, betrachtet. Aus der paarweisen Gleichheit der Schubspannungen wissen wir, dass dann auch die Schubspannungskomponenten τ_{zx} und τ_{yx} existieren. Diese Spannungen kann man sich sehr schön anschaulich machen.

In *Bild 4.20* sind zwei Rechteckquerschnitte lose aufeinandergelegt. Ihre Gesamtsteifigkeit ist die Summe der Einzelsteifigkeiten der beiden Rechteckquerschnitte. Sie beträgt:

$$I_{ges} = 2 \cdot \frac{b \cdot h^3}{12}$$

Für die Tragfähigkeit ist es bei den beiden nicht verbundenen Rechteckquerschnitten egal, ob sie nebeneinander- oder übereinanderliegen. Jeder Teilquerschnitt trägt die Hälfte der Querkraft ab.

Wenn sich die Träger unter einer Belastung durchbiegen, wird es zu einer Verschiebung der Endquerschnitte an dem jeweiligen Trägerende kommen. Sind dagegen die Teilquerschnitte durch Dübel oder andere Verbindungsmittel schubfest miteinander verbunden, so wirken sie wie ein Querschnitt. Die Gesamtsteifigkeit ist mit

$$I_{ges} = \frac{b \cdot (2 \cdot h)^3}{12} = 8 \cdot \frac{b \cdot h^3}{12}$$

also viermal so groß wie im unverbundenen Zustand. Beim Durchbiegen unter Belastung gibt es keine Verschiebung der Endquerschnitte. Im Quer-

Hier ist es nun nicht mehr egal, ob die beiden verbundenen Rechteckquerschnitte nebeneinander- oder übereinanderliegen. Würden sie nebeneinanderliegen, ergibt sich das gleiche Trägheitsmoment wie im unverbundenen Zustand.

schnitt wirken τ_{xz}-Spannungen mit ihrem Maximum im Schwerpunkt, in der Verbundfuge die dazugehörigen τ_{zx}-Spannungen (paarweise Gleichheit der Schubspannungen). Die Verbindungsmittel in der Verbundfuge müssen nun die τ_{zx} -Spannungen, bzw. die Schubkräfte T aufnehmen.

Die Querkraft verteilt sich bei den verbundenen Rechteckquerschnitten über den gesamten Querschnitt.

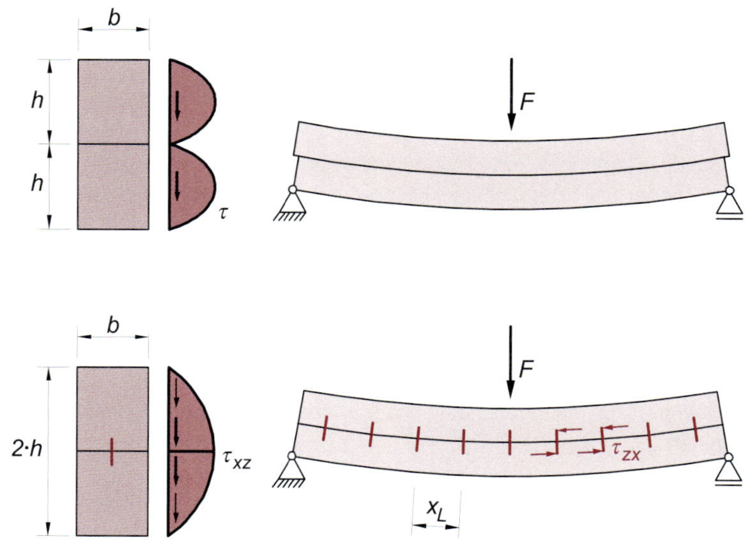

Bild 4.20 Schubspannungen in Längsrichtung

Da die Schubspannungen gleich sind, gilt auch *Gl. (4.12)* in der Verbundfuge

$$\tau = \frac{V_z \cdot S_y}{I_y \cdot t} \quad \text{in kN/cm}^2 \tag{4.12}$$

Über die Querschnittsdicke t, über die die Schubspannungen konstant wirken, werden die Schubkräfte ermittelt

$$T = \tau \cdot t = \frac{V_z \cdot S_y}{I_y} \quad \text{in kN/cm} \tag{4.20}$$

Hier wird deutlich, woher die „Dübelformel" ihren Namen bekommen hat.

Ein Verbindungsmittel (ein Dübel), der vom nächsten Verbindungsmittel den Abstand x_L hat, muss folgende Kraft aufnehmen können

$$F_{Dü} = T \cdot x_L = \frac{V_z \cdot S_y}{I_y} \cdot x_L \quad \text{in kN} \tag{4.24}$$

Beispiel 4.4

Gibt es eine kontinuierliche Verbindung zwischen zwei Querschnittsteilen wie beim Stahlträger des *Beispiels 4.2* mit Schweißnähten, so können mit der gleichen Formel die Schubspannungen in den Schweißnähten berechnet werden.

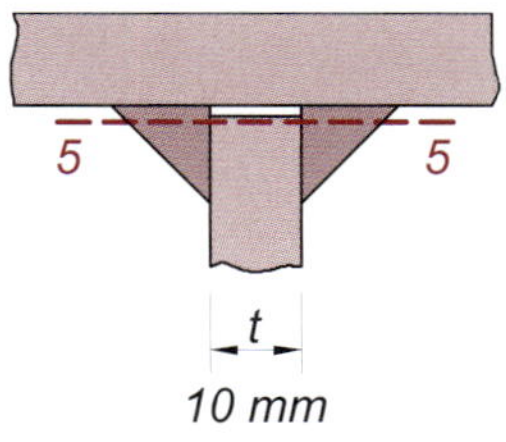

Bild 4.21 Verbindung Gurt – Steg

In *Bild 4.21* ist das Detail der Verbindung von Gurt und Steg dargestellt. Im Schnitt 5 (siehe *Bild 4.12*, *Beispiel 4.2*) wirkt die Schubspannung

$$\tau_5 = \frac{V_z \cdot S_{y5}}{I_y \cdot t} = 8{,}96\ \text{kN/cm}^2$$

und damit der Schubfluss

$$T_5 = \tau_5 \cdot t = \frac{V_z \cdot S_{y5}}{I_y} = 8{,}96 \cdot 1{,}0 = 8{,}96\ \text{kN/cm}$$

Der Schubfluss verteilt sich auf zwei Schweißnähte der Dicke a = 3 mm. Die Schubspannung in den Schweißnähten lautet dann

$$\tau = \frac{V_z \cdot S_{y5}}{I_y \cdot 2 \cdot a} = \frac{8{,}96}{2 \cdot 0{,}3} = 14{,}9\ \text{kN/cm}^2$$

In den Stahlbau-Normen wird diese Schubspannung als $\tau_{parallel}$ angegeben, da sie parallel zur Länge der Schweißnaht wirkt. Wie die Dicke einer Schweißnaht definiert wird, ist ebenfalls den Fachnormen zu entnehmen.

Nach der Ermittlung der Schubspannung in der Schweißnaht muss nachgewiesen werden, dass diese Spannung kleiner als die Grenzschweißnahtspannung für Schweißnähte ist.

4

4.3 Schub in geschlossenen symmetrischen Querschnitten

Bei geschlossenen unsymmetrischen Profilen ist die Dübelformel *Gl. (4.12)* schlecht einzusetzen, da der Nullpunkt der Schubspannungen unbekannt ist. Nach dem Wasserleitungsmodell ist es nicht klar, wo „das Wasser eingeleitet wird"; d.h. wo der Schubfluss startet.

Ist jedoch eine Symmetrieachse vorhanden und wirkt die angreifende Querkraft in dieser Symmetrieachse, so sind in dieser Symmetrieachse die Schubspannungen zu null. Der gesamte Schubspannungsverlauf ist zu dieser Querschnittssymmetrieachse symmetrisch.

In *Bild 4.22* sieht man links den Schubspannungsverlauf für einen rechteckigen Hohlkastenquerschnitt. Die Statischen Momente werden für die

Hälfte des Hohlquerschnitts (ein [-Querschnitt) ermittelt. Die Schubspannungen werden mit diesen Statischen Momenten und der halben Querkraft berechnet.

Bei den Hohlquerschnitten mit Rotationssymmetrie ist es egal, in welcher Achse die Querkraft angreift. Die maximale Schubspannung (siehe *Bild 4.22 rechts*) ergibt sich zu

$$\tau_{max} = \frac{2 \cdot V}{A}$$

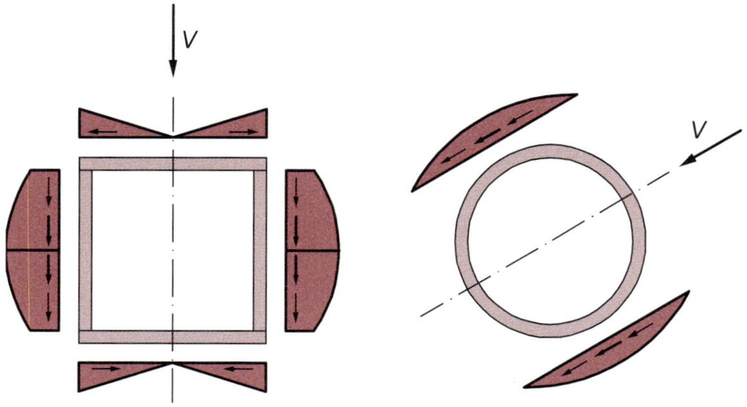

Bild 4.22 Schubspannungsverlauf in symmetrischen Hohlquerschnitten

Das vorgestellte Vorgehen gilt aber nur für einzellige Hohlkästen. Bei mehrzelligen Hohlkästen verteilt sich die Querkraft nach den jeweiligen Steifigkeiten. Die Berechnung wird z.B. in [3] vorgestellt und ist relativ aufwändig. Auch hier kann man durch das Weglassen einzelner Querschnittsteile einfach symmetrische einzellige Hohlkästen erzeugen, für die – auf der sicheren Seite liegend – die Schubspannungen einfach berechnet werden können.

4.4 Schubmittelpunkt

Was ein Schubmittelpunkt ist und welche Auswirkungen er hat, wird anhand eines Beispiels erläutert.

Beispiel 4.5

Der Schwerpunkt des [-Profils liegt in z-Richtung auf der Symmetrieachse und in y-Richtung innerhalb des Querschnitts mit dem Maß e. Die genaue Lage interessiert hier nicht.

In *Bild 4.23* ist ein [-Profil dargestellt, das durch eine Querkraft V_z = 250 kN beansprucht wird. Die Querkraft soll – wie es üblich ist – durch den Schwerpunkt gehen. Um hier relativ genaue Ergebnisse zu erreichen, wird der Querschnitt in der Mittellinie der Querschnittsteile konzentriert. Für diesen „konzentrierten" Querschnitt sollen auch die Querschnittswerte ermittelt werden. Das Trägheitsmoment errechnet sich zu:

I_y besteht aus dem Steiner-Anteil der Gurte und dem Eigenträgheitsmoment des Steges.

$$I_y = \frac{1{,}2 \cdot 28{,}4^2}{12} + 2 \cdot 19{,}4 \cdot 1{,}6 \cdot 14{,}2^2 = 14808 \text{ cm}^4$$

Die Statischen Momente in den maßgebenden Schnitten lauten:

$$S_{y1} = 0$$

$$S_{y2} = S_{y3} = 19{,}4 \cdot 1{,}6 \cdot 14{,}2 = 441 \text{ cm}^3$$

$$S_{y4} = S_{y3} + 14{,}2 \cdot 1{,}2 \cdot \frac{14{,}2}{2} = 562 \text{ cm}^3$$

Aus Symmetriegründen gilt:

$$S_{y5} = S_{y3} \; ; \qquad S_{y6} = S_{y2} \; ; \qquad S_{y7} = S_{y1}$$

Die Schubspannungen werden wie üblich nach *Gl. (4.12)* berechnet.

$$\tau_1 = \tau_7 = 0$$

$$\tau_2 = \tau_6 = \frac{250 \cdot 441}{14808 \cdot 1{,}6} = 4{,}651 \text{ kN/cm}^2$$

$$\tau_3 = \tau_5 = \frac{250 \cdot 441}{14808 \cdot 1{,}2} = 6{,}201 \text{ kN/cm}^2$$

$$\tau_4 = \frac{250 \cdot 562}{14809 \cdot 1{,}2} = 7{,}903 \text{ kN/cm}^2$$

Der Verlauf der Schubspannungen ist in *Bild 4.23* zu sehen. Nun soll im Querschnitt das Gleichgewicht mithilfe der Gleichgewichtsbedingungen überprüft werden, dazu werden die Schubspannungen über die Querschnittsteile zu Teilresultierenden (*Bild 4.23*) aufintegriert.

$$V = 6{,}201 \cdot 1{,}2 \cdot 28{,}4 \qquad \rightarrow \text{(Rechteckanteil im Steg)}$$

$$+ \tfrac{2}{3} \cdot (7{,}903 - 6{,}201) \cdot 1{,}2 \cdot 28{,}4 \qquad \rightarrow \text{(Parabelanteil)}$$

$$= 211{,}33 + 38{,}67 = 250 \text{ kN}$$

$$H_1 = H_2 = H = \tfrac{1}{2} \cdot 4{,}651 \cdot 19{,}4 \cdot 1{,}6 = 72{,}2 \text{ kN}$$

Die Gleichgewichtsbedingung $\Sigma H = 0$ ist durch die entgegengesetzten, gleich großen Kräfte in den Gurten erfüllt. Auch das Gleichgewicht

$$\Sigma V = 0 = V - V_z \quad \rightarrow \quad V = V_z$$

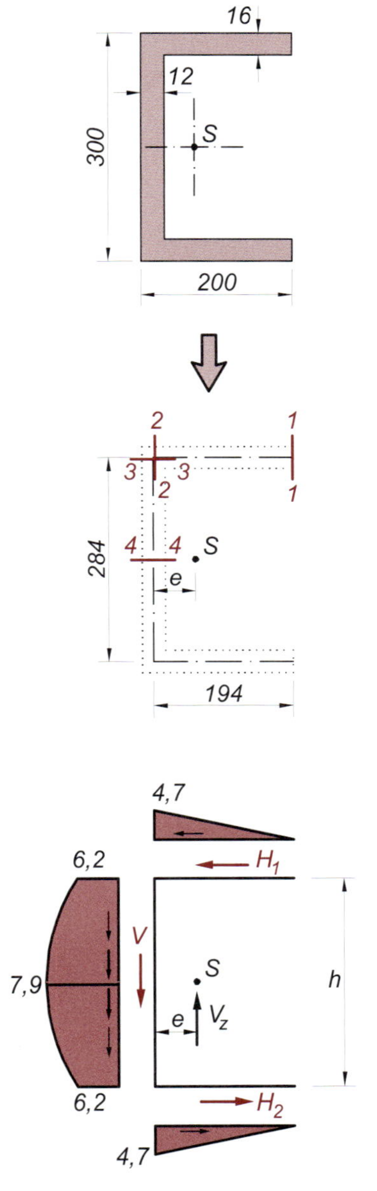

Bild 4.23 Schubspannungsverteilung am [-Profil, Maße in mm, Spannungen in kN/cm²

4

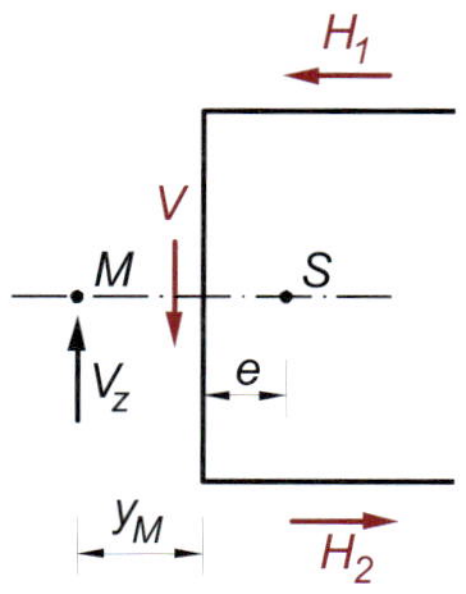

Bild 4.24 Schubmittelpunkt beim [-Profil

ist erfüllt. Betrachtet man in *Bild 4.23* die Horizontal- und Vertikalkräfte, so sind zwei Kräftepaare, nämlich $H \cdot h$ und $V \cdot e$ vorhanden. Beide Kräftepaare drehen gegen den Uhrzeigersinn, addieren sich damit und können die Momentengleichung niemals erfüllen. Dabei ist die Größe von e bedeutungslos.

$$\sum M = V \cdot e + H \cdot h \neq 0$$

Der Drehsinn eines Kräftepaares muss geändert werden. Da die Richtung von $H_1 - V - H_2$ vom Schubfluss abhängt, kann als einziges der Lastangriff geändert werden. Wenn die Querkraft wie im *Bild 4.24* links vom Querschnitt im Punkt M angreift, lautet die Momentengleichung

$$\sum M = 0 = H \cdot h - V \cdot y_M$$

Da ein [-Profil häufig in der Praxis eingesetzt wird und es schwierig ist, Lasten im Schubmittelpunkt einzuleiten, wird das [-Profil durch Torsionsmomente beansprucht, die bei der Bemessung zu berücksichtigen sind.

Im Beispiel liegt der Schubmittelpunkt bei

$$y_M = \frac{H \cdot h}{V} = \frac{72{,}2 \cdot 28{,}4}{250} = 8{,}20 \text{ cm}$$

Nur wenn eine Kraft mit ihrer Wirkungslinie den Punkt M berührt, herrscht Gleichgewicht im Querschnitt. Dieser Punkt M wird Schubmittelpunkt genannt (*Bild 4.24*).

Greift eine Last nicht im Schubmittelpunkt an, bekommt der Querschnitt Torsionsmomente (*Kapitel 5*).

Wo liegt der Schubmittelpunkt bei anderen Querschnitten? Der Schubmittelpunkt liegt immer auf einer Symmetrieachse, d.h. bei doppelt symmetrischen Querschnitten liegt er im Schwerpunkt. Besteht der Querschnitt nur aus zwei Querschnittsteilen, so liegt der Schubmittelpunkt im Schnittpunkt der beiden Querschnittsmittellinien. Für einige typische Querschnitte ist die Lage des Schubmittelpunktes in *Bild 4.25* zu sehen.

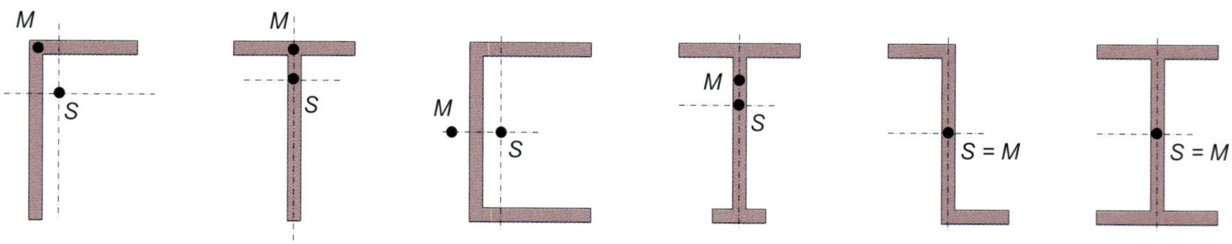

Bild 4.25 Lage des Schubmittelpunktes

5 Torsion

5.1 Allgemeines

Wenn ein Träger um die eigene Längsachse gedreht wird, wird er tordiert und erhält als Beanspruchung ein Torsionsmoment M_x. In *Bild 5.1* sieht man, wie Torsionsmomente entstehen, nämlich indem Kräfte in z-Richtung F_z auf einem Hebelarm e_y oder Kräfte in y-Richtung F_y auf einem Hebelarm e_z wirken. Der Hebelarm e_y bzw. e_z ist dabei der Abstand der Kraft F_z bzw. F_y vom Schubmittelpunkt.

Torsionsmomente werden in der Literatur auch mit M_T bezeichnet.

In *Abschn. 4.4* wurde hergeleitet, dass Kräfte, deren Wirkungslinien nicht durch den Schubmittelpunkt gehen, Torsion erzeugen.

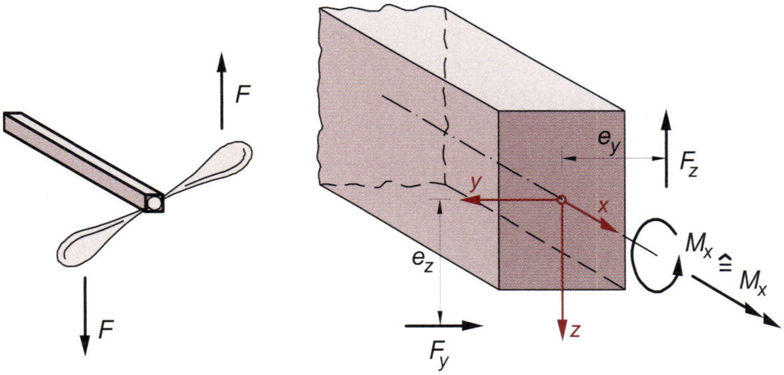

Bild 5.1 Torsionsmomente

Ein Torsionsmoment ist positiv, wenn der Momentenvektor – der Drehvektor – am linken Schnittufer (im rechten Teil von *Bild 5.1* dargestellt) in positive *x*-Richtung zeigt.
Oder: Wenn man in Richtung der *x*-Achse schaut, muss sich das Moment im Uhrzeigersinn drehen.

5

Im linken Teil von *Bild 5.1* ist auch die anschauliche Wirkung des Torsionsmomentes dargestellt. Wird ein Propeller angetrieben, d.h. verdreht, erhält er Torsionsmomente. Kräfte in *x*-Richtung bewirken Biegemomente – niemals Torsionsmomente. Sie würden den Propeller verbiegen.

Die Berechnung der Spannungen infolge Torsion ist nicht einfach und von der Querschnittsform abhängig. Grundsätzlich werden Querschnitte in wölbfreie und nichtwölbfreie Querschnitte unterschieden. Um die Unterscheidung deutlich zu machen, soll ein Experiment durchgeführt werden.

Ein loses Blatt Papier – siehe *Bild 5.2* links – wird aufgerollt, in beide Hände genommen und gegenseitig verdreht. Nach dem Verdrehen sieht man, dass sich die Endquerschnitte verschoben haben. In *Bild 5.2* haben sie sich um das Maß *u* verschoben. Träger, deren Endquerschnitte nach der Beanspruchung nicht mehr eben sind, werden als nichtwölbfreie Querschnitte bezeichnet.

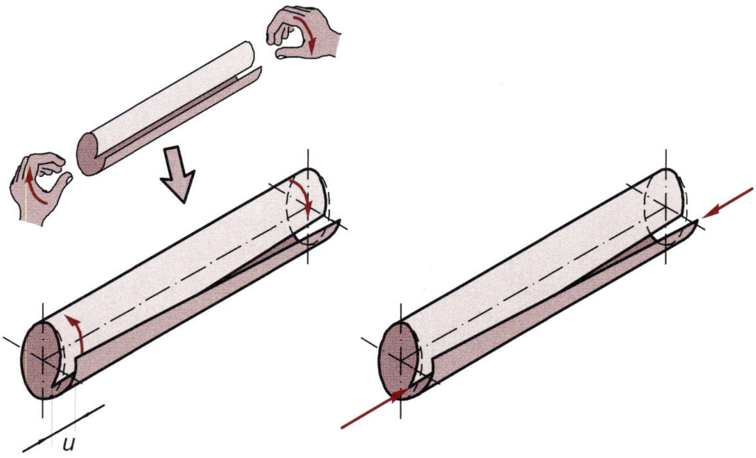

Bild 5.2 Experiment Papierrolle

Die St.-Venantsche Torsion wird nach Adhemar Jean Claude Barré de Saint-Venant (1797 bis 1886) genannt, der als Ingenieur am Bau des Kanals von Nivernais und am Ardennenkanal mitarbeitete und bedeutende Arbeiten zur Festigkeitslehre veröffentlichte.

Torsion bei wölbfreien Querschnitten und bei Querschnitten, die sich ungehindert verschieben können, wird als reine oder St.-Venantsche Torsion bezeichnet. Bei St.-Venantscher Torsion werden die Torsionsmomente nur durch Schubspannungen τ abgetragen. Diese werden auch als primäre Schubspannungen bezeichnet. Die Berechnung dieser Schubspannungen wird in *Abschn. 5.2* gezeigt.

Das Experiment aus *Bild 5.2* soll erneut betrachtet werden. Nachdem die Papierrolle verdreht worden ist, entstand ein Versatz u des Endquerschnittes in Längsrichtung. Soll dieser Versatz, der auch als Verwölbung bezeichnet wird, wieder rückgängig gemacht werden, müssen Kräfte in Längsrichtung der Papierrolle aufgebracht werden (siehe *Bild 5.2* rechter Teil). Kräfte in Längsrichtung bewirken Normalkräfte und Biegemomente und damit Normalspannungen im betrachteten Träger. Da die Biegemomente meistens nicht konstant verlaufen, verursachen sie Querkräfte und damit auch Schubspannungen. Torsion an nichtwölbfreien Querschnitten, bei denen die Verwölbung der Endquerschnitte behindert wird, die sich also nicht verwölben können, wird als Wölbkrafttorsion bezeichnet. Bei Wölbkrafttorsion werden die Torsionsmomente neben St.-Venantscher Torsion durch Normalspannungen σ_x und Schubspannungen τ abgetragen, die auch sekundäre Schubspannungen genannt werden. Spannungen aus Wölbkrafttorsion sind sehr aufwändig zu berechnen. In *Abschn. 5.3* wird ein Näherungsverfahren gezeigt.

Die lose zusammengerollte Papierrolle ist, wie das Experiment gezeigt hat, ein nichtwölbfreier Querschnitt. Wodurch werden nun wölbfreie von nichtwölbfreien Querschnitten unterschieden? *Bild 5.3* zeigt eine Einteilung der Querschnitte.

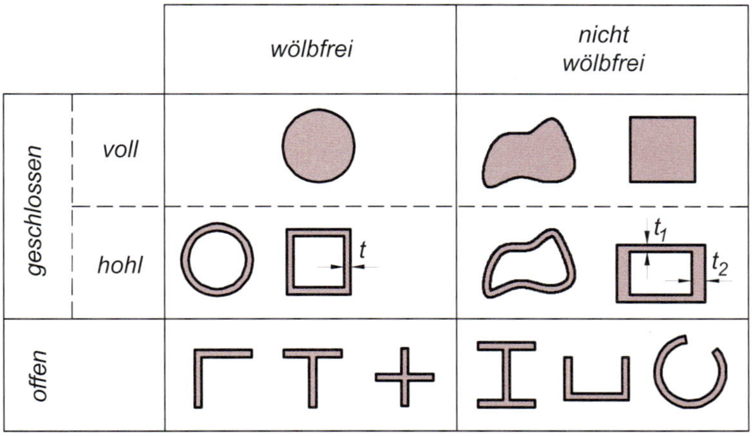

Bild 5.3 Einteilung der Querschnitte

Die Papierrolle ist als offener dünnwandiger Kreisquerschnitt und damit als nicht wölbfreier Querschnitt einzuordnen.

Wölbfrei sind Kreis-, Kreisringquerschnitte, quadratische Hohlquerschnitte mit konstanter Wanddicke sowie Querschnitte aus dünnwandigen Querschnittsteilen, deren Schwerelinien sich in einem Punkt treffen. Beliebige Hohlquerschnitte und beliebige Vollquerschnitte sind zwar nicht wölbfrei, weisen aber unter Torsionsbeanspruchung so geringe Verwölbungen auf, dass sie wie wölbfreie Querschnitte behandelt werden können. Offene dünnwandige Querschnitte (in *Bild 5.3* unten rechts) sind nicht wölbfrei und müssen bei Behinderung der Endquerschnitte mit der Theorie der Wölbkrafttorsion berechnet werden. Die Behinderung der Verwölbung kann durch Einspannungen, andere Querschnitte, dicke Kopfplatten oder Ähnliches erfolgen.

Querschnitte aus Holz oder Stahlbeton sind meistens Vollquerschnitte. Im Stahlbetonbau sind auch Hohlquerschnitte möglich. Offene dünnwandige Querschnitte und damit die Wölbkrafttorsion treten eigentlich nur im Stahlbau auf. So wird auch an vielen Hochschulen die Wölbkrafttorsion nicht in der Festigkeitslehre sondern im Fach Stahlbau gelehrt.

Bevor Spannungen aus Torsionsmomenten berechnet werden, wird noch die Berechnung von Torsionsmomenten gezeigt.

Wer noch nicht die Berechnung der Schnittgrößen an statisch bestimmten Systemen beherrscht, fahre mit *Abschn. 5.2* fort.

In der Statik rechnen wir fast immer in ebenen Systemen. Fast alle baupraktischen Probleme lassen sich auf ebene Systeme reduzieren. Die Verteilungen von zusätzlichen Biegemomenten M_z und Torsionsmomenten M_x müssen an räumlichen Systemen ermittelt werden. Dafür muss geklärt werden, welches Auflager Torsionsmomente aufnehmen kann. Ein klassisches Auflager ist in *Bild 5.4* dargestellt: die Gabellagerung. Eine Gabellagerung ist typisch für Hochbauträger, sie kann Vertikalkräfte in *z*-Richtung F_z, Horizontalkräfte in *y*-Richtung F_y und Torsionsmomente M_x aufnehmen. Die Torsionsmomente werden bei einer Gabellagerung als horizontales Kräftepaar (Kräfte F_y mit Hebelarm e_z) abgetragen. Die Gabellagerung ist ein Biegemomentengelenk, Biegemomente können nicht aufgenommen werden. Ein klassischer Einfeldträger, der an beiden Seiten infolge der Gelenke keine Biegemomente aufnehmen kann, muss als räumliches System mindestens auf einer Seite eine Gabellagerung besitzen, um

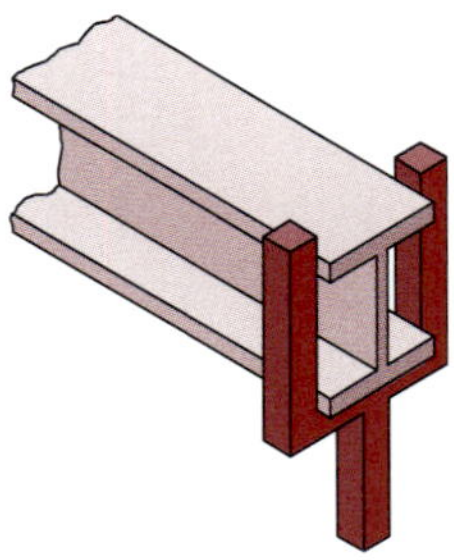

Bild 5.4 Gabellagerung

nicht verschieblich zu sein. Eine weitere Möglichkeit, Torsionsmomente aufzunehmen, ist die Volleinspannung, sie nimmt alle Kräfte in allen drei Achsen F_x, F_y, F_z und alle Momente um alle drei Achsen M_x, M_y, M_z auf.

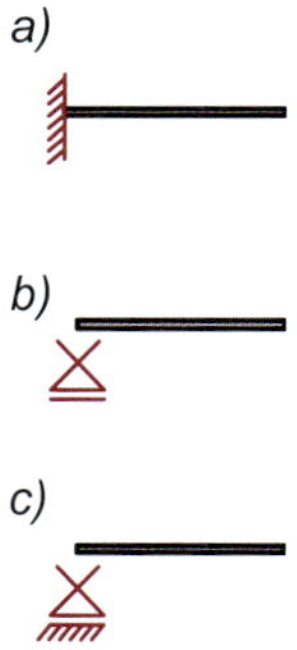

Bild 5.5 Auflagersymbole

Für Träger, die eigentlich eben berechnet werden sollen (Schnittgrößen: N, M_y, V_z) und zusätzlich durch Torsionsmomente beansprucht werden, gibt es besondere Auflagersymbole, die in *Bild 5.5* dargestellt sind. Diese Auflager können folgende Schnittgrößen aufnehmen:

a) N, V_z, M_y, M_x
b) V_z, M_x
c) N, V_z, M_x

Wenn ein Einfeldträger an beiden Seiten Torsionsmomente aufnehmen kann, ist er statisch unbestimmt. Hier hilft die Querkraftanalogie, die Verteilung der Torsionsmomente zu bestimmen.

Die Verteilung der Torsionsmomente M_x verhält sich unter der Beanspruchung von Einzeltorsionsmomenten M_t oder Streckentorsionsmomenten m_t analog zu Verteilung der Querkraft V unter der Beanspruchung von Einzellasten P oder Streckenlasten q. Die einzelnen Verläufe sind in *Bild 5.6* zu sehen.

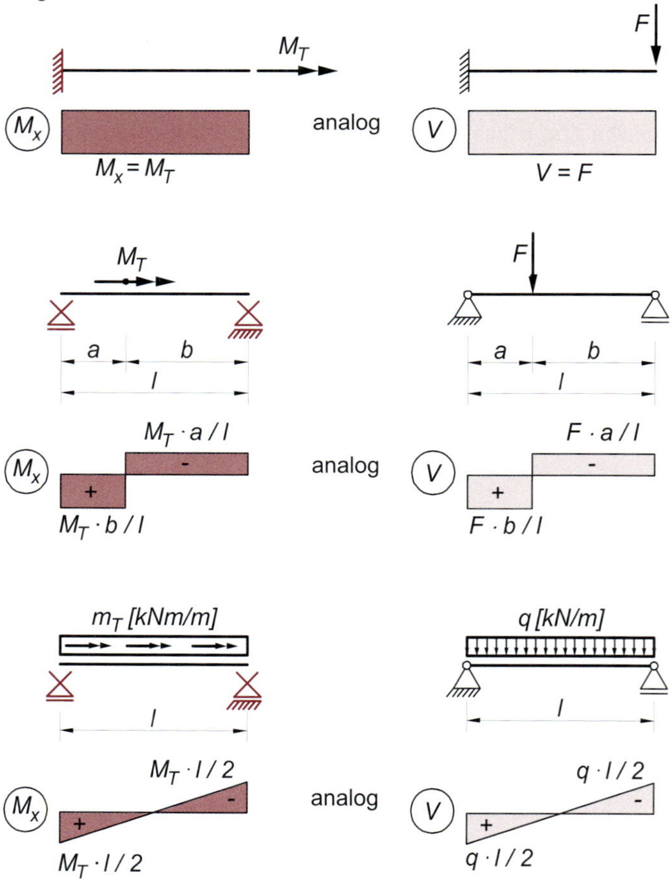

Bild 5.6 Querkraftanalogie

5.2 St.-Venantsche Torsion

Torsionsmomente werden bei wölbfreien Querschnitten, bei Querschnitten mit nur geringer Verwölbung (allgemeine Hohl- und Vollquerschnitte) und bei nichtwölbfreien Querschnitten (offene dünnwandige Profile), bei denen sich die Verwölbung ungehindert einstellen kann, durch St.-Venantsche Torsion abgetragen. In *Bild 5.7* wird ein Träger mit einem Vollkreisquerschnitt – einem wölbfreien Querschnitt – durch ein Torsionsmoment beansprucht.

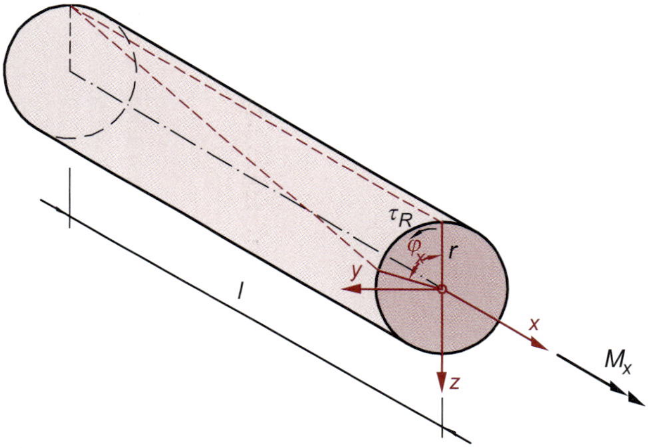

Bild 5.7 Kreisquerschnitt unter Torsionsbelastung

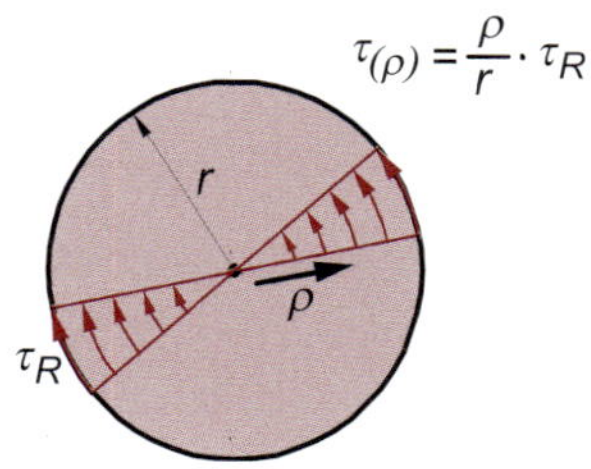

Bild 5.8 Schubspannungen im Kreisquerschnitt

Die Formänderungen wachsen linear mit dem Abstand zur Drehachse. Da zwischen Verformungen und Spannungen ein linearer Zusammenhang besteht, wachsen auch die Spannungen (siehe *Bild 5.8*) linear an.

$$\tau(\rho) = \frac{\rho}{r} \cdot \tau_R \tag{5.1}$$

Die Schubspannungen verlaufen im Kreis, da die Integration der Schubspannungen wieder das Torsionsmoment M_x ergeben muss. Ein infinitesimales Kreisringelement nach *Bild 5.9* hat die Größe

$$dA = 2 \cdot \pi \cdot \rho \cdot d\rho \tag{5.2}$$

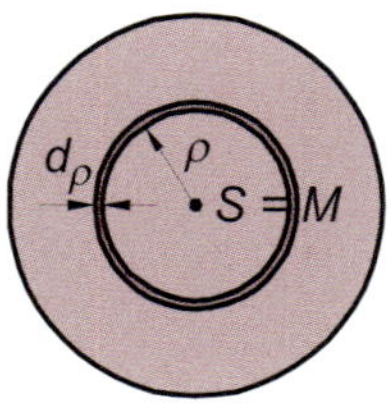

Bild 5.9 Integration der Schubspannungen

Werden die Spannungen über den Kreisring integriert, entstehen Kräfte, die den Hebelarm ρ zum Schwerpunkt haben.

$$dM_x = \tau(\rho) \cdot dA \cdot \rho = \frac{\rho^2}{r} \cdot \tau_R \cdot dA \tag{5.3}$$

$$M_x = \int_0^r dM_x = \frac{\tau_R}{r} \cdot \int_0^r \rho^2 dA \tag{5.4}$$

5

Dabei ist analog zum *Abschn. 2.2*

$$I_p = \int_0^r \rho^2 \, dA \tag{5.5}$$

das polare Trägheitsmoment. Beim Kreisquerschnitt ist

Das polare Trägheitsmoment wird bei Torsionsbeanspruchung auch als Torsionsträgheitsmoment I_T bezeichnet. Im Weiteren wird nur noch I_T verwendet.

$$I_p = \int_0^r \rho^2 \, dA = 2 \cdot \pi \cdot \int_0^r \rho^3 \, d\rho = 2 \cdot \pi \cdot \frac{r^4}{4} = \frac{\pi \cdot r^4}{2} = I_y + I_z \tag{5.6}$$

So ergibt sich für den Kreisquerschnitt die Schubspannungsverteilung

$$\tau(\rho) = \frac{M_x}{I_P} \cdot \rho = \frac{M_x}{I_T} \cdot \rho \tag{5.7}$$

mit der maximalen Schubspannung

$$\tau = \frac{M_x}{I_T} \cdot r \tag{5.8}$$

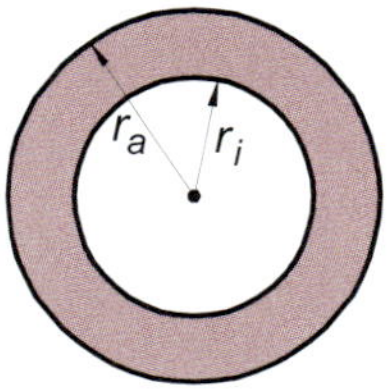

Bild 5.10 Dickwandiger Hohlquerschnitt

Für dickwandige Hohlquerschnitte nach *Bild 5.10* lautet I_T

$$I_T = \frac{\pi}{2} \cdot (r_a^4 - r_i^4) \tag{5.9}$$

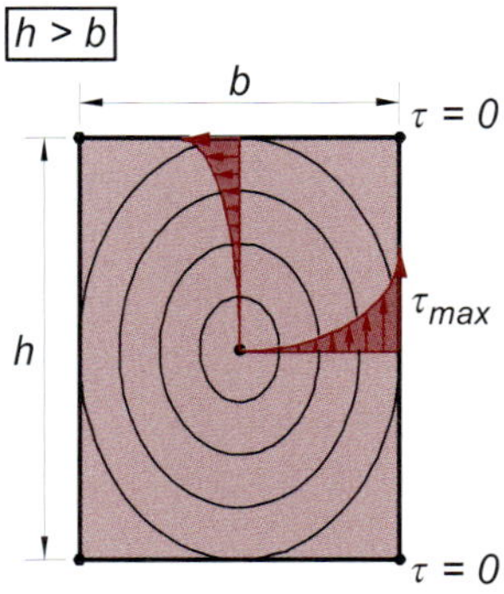

Bild 5.11 Strömungsanalogie

Für die maximale Schubspannung wird für dickwandige Hohlquerschnitte in *Gl. (5.8)* für den Radis r der Außenradius r_a eingesetzt.

Man kann sich einfach vorstellen, wie die Schubspannung infolge Torsion in einem Kreisquerschnitt verteilt ist. Schwieriger wird es bei Rechteckquerschnitten oder beliebigen Vollquerschnitten. Dazu helfen verschiedene Analogien.

Die Strömungsanalogie vergleicht die Torsionsspannungsverteilung mit einem Wasserstrudel. Im Strudel nach *Bild 5.11* sind am Rand die Strömungsgeschwindigkeiten und damit die Schubspannungen größer. In den Ecken gibt es keine Strömung und damit auch keine Schubspannung. An dünnen Querschnittsteilen ist der Strudel schneller als an breiten Teilen. Eine Analogie des Wasserflusses wurde bereits in *Kapitel 4* vorgestellt.

Die Strömungsanalogie wurde von Ludwig Prandtl (1875 bis 1953) entwickelt.

Eine andere Analogie ist die Seifenhautanalogie. Über eine Öffnung in Form des untersuchten Querschnittes wird eine Membran – eine Seifenhaut – gespannt und unter Druck gesetzt. Das Maß der Steigung der Seifenhaut ist ein Maß für die Größe der Schubspannung. Wird die Seifenhaut wie in *Bild 5.12* mit Höhenlinien versehen, so bedeutet eine dichtere Lage der Höhenlinien größere Schubspannungen. Maxima und Minima der Seifenhaut sind dann Nullpunkte der Schubspannungsverteilung.

Auch die Seifenhautanalogie wurde von Prandtl aufgestellt.

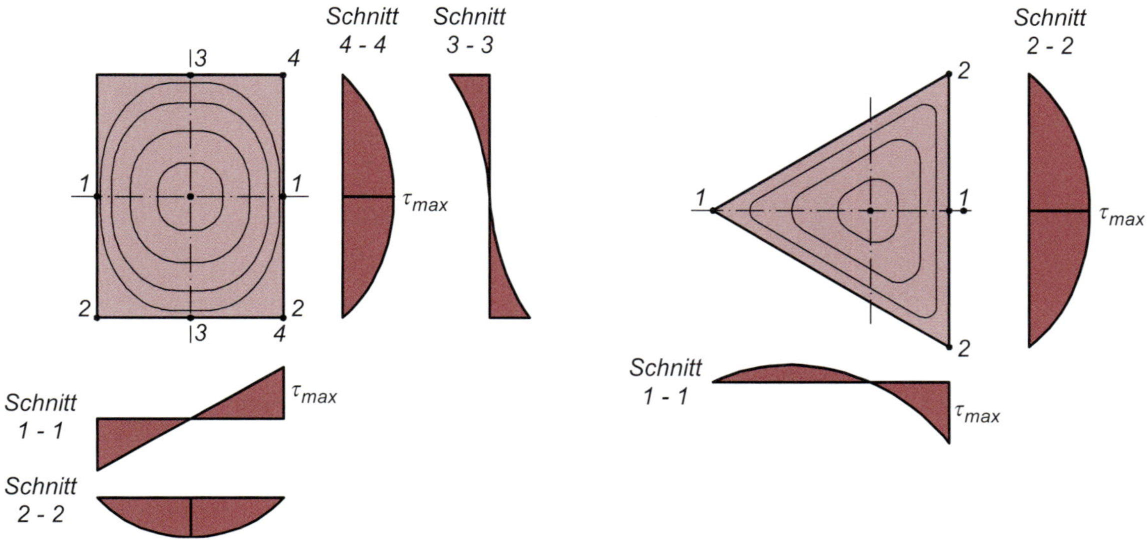

Bild 5.12 Seifenhautanalogie

In *Bild 5.12* ist analog zu den Höhenlinien der Seifenhaut der qualitative Verlauf der Schubspannungen (ohne Richtungsangabe) angegeben. Aus den Analogien ist ersichtlich, dass bei einem Rechteckquerschnitt nach *Bild 5.13* die maximale Schubspannung auf der längeren Seite auftaucht. Für Rechtecke mit $h \geq b$ lassen sich die maximalen Schubspannungen in zwei Alternativen beschreiben.

$$\max \tau = \frac{M_x}{I_T} \cdot b \qquad \text{(gilt nur für } h \geq 6 \cdot b\text{)} \tag{5.10}$$

$$\max \tau = \frac{M_x}{W_T} \tag{5.11}$$

$$W_T = \eta_1 \cdot b^2 \cdot h \tag{5.12}$$

$$I_T = \eta_2 \cdot b^3 \cdot h \tag{5.13}$$

η_1 und η_2 sind vom Verhältnis des Seitenverhältnisses *h/b* abhängig in *Tabelle 5.1* angegeben.

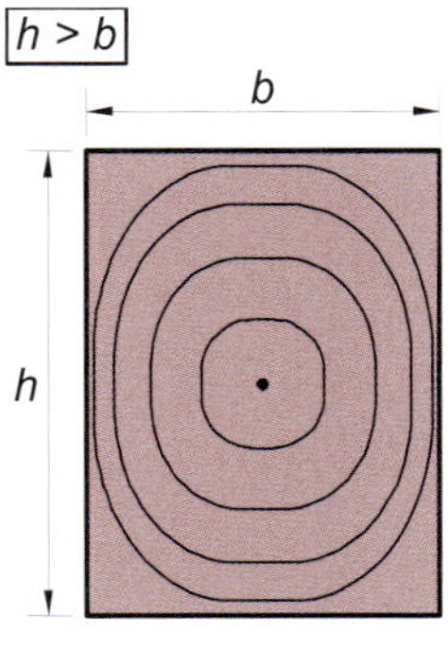

Bild 5.13 Rechteckquerschnitt

Das Torsionsträgheitsmoment I_T ist erforderlich, um die Verformungen aus der Torsionsverdrehung zu berechnen.

5

Tabelle 5.1 Beiwerte für die Torsionswiderstände eines Rechteckquerschnittes $h \geq b$

h/b	1	1,5	2	3	4	10	∞
η_1	0,208	0,231	0,246	0,267	0,282	0,313	0,333
η_2	0,140	0,196	0,229	0,263	0,281	0,313	0,333

Offene dünnwandige Profile sind meistens aus einzelnen dünnwandigen Rechtecken zusammengesetzt. Für ein dünnwandiges Profil nach *Bild 5.14* gilt

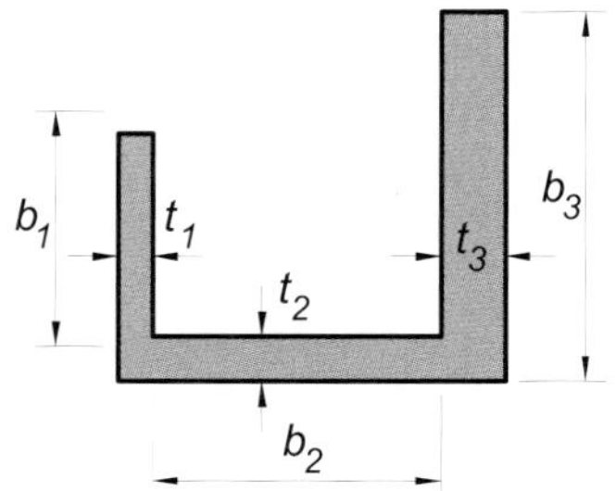

Bild 5.14 Offenes dünnwandiges Profil

$$I_T = \frac{\eta}{3} \cdot (t_1^3 \cdot b_1 + t_2^3 \cdot b_2 + t_3^3 \cdot b_3 + \dots\ ) = \frac{\eta}{3} \cdot \sum t_i^3 \cdot b_i \quad (5.14)$$

Für η können für die typischsten Profile Schätzwerte angegeben werden.

$\eta \approx 1{,}0$ für **L**-Profile
$\eta \approx 1{,}15$ für große, geschweißte **I**-Profile
$\eta \approx 1{,}30$ für gewalzte **I**-Profile

Die maximalen Schubspannungen in einem offenen dünnwandigen Profil gelten dann:

$$\max \tau = \frac{M_x}{I_T} \cdot \max t \quad (5.15)$$

Beispiel 5.1

Für Stahlbauprofile sind in Nachschlagewerken wie [1] die Torsionsträgheitsmomente angegeben. In diesem Beispiel soll versucht werden, für das Profil IPE 300 nach *Bild 5.15* das Torsionsträgheitsmoment zu berechnen. Der IPE 300 ist ein gewalztes Profil, so ist $\eta \approx 1{,}30$.

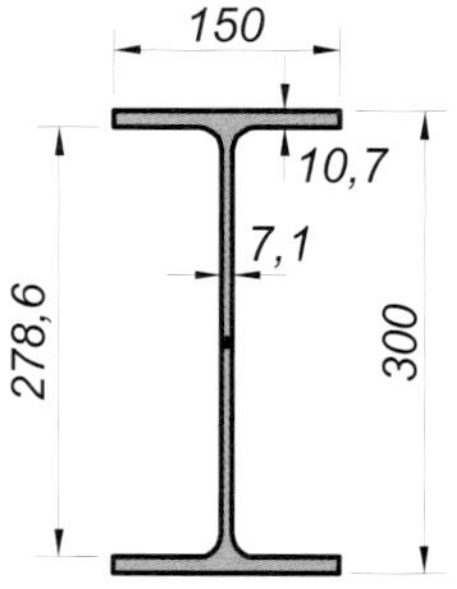

Bild 5.15 Profil IPE 300 (Maße in mm)

Dann ist nach *Gl. (5.14)*

$$I_T = \frac{1{,}30}{3} \cdot (2 \cdot 1{,}07^3 \cdot 15 + 0{,}71^3 \cdot 27{,}86) = 20{,}24 \text{ cm}^4$$

In [1] wird als Torsionsträgheitsmoment I_T = 20,1 cm^4 angegeben. Für ein Torsionsmoment M_x = 2,0 kNm lautet nach *Gl. (5.15)* die maximale Schubspannung

Das Torsionsmoment in kNm muss in kNcm umgerechnet werden.

$$\tau = \frac{2{,}0 \cdot 100}{20{,}1} \cdot 1{,}07 = 10{,}6 \text{ kN/cm}^2$$

Wie verlaufen nun die Schubspannungen in offenen dünnwandigen Querschnitten? Die Integration der Schubspannungen muss das Torsionsmoment ergeben, daher verlaufen nach *Bild 5.16* die Schubspannungen im Kreis.

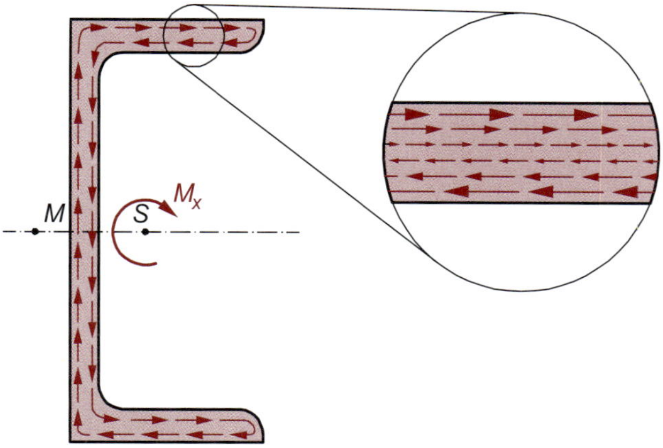

Bild 5.16 Schubspannungsverlauf im offenen Querschnitt

Die Schubspannungen laufen in den Querschnittsteilen hin und her, die maximalen Schubspannungen sind an den Querschnittsrändern. Dort haben die aus den Schubspannungen integrierten Schubkräfte den größten Hebelarm. Auch aus den Analogien ergeben sich an den Rändern die größten Schubspannungen.

Auch die Schubspannungen aus Torsion erhalten keine Vorzeichen. Gemäß ihrer Richtung werden sie zu den Schubspannungen aus Querkraft hinzu addiert.

Bei offenen dünnwandigen Querschnitten führen schon kleine Torsionsmomente zu großen Spannungen. Man nennt diese Querschnitte auch torsionsweich. Wenn im Bauwesen größere Torsionsmomente auftreten, sollten andere Profile gewählt werden, nämlich Hohlprofile, die viel besser geeignet sind.

Dünnwandige geschlossene Hohlprofile nach *Bild 5.17* sind Querschnitte, bei denen die äußeren Abmessungen wesentlich größer als die Wandstärke t ist. Die Schubspannungen können hier ohne Probleme im Kreis verlaufen.

Da das Hohlprofil dünnwandig ist, kann eine über die Wanddicke t konstant verteilte Schubspannungsverteilung angenommen werden. Aus der Strömungsanalogie und auch aus dem Wasserleitungssmodell des *Kapitels 4* können wir schließen, dass der Schubfluss T (siehe *Gl. (5.16)*) in jedem Querschnittspunkt konstant bleibt.

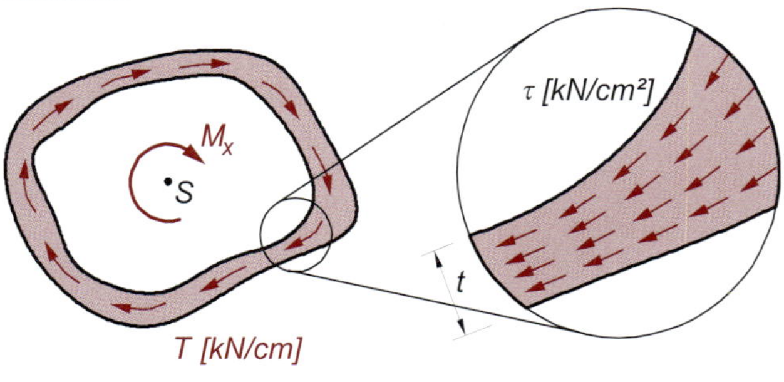

Bild 5.17 Schubspannungsverlauf im geschlossenen Querschnitt

Dieser Querschnitt verwölbt sich nach der Beanspruchung durch ein Torsionsmoment nur wenig, sodass sein Endquerschnitt als eben angesehen werden kann.

Der Schubfluss T ist die in einem Querschnittspunkt über die Wanddicke t aufintegrierte Schubspannung

$$T = \tau(t) \cdot t \tag{5.16}$$

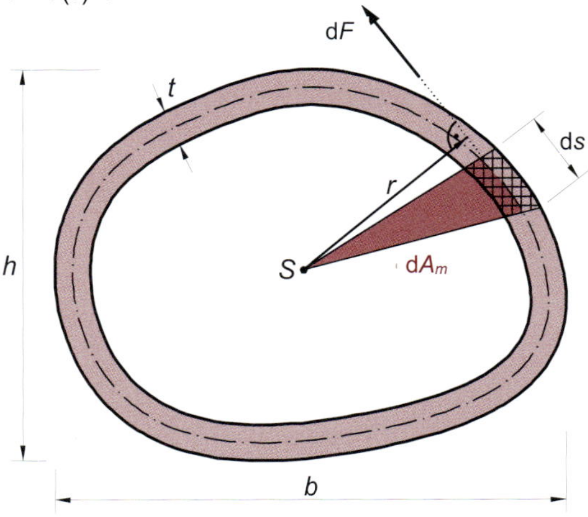

Bild 5.18 Herleitung Bredtsche Formel

Wird der Schubfluss T über eine infinitesimale Länge ds summiert, entsteht nach *Bild 5.18* eine differenzielle Kraft

$$\mathrm{d}F = T \cdot \mathrm{d}s = \tau(t) \cdot t \cdot \mathrm{d}s \tag{5.17}$$

dF wirkt in der Schwereachse – der Mittellinie – des betrachteten Querschnittsteils. Zum Schwerpunkt hat die Kraft dF den Hebelarm r.

$$\mathrm{d}M_x = r \cdot \mathrm{d}F \tag{5.18}$$

Das gesamte Moment entsteht durch Integration längs der Mittellinie.

$$M_x = \oint_L r \cdot \mathrm{d}F = \oint \tau(t) \cdot t \cdot r \cdot \mathrm{d}s = \tau(t) \cdot t \cdot \oint r \cdot \mathrm{d}s = \tau(t) \cdot t \cdot 2 \cdot A_m \tag{5.19}$$

Das Produkt $r \cdot$ ds kann nach *Bild 5.18* als die Fläche eines Dreiecks angesehen werden.

$$\mathrm{d}A_m = \frac{1}{2} \cdot r \cdot \mathrm{d}s \tag{5.20}$$

Dann ist

$$\oint r \cdot \mathrm{d}s = 2 \cdot A_m \tag{5.21}$$

wobei $\oint$ ein Linienintegral ist.

A_m ist die sogenannte Kernfläche, die Fläche innerhalb der Schwerelinie der Querschnittsteile.

Durch Umformung erhält man die vorhandene Schubspannung

$$\tau(t) = \frac{M_x}{2 \cdot A_m \cdot t} \tag{5.20}$$

Die maximale Schubspannung ist an der kleinsten Querschnittsdicke (Strömungsanalogie)

$$\max \tau = \frac{M_x}{2 \cdot A_m \cdot t_{\min}} \tag{5.21}$$

Die *Gl. (5.20)* wird als Bredtsche Formel bezeichnet. Das Torsionsträgheitsmoment lautet für dünnwandige geschlossene Hohlprofile

$$I_T = \frac{4 \cdot A_m^2}{\oint \frac{ds}{t(s)}} \tag{5.22}$$

Für Rechteckhohlprofile nach *Bild 5.19* ist

$$A_m = h_m \cdot b_m = (h - \frac{t_2}{2} - \frac{t_4}{2}) \cdot (b - \frac{t_1}{2} - \frac{t_3}{2}) \tag{5.23}$$

$$I_T = \frac{4 \cdot h_m^2 \cdot b_m^2}{\frac{h_m}{t_1} + \frac{b_m}{t_2} + \frac{h_m}{t_3} + \frac{b_m}{t_4}} \tag{5.24}$$

Für gleiche Wanddicken (t = konstant) ist

$$I_T = \frac{4 \cdot h_m^2 \cdot b_m^2 \cdot t}{2 \cdot h_m + 2 \cdot b_m} \tag{5.25}$$

Für ein rundes, dünnwandiges Hohlprofil nach *Bild 5.20* und $r_i \approx r_a = r$ lautet das Torsionsträgheitsmoment nach *Gl. (5.22)*

$$I_T = \frac{4 \cdot \pi^2 \cdot r^4 \cdot t}{2 \cdot \pi \cdot r} = 2 \cdot \pi \cdot r^3 \cdot t \tag{5.26}$$

Die Bredtsche Formel hat ihren Namen von Rudolf Bredt (1842–1900). Dieser baute in Deutschland eine der ersten Kranbahnfabriken auf. Kurz vor seinem Tode veröffentlichte er die nach ihm benannte Formel.

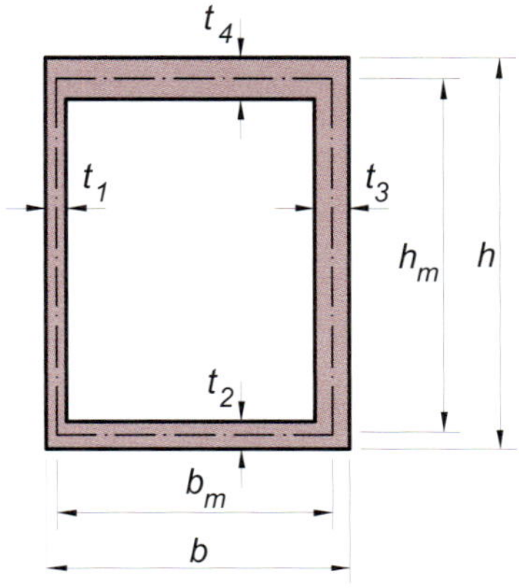

Bild 5.19 Rechteckhohlprofil

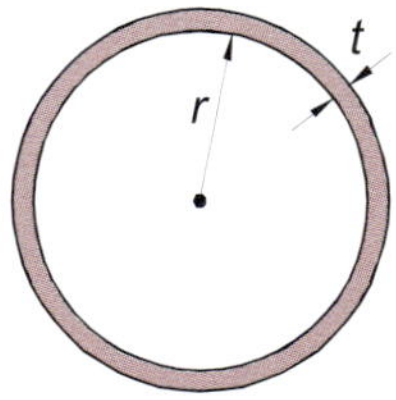

Bild 5.20 Rundhohlprofil

Beispiel 5.2

Ein Rundprofil mit einem Außendurchmesser von r_a = 60 mm und einer Wandstärke von t = 10 mm soll durch M_x = 15 kNm beansprucht werden. Die Spannungen infolge des Torsionsmomentes sind einmal mithilfe der Bredtschen Formel und einmal als dickwandiges Hohlprofil zu berechnen.

Nach *Gl. (5.9)* für den dickwandigen Kreisquerschnitt ist:

$$I_T = \frac{\pi}{2} \cdot (6{,}0^4 - 5{,}0^4) = 1054 \text{ cm}^4 \qquad (r_i = 6{,}0 - 1{,}0 = 5{,}0 \text{ cm})$$

Die maximale Schubspannung am Rand ergibt sich zu:

$$\tau = \frac{15 \cdot 100}{1054} \cdot 6{,}0 = 8{,}5 \text{ kN/cm}^2$$

Nach der Bredtschen Formel *Gl. (5.20)*, die für dünnwandige Hohlprofile gilt, ergibt sich bei gleicher Wanddicke eine überall konstante Schubspannung:

$$r_m = 5{,}5 \text{ cm} \qquad A_m = \pi \cdot 5{,}5^2 = 95{,}0 \text{ cm}^2$$

Meistens ist es vollkommen ausreichend, Hohlprofile mit der Bredtschen Formel zu berechnen.

$$\tau = \frac{15 \cdot 100}{2 \cdot 95{,}0 \cdot 1{,}0} = 7{,}9 \text{ kN/cm}^2$$

Bei einem Verhältnis von r_a/t = 6 verhalten sich die Spannungen in einem Verhältnis von 1,08. Steigt das Verhältnis r_a/t, d.h. der Querschnitt wird dünnwandiger, nähern sich die Spannungen für dünnwandige und dickwandige Querschnitte immer mehr an.

Geschlossene Hohlquerschnitte haben eine wesentlich höhere Torsionssteifigkeit als offene Profile. Dieses soll in den nächsten beiden Beispielen verdeutlicht werden.

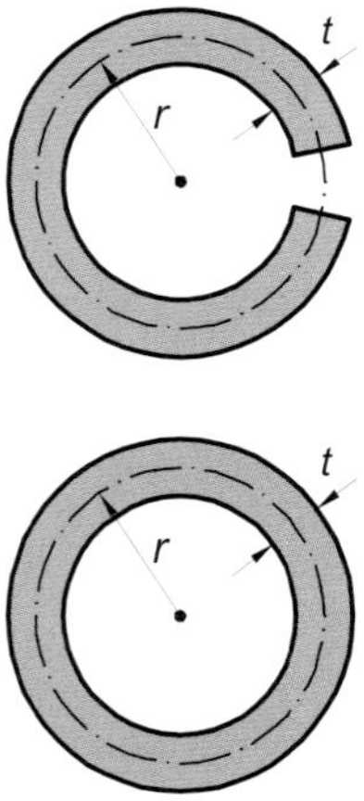

Bild 5.21 Querschnitte Beispiel 5.3

Beispiel 5.3

Für einen geschlossenen und offenen Kreisquerschnitt nach *Bild 5.21* sollen die Torsionssteifigkeiten, die Torsionsträgheitsmomente berechnet und verglichen werden.

Der offene Querschnitt hat die gleiche Torsionssteifigkeit wie ein glattgestreckter Rechteckquerschnitt. Das Verhältnis Umfang zu Wanddicke *s* des Kreisquerschnittes soll groß sein, sodass nach *Tabelle 5.1*

$$\eta_1 = 0{,}333 = \frac{1}{3}$$

gesetzt wird. Die Breite *b* ist dabei die Länge der Mittellinie $b = 2 \cdot \pi \cdot r$. Nach *Gl. (5.13)* ist dann für den offenen Querschnitt

Der obere Querschnitt in *Bild 5.21* ist nur geschlitzt, er hat theoretisch die gleiche Fläche wie der untere Querschnitt.

$$I_{T,offen} = \frac{1}{3} \cdot s^3 \cdot b = \frac{1}{3} \cdot s^3 \cdot 2 \cdot \pi \cdot r = \frac{2}{3} \cdot \pi \cdot r \cdot s^3$$

Für den geschlossenen Querschnitt ergibt sich nach *Gl. (5.26)*

$$I_{T,\,geschlossen} = 2 \cdot \pi \cdot r^3 \cdot s$$

Werden beide Steifigkeiten ins Verhältnis gesetzt, ergibt sich:

$$\frac{I_{T,\,geschlossen}}{I_{T,\,offen}} = \frac{2 \cdot \pi \cdot r^3 \cdot s}{\frac{2}{3} \cdot \pi \cdot r \cdot s^3} = 3 \cdot \frac{r^2}{s^2}$$

Für einen Hohlquerschnitt mit einem Verhältnis $s = r/50$ ist der Torsionswiderstand eines geschlossenen Querschnittes 7500-mal größer als der eines offenen Querschnittes.

Beispiel 5.4

Ein symmetrischer geschlossener Rechteckhohlquerschnitt nach *Bild 5.22* wird durch ein Torsionsmoment M_x = 400 kNm beansprucht. Es sollen die Spannungen in den Schnitten 1 und 2 berechnet werden.

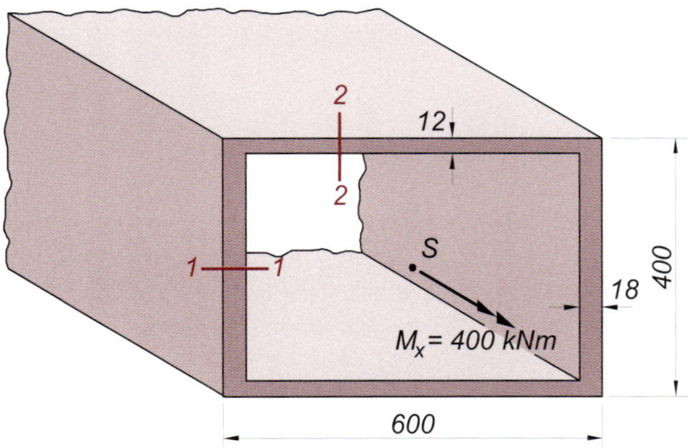

Bild 5.22 Geschlossener Querschnitt *Beispiel 5.4*, Maße in mm

Für den geschlossenen Hohlquerschnitt wird die Bredtsche Formel nach *Gl. (5.20)* angewendet. Die Kernfläche ist:

$$A_m = (40 - 1{,}2) \cdot (60 - 1{,}8) = 2258 \text{ cm}^2$$

$$\tau_1 = \frac{400 \cdot 100}{2 \cdot 2258 \cdot 1{,}8} = 4{,}92 \text{ kN/cm}^2$$

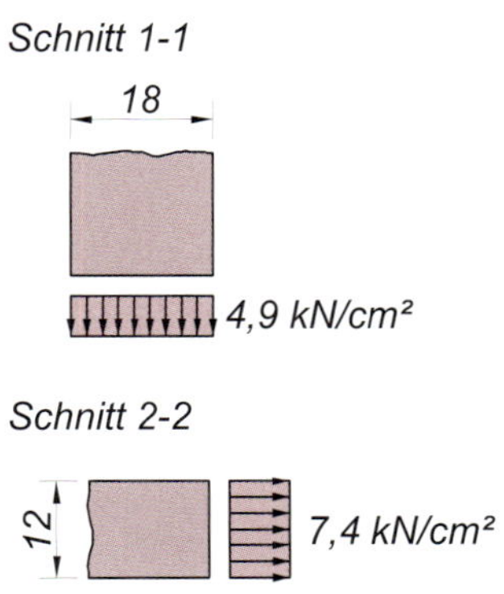

Bild 5.23 Schubspannungsverteilung im geschlossenen Querschnitt *Beispiel 5.4*

Aufgabe 5.1: Berechnen Sie für den Querschnitt nach *Bild 5.25* die maximale Schubspannung infolge M_x = 2000 kNm.

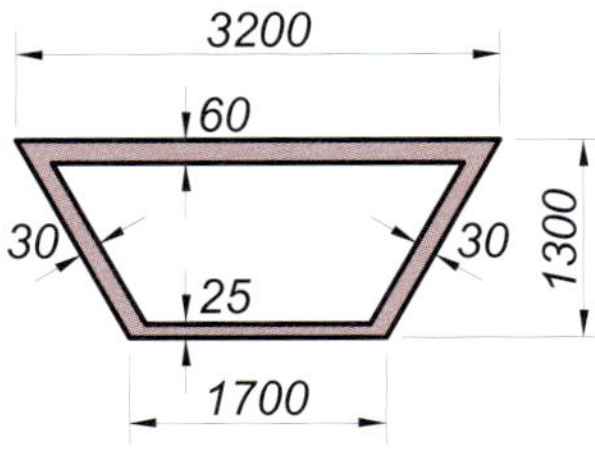

Bild 5.25 Querschnitt *Aufgabe 5.1*, Maße in mm

$$\tau_2 = \frac{400 \cdot 100}{2 \cdot 2258 \cdot 1{,}2} = 7{,}38 \text{ kN/cm}^2$$

Die jeweils konstante Spannungsverteilung ist in *Bild 5.23* dargestellt. Der Schubfluss *T* ist konstant

$$T = 4{,}92 \cdot 1{,}8 = 7{,}38 \cdot 1{,}2 = 8{,}86 \text{ kN/m}$$

und verläuft gegen den Uhrzeigersinn im Querschnitt.

Nun wird der Rechteckquerschnitt geschlitzt (siehe *Bild 5.24*) und soll durch dasselbe Torsionsmoment beansprucht werden.

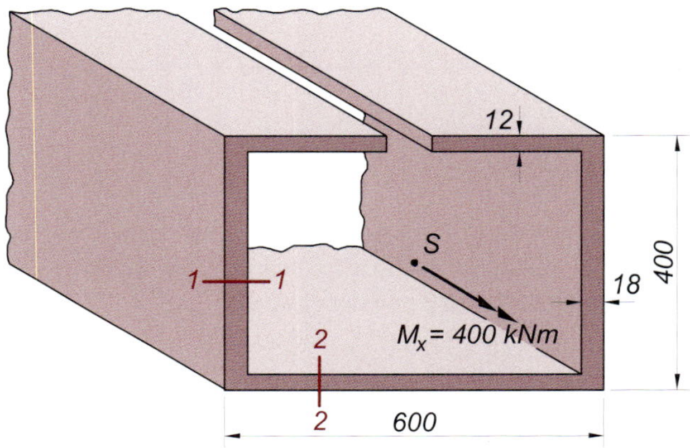

Bild 5.24 Geschlossener Querschnitt *Beispiel 5.4*, Maße in mm

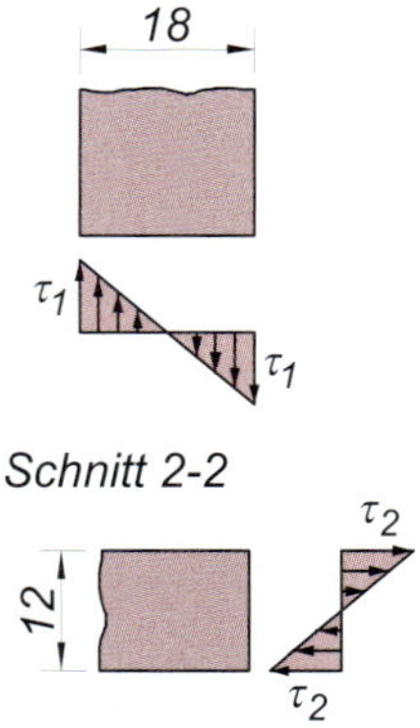

Bild 5.26 Schubspannungsverteilung im offenen Querschnitt *Beispiel 5.4*

Durch die Schlitzung soll die Querschnittsfläche aber nicht verkleinert werden. Dieser offene Querschnitt setzt sich aus dünnwandigen Rechtecken zusammen. Die Schlankheit der Querschnittsteile lautet 400/18 = 22, sodass nach *Tabelle 5.1* η_2 = 0,333 gesetzt wird. Das Torsionsträgheitsmoment lautet dann:

$$I_T = 0{,}333 \cdot \left[1{,}8^3 \cdot 40 \cdot 2 + 1{,}2^3 \cdot (60 - 2 \cdot 1{,}8) \cdot 2\right] = 221 \text{ cm}^4$$

Die Schubspannungen werden mit *Gl. (5.15)* berechnet.

$$\tau_1 = \frac{400 \cdot 100}{221} \cdot 1{,}8 = 325{,}8 \text{ kN/cm}^2$$

$$\tau_2 = \frac{400 \cdot 100}{221} \cdot 1{,}2 = 217{,}2 \text{ kN/cm}^2$$

Geschlossene Hohlquerschnitte haben gegenüber offenen Profilen eine wesentlich größere Torsionssteifigkeit.

Die Spannungen verlaufen nicht mehr konstant, sondern verteilen sich in *Bild 5.26* linear über die Wanddicke. Da die Schubspannungen durch die Schlitzung nicht mehr im Kreis wirken können, müssen sie nun in der Wandung hin und her laufen.

Durch die Schlitzung haben sich die Schubspannungen stark vergrößert. Im Vergleich zum geschlossenen Querschnitt sind sie unter der gleichen Belastung auf den 44fachen Wert gestiegen!

Wird ein Träger durch ein Torsionsmoment beansprucht, verdreht er sich. Diese Verdrehungen sollen nun berechnet werden. Nach *Kapitel 1* gilt das Hookesche Gesetz auch für Schubspannungen

$$\tau = G \cdot \gamma \quad \rightarrow \quad \gamma = \frac{\tau}{G} \tag{1.16}$$

mit dem Schubmodul

$$G = E \cdot \frac{1}{2 \cdot (1+\nu)} \tag{1.17}$$

der von dem Elastizitätsmodul E und der Querdehnzahl ν abhängig ist.

In *Bild 5.28* ist ein verdrehter Vollkreisquerschnitt dargestellt. Die Verdrehung wächst in Stabrichtung an, bei der Länge l ist die Verdrehung φ_x groß.

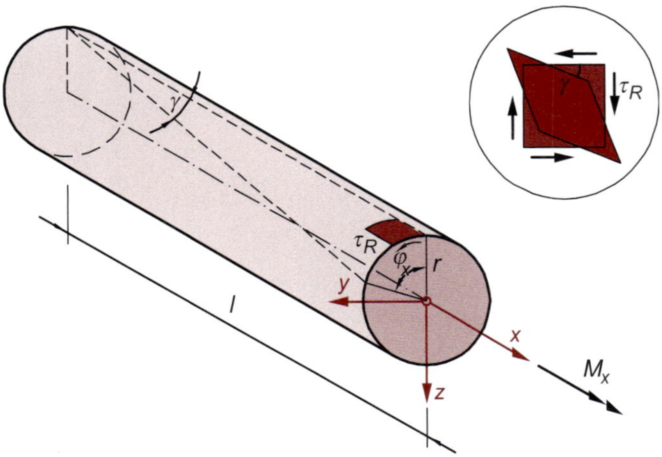

Bild 5.28 Verdrehung eines Stabes

Aufgabe 5.2: Wie groß muss der Durchmesser eines Kreisvollquerschnittes sein, damit bei ihm für M_x = 30 kNm die maximalen Schubspannungen gleich groß wie beim dünnwandigen Rohrquerschnitt nach *Bild 5.27* sind?

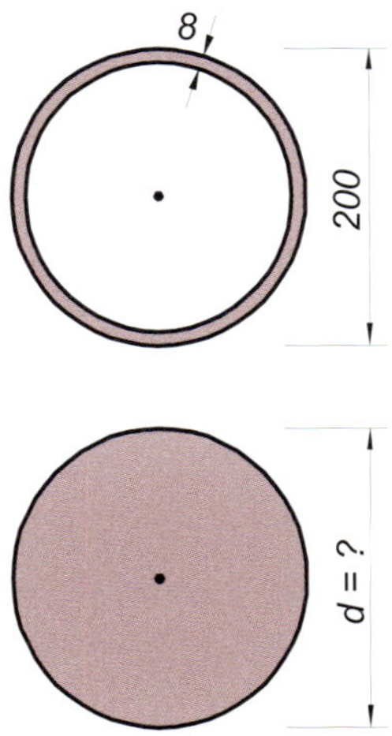

Bild 5.27 Querschnitte *Aufgabe 5.2*, Maße in mm

5

Am Rand lassen sich die Schubspannungen mit *Gl. (1.16)* und *Gl. (5.8)* folgendermaßen formulieren:

$$\gamma_R = \frac{\tau_R}{G} = \frac{M_x}{G \cdot I_T} \cdot r \qquad (5.27)$$

Meistens ist aber nicht der Winkel γ sondern die Verdrehung des Querschnittes, der Winkel φ_x gesucht. Auch bei den bisherigen Spannungs- und Verformungsgleichungen wurde unterstellt, dass es sich um kleine Verformungen handelt. So ist

$$\varphi = \frac{\gamma_R \cdot l}{r} \qquad (5.28)$$

und mit *Gl. (5.27)* ergibt sich die Verdrehung des Querschnittes zu

$$\varphi = \frac{M_x}{G \cdot I_T} \cdot l \qquad (5.29)$$

Beispiel 5.5

Für den geschlossenen Rechteckhohlquerschnitt *aus Beispiel 5.4* (*Bild 5.24*), der durch ein Torsionsmoment von M_x = 400 kNm belastet wird und 10 m lang ist, soll die Verdrehung berechnet werden. Nach *Gl. (5.24)* ist das Torsionsträgheitsmoment eines geschlossenen Rechteckhohlprofils

Die Kernfläche des geschlossenen Rechteckhohlquerschnittes beträgt:

A_m = 2258 cm^2

Der Träger soll aus Stahl sein, damit ist

$G = 8100$ kN/cm^2

$$I_T = \frac{4 \cdot 2258^2}{2 \cdot \frac{(40-1{,}2)}{1{,}8} + 2 \cdot \frac{(60-1{,}8)}{1{,}2}} = 145558\ \text{cm}^4$$

Damit lautet die Verdrehung des 10 m langen Trägers:

Winkel in statischen Berechnungen werden immer in der Einheit Bogenmaß angegeben. Wird der Winkel in der Einheit Grad gewünscht, muss er mit $180/\pi$ multipliziert werden.

$$\varphi = \frac{400 \cdot 100}{8100 \cdot 145558} \cdot 10 \cdot 100 = 0{,}0339 \mathrel{\widehat{=}} 0{,}0339 \cdot \frac{180}{\pi} = 1{,}94°$$

Da der geschlitzte Rechteckhohlquerschnitt unter demselben Torsionsmoment so hohe Spannungen hat, wird für die Berechnung der Verdrehung M_x = 4 kNm (also ein Hundertstel der ursprünglichen Belastung) angesetzt. Mit *Gl. (5.29)* ist die Verdrehung eines 10 m langen Trägers

Für den geschlitzten Rechteckhohlquerschnitt lautet das schon in *Beispiel 5.4* berechnete Torsionsträgheitsmoment

$I_T = 221\ \text{cm}^4$

$$\varphi = \frac{4 \cdot 100}{8100 \cdot 221} \cdot 10 \cdot 100 = 0{,}223 \mathrel{\widehat{=}} 0{,}223 \cdot \frac{180}{\pi} = 12{,}8°$$

Unter dem ursprünglichen 100-mal größeren Moment würde sich der Träger um 12,8 · 100 = 1280°, d.h. ca. 3,6-mal um die eigene Achse verdrehen. Dieser Wert ist natürlich nur theoretisch, da die Verformungsgleichung nur für kleine Verformungen aufgestellt wurde.

5.3 Wölbkrafttorsion

Wölbkrafttorsion tritt vor allem bei dünnwandigen, offenen Querschnitten auf. Da diese Querschnitte meist Stahlbauprofile sind, ist die Wölbkrafttorsion ein Problem des Stahlbaus. Normal- und Schubspannungen aus Wölbkrafttorsion sind sehr aufwändig zu berechnen, daher wird auf weiterführende Literatur, wie z.B. [3] verwiesen.

Auch zum Thema Torsion wird unter dem im Vorwort angegebenen Link interessantes Lehr- und Lernmaterial in Form von animierten Webseiten zur Verfügung gestellt.

Wölbkrafttorsion tritt auf, wenn die Verwölbung behindert wird. Ein eingespanntes I-Profil nach *Bild 5.29* (rechts) wird durch ein Torsionsmoment M_x beansprucht. Am rechten freien Ende des Trägers ist die Verwölbung des Trägers ungehindert und das Torsionsmoment wird vollständig durch St.-Venantsche Torsion abgetragen. An der Einspannstelle ist die Verwölbung komplett behindert, sodass dort das Torsionsmoment vollständig über Wölbkrafttorsion abgetragen wird. An der Einspannstelle sind die Normalspannungen σ_x und die sekundären Schubspannungen infolge Wölbkrafttorsion maximal.

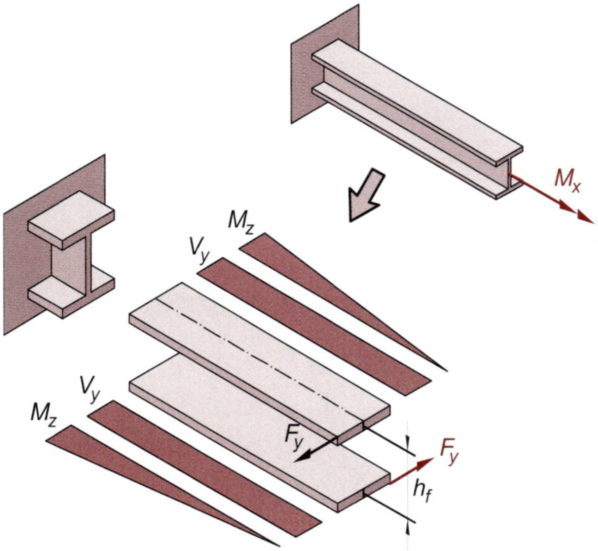

Bild 5.29 Ersatzmodell für die Wölbkrafttorsion

Gerade bei offenen dünnwandigen Querschnitten mit zwei Gurten kann die Wölbkrafttorsion durch ein vereinfachtes Modell nachgewiesen werden. Dazu wird das Torsionsmoment M_x in ein Kräftepaar in y-Richtung zerlegt.

$$F_y = \frac{M_x}{h_f} \tag{5.30}$$

h_f ist der Abstand der Mittellinien der Gurte. Nun wird der Steg des Profils vernachlässigt und jeder Gurt trägt für sich eine Kraft F_y ab. Die Kraft F_y erzeugt im Gurt eine Querkraft V_y und ein Moment M_z. Mit dieser Schnittgröße wird der Gurt dimensioniert. Das Moment M_z bewirkt Normalspannungen σ_x analog zu den Wölbnormalspannungen. Durch die Querkraft V_y entstehen Schubspannungen im Gurt analog zu den sekundären Schubspannungen aus Wölbkrafttorsion.

Im Bauwesen wird die Torsion häufig über ein Kräftepaar abgetragen. Brücken bekommen z.B. große Torsionsmomente, da sie durch die Verkehrslasten (einseitige Verkehrsbänder) niemals nur durch den Schubmittelpunkt beansprucht werden. So sind Brückenquerschnitte entweder Hohlkastenquerschnitte oder sie bestehen aus zwei Hauptträgern, die das Torsionsmoment als vertikales Kräftepaar abtragen.

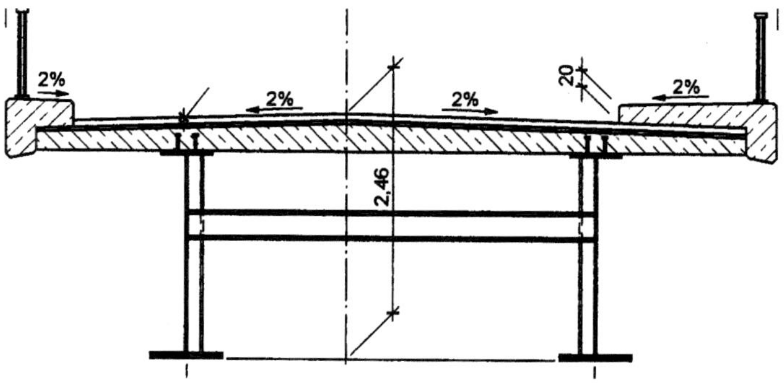

Bild 5.30 Schleusenkanalbrücke Gerlachshausen

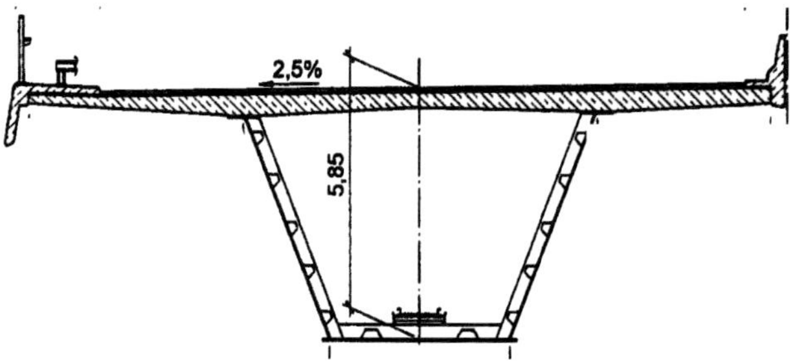

Bild 5.31 Werratalbrücke Hedemünden

6 Stabilitätsprobleme

6.1 Allgemeine Betrachtungen

Bei allen bisherigen Betrachtungen der vorausgegangenen Kapitel besteht ein eindeutiger Zusammenhang zwischen den äußeren Einwirkungen und den Verformungen des Tragwerks. Da die Verformungen gegenüber den Bauteil- und Tragwerksabmessungen klein sind, ist ein Verformungseinfluss auf die Schnittgrößen nicht oder nur in einem zu vernachlässigenden Maße vorhanden (*Bild 6.1*). Im Zuge der statischen Berechnung ist es daher völlig ausreichend, die Schnittgrößen am unverformten System, also nach Theorie I. Ordnung zu ermitteln. Zwischen den äußeren Einwirkungen einerseits und den Schnittgrößen, den Spannungen und – sofern ein linear-elastisches Werkstoffverhalten vorliegt – den Verzerrungen sowie Verformungen andererseits besteht in diesem Fall ein proportionaler Zusammenhang.

Wenn die Tragwerksantwort proportional zur Belastung ist, gilt das Superpositionsprinzip. Die Einwirkungen können in beliebig viele Lastfälle aufgeteilt werden, die separat berechnet werden dürfen. Die Gesamtlösung ergibt sich aus der additiven Überlagerung, der Superposition der einzelnen Teillösungen.

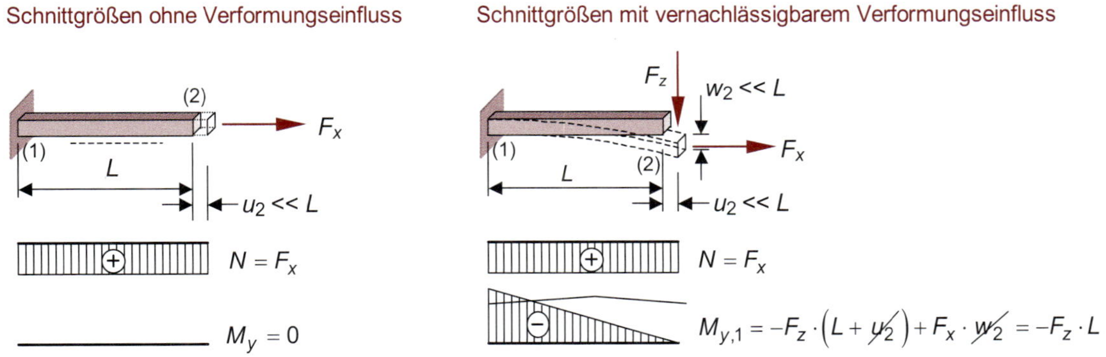

Bild 6.1 Einfluss der Verformungen auf Schnittgrößen

Der eindeutige Zusammenhang kann verloren gehen, wenn Normalkräfte – insbesondere hohe Druckkräfte – im Tragwerk wirken. Sehr deutlich kann dieser Umstand an einer Kragstütze mit exzentrisch wirkender Druckkraft am Kopfende demonstriert werden (*Bild 6.2*). Durch die zunächst konstante Biegebeanspruchung über die gesamte Stablänge verkrümmt sich die Kragstütze und weicht seitlich aus der bislang lotrechten Achse aus. Die einwirkende Druckkraft am Kopfende wandert mit und erzeugt aufgrund der zunehmenden Exzentrizität bezüglich des Fußpunktes eine zusätzliche Biegebeanspruchung. Durch weiter zunehmende Verkrümmung des Stabes und größer werdende Kopfauslenkung wird ein Prozess in Gang gesetzt, der nur durch eine iterative Berechnung zutreffend erfasst werden kann. Bei welcher Auslenkung das System eine stabile Gleichgewichtslage findet, hängt von der Größe der Druckkraft, der Biegesteifigkeit des Stabquerschnitts ($E \cdot I$ = Elastizitätsmodul E * Trägheitsmoment I) und der Stablänge L ab. Unabhängig von der Größe der Kopfauslenkung bleibt festzustellen, dass die Druckkraft die Stabverformungen maßgebend vorantreibt und sich die Schnittgrößen am verformten System deutlich von denen am unverformten System unterscheiden.

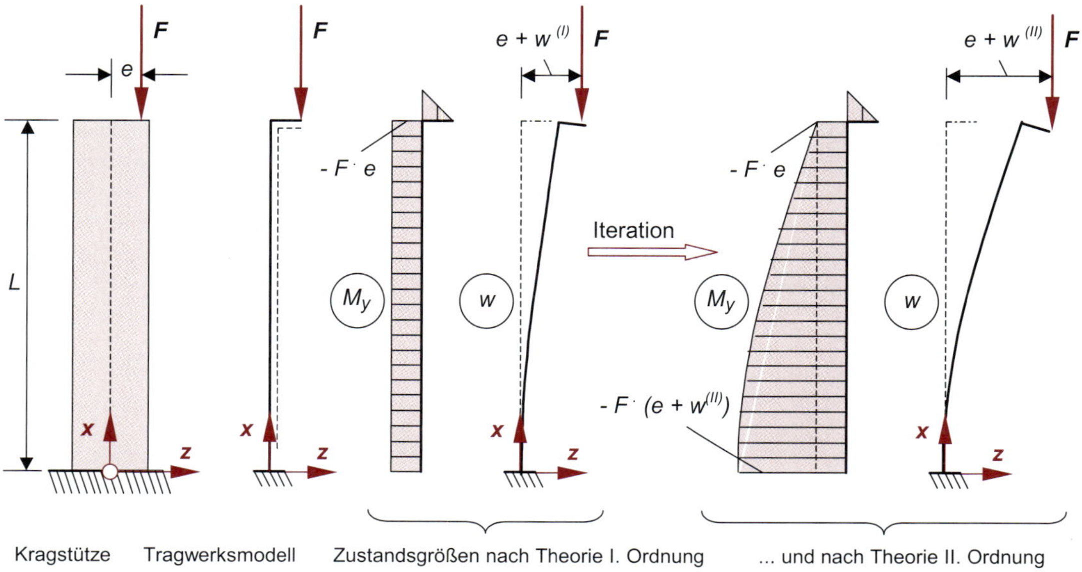

Bild 6.2 Einfluss der Verformungen auf Schnittgrößen bei Druckbeanspruchungen

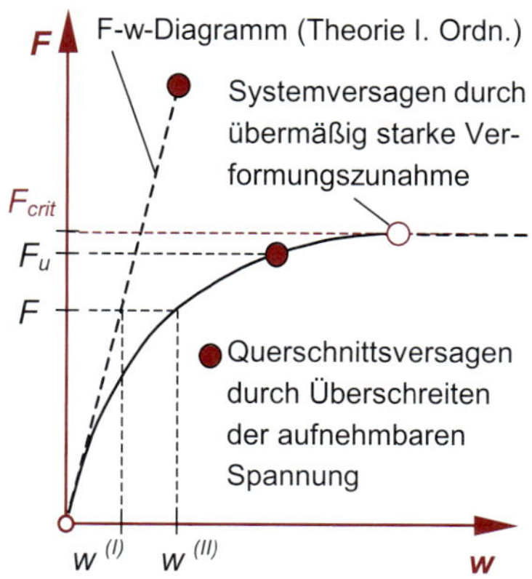

Bild 6.3 Nichtlineares Last-Verformungsdiagramm

Die Ermittlung der Schnittgrößen bei Einhaltung der Gleichgewichtsbedingungen am verformten System wird als Berechnung nach Theorie II. Ordnung bezeichnet. Die Proportionalität zwischen den Lasteinwirkungen, den Schnitt- und Verformungsgrößen geht verloren. Das Tragverhalten wird in einem solchen Fall als geometrisch nichtlinear bezeichnet. Das Tragwerk selbst muss dann mit besonderen Methoden berechnet und bemessen werden. Das Superpositionsprinzip gilt nicht mehr.

Das typische Tragverhalten der in *Bild 6.2* dargestellten Kragstütze wird durch ein Last-Verformungsdiagramm deutlich. *Bild 6.3* stellt qualitativ den Zusammenhang zwischen der einwirkenden Druckkraft und der seitlichen Auslenkung am Stützenkopf dar. Bei einem bestimmten Lastniveau $F = F_u$ ist das Zusatzmoment aus Druckkraft multipliziert mit der Kopfauslenkung so groß, dass die Stütze am eingespannten Fußpunkt durch Überschreiten der aufnehmbaren Spannungen infolge des Biegemoments und der Normalkraft versagt (Werkstoffversagen). Bei einer Untersuchung allein nach Theorie I. Ordnung würde dieses Tragwerk hinsichtlich seiner aufnehmbaren Last klar überschätzt werden. Auch eine Stütze aus einem idealelastischen Werkstoff mit einer Fließgrenze $f_y \to \infty$ wird in diesem Fall bei einem niedrigen Lastniveau versagen. Bei einem Lastniveau $F = F_{crit}$ erreicht die Auslenkung des Stützenkopfes ein solches Ausmaß, dass die Stütze ihre im Bauwerk zugedachte Aufgabe nicht mehr übernehmen kann (Systemversagen). Der Tragwiderstand des Systems reicht nicht mehr aus, um der rapiden Zunahme der Biegebeanspruchung durch eine zunehmende Druckkraft und einem anwachsenden Hebelarm Herr zu werden.

Der Einfluss der Druckbeanspruchung auf das Verformungsverhalten soll am nachfolgenden Beispiel studiert werden. Um den Rechenaufwand gering zu halten, wird ein starrer Stab mit einer elastischen Drehfederlagerung am unteren Stabende untersucht. Die Drehfeder soll hier mechanisch vereinfachend die rückstellende Wirkung einer elastischen (biegesteifen) und fest eingespannten Kragstütze (siehe *Bild 6.2*) darstellen.

Drehfedern werden oft als Modellierungshilfe bei statischen Berechnungen eingesetzt, um damit die Nachgiebigkeit der Last aufnehmenden Konstruktion gegenüber einer Verdrehung zu modellieren (Stichwort: elastische Einspannung).

Beispiel 6.1

In *Bild 6.4* wird eine starre, leicht geneigte Kragstütze dargestellt, die am Fußende von einer Drehfeder elastisch gehalten ist. Die Federsteifigkeit beträgt C_φ = 3000 kNm/rad; d.h. die Drehfeder wird bei einer Verdrehung um 1 rad = 180°/π = 57,3° ein Einspannmoment von 3000 kNm erzeugen.

Im unbelasteten Zustand beträgt die Vorverformung e = 5 cm. Es soll untersucht werden, wie das System auf eine zunehmende Druckkraft F unter Beachtung der Horizontalverschiebung am Kopfende w_b reagiert. Dazu soll ein Last-Verformungsdiagramm für den Lastbereich $0 \leq F \leq 600$ kN erstellt werden.

Lösungsweg 1: Es wird für jede Laststufe die zugehörige Kopfauslenkung w_b berechnet. Dieses erfolgt iterativ, bis sich ein Gleichgewicht zwischen dem Einspannmoment $M_A = C_\varphi \cdot \varphi = C_\varphi \cdot w_b / L$ und dem Moment aus einwirkender Last F multipliziert mit dem Hebelarm $e + w_b$ einstellt. So ergibt sich am Beispiel F = 400 kN folgende Iteration:

w_b [m]	$\varphi = w_b / L$	M_A [kNm]	$e + w_b$	$F \cdot (e + w_b)$	Gleichgew.
0,00	0,000	0,0	0,05	20,0	
0,02	0,004	12,0	0,07	28,0	
0,04	0,008	24,0	0,09	36,0	
0,06	0,012	36,0	0,11	44,0	
0,08	0,016	48,0	0,13	52,0	
0,10	0,020	60,0	0,15	60,0	√

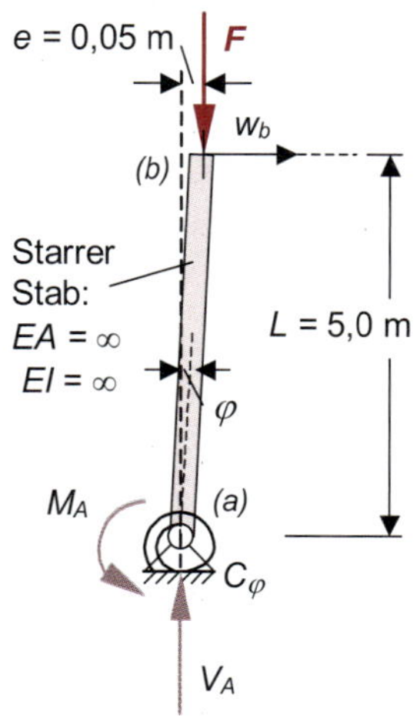

Bild 6.4 Starrer Stab mit elastischer Einspannung unter Druckbeanspruchung

6

Unter der Last von F = 400 kN kommt das System bei einer horizontalen Verschiebung von w_b = 0,10 m zur Ruhe; es stellt sich ein Momentengleichgewicht ein.

Lösungsweg 2: Die Drehfederkraft ist identisch mit der Auflagergröße M_A und direkt abhängig von der Verformungsgröße w_b. Es gilt:

$$M_A = C_\varphi \cdot \varphi = C_\varphi \cdot w_b / L \quad \text{(bei kleinen Winkeln gilt: } \tan\varphi = \varphi\text{)}$$

Bei sehr einfachen Systemen kann – wie im *Lösungsweg 2* gezeigt – eine direkte Last-Verformungsbeziehung entwickelt werden, sodass auf eine Iteration verzichtet werden kann.

Aus der Gleichgewichtsbedingung $\Sigma M_{(a)} = 0$ ergibt sich am verformten System – also nach Theorie II. Ordnung – folgender Zusammenhang:

$$F \cdot (e + w_b) - M_A = 0 \quad \rightarrow \quad F \cdot (e + w_b) - C_\varphi \cdot w_b / L = 0$$

Die Auflösung nach w_b liefert eine Bestimmungsgleichung für die Horizontalverschiebung in Abhängigkeit von der einwirkenden Last F:

$$w_b = \frac{F \cdot L \cdot e}{C_\varphi - F \cdot L}$$

Die tabellarische und grafische Auswertung dieser Umformung führt zu folgendem Ergebnis:

***F* [kN]**	**w_b [cm]**
0	0,00
50	0,45
100	1,00
200	2,50
300	5,00
400	10,00
500	25,00
550	55,00
600	∞

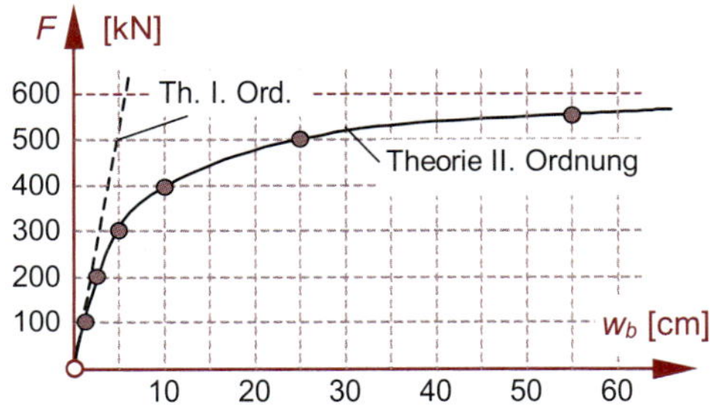

Aufgabe 6.1: Wiederholen Sie die in *Beispiel 6.1* durchgeführten Berechnungen an einem System mit einer verringerten Schiefstellung von

a) e = 0,03 m

b) e = 0,01 m

gemäß Lösungsweg 2. Stellen Sie Ihre Ergebnisse in einer Last-Verformungskurve dar. Was fällt Ihnen dabei auf?

Wenn diese Stütze ein wesentliches Tragelement Ihres Hauses wäre und 600 kN aufzunehmen hätte, würden Sie sich dann gerne darin aufhalten; ... auch bei vollkommen lotrecht eingebauter Stütze?

Bei einer Last von $F = F_{crit}$ = 600 kN kann das Tragsystem keine stabile Gleichgewichtslage mehr einnehmen; es kommt zum Systemversagen durch übergroße Verformungen. Bei einer Berechnung nach Theorie I. Ordnung würden sich bei F = 600 kN völlig unrealistische Werte ergeben; nämlich:

$$F \cdot e - M_A = 0 \quad \rightarrow \quad M_A = 600 \cdot 0{,}05 = 30{,}0 \text{ kNm}$$

$$\rightarrow \quad w_b^{(I)} = \varphi \cdot L = \frac{M_A}{C_\varphi} \cdot L = \frac{30}{3000} \cdot 5 = 0{,}05 \text{ m}$$

Stellvertretend für viele gedrückte Stäbe wird mit diesem Beispiel deutlich, dass die Schnittgrößenberechnung nach Theorie I. Ordnung keine zuverlässigen Ergebnisse liefert; insbesondere dann, wenn Druckkräfte vorherrschen, die ungünstige Verformungen mit entsprechendem Einfluss auf die Schnittgrößen hervorrufen und damit die Stabilität des Tragsystems gefährden (siehe *Bild 6.5*).

Mithilfe der Theorie II. Ordnung (Erfüllung der Gleichgewichtsbedingungen am verformten System) sind praktische Stabilitätsprobleme lösbar. Es können genaue Werte für die kritische Belastung F_{crit} berechnet werden. Dabei werden vereinfachend alle Verformungsgrößen weiterhin als klein im Vergleich zu den Systemabmessungen betrachtet. So wurde in *Beispiel 6.1* weiterhin angenommen, dass die Stützenlänge in der Seitenprojektion konstant 5,0 m beträgt, und zwar unabhängig von der Größe der Stützenschiefstellung (vgl. $\tan\varphi = \varphi$). Dieser Ansatz ist baupraktisch vertretbar und lässt bestimmte Linearisierungen bei der mathematischen Behandlung der mechanischen Zusammenhänge zu.

Die Theorie II. Ordnung beschränkt sich in ihrer Anwendung natürlich nicht allein auf druckbeanspruchte Bauteile oder Tragwerke. Vergleicht man die Ergebnisse dieser Theorie mit denen der Theorie I. Ordnung, so ist immer eine stabilisierende oder entlastende Wirkung durch Zugkräfte zu spüren.

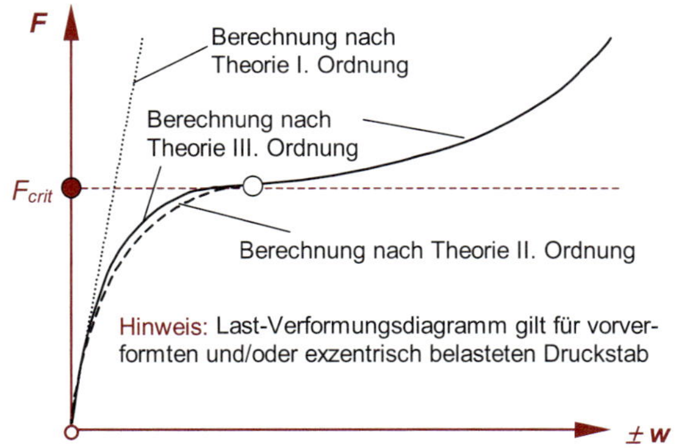

Bild 6.5 Berechnungsmethoden im Vergleich

Beim stabilitätsgefährdeten Tragwerk ist im Rahmen der Tragwerksplanung immer ein so genannter Nachweis der Tragsicherheit mit Schnittgrößen nach Theorie II. Ordnung durchzuführen. Man benutzt in diesem Zusammenhang oft auch den Begriff „Stabilitätsnachweis".

Gibt man die Vereinfachung $\tan\varphi = \varphi$ auf und berücksichtigt den Einfluss der Verformungsgeometrie noch genauer (Stützenkopf folgt einer Kreisbahn um das untere Auflager), so führt man eine Berechnung nach Theorie III. Ordnung durch. Sie ist sehr aufwändig und liefert – ebenso wie die Berechnung nach Theorie II. Ordnung – genaue Werte für die kritische Belastung. Allerdings lässt sich damit das Last-Verformungsverhalten auch oberhalb der kritischen Last untersuchen (*Bild 6.5*). Eine Berechnung nach Theorie III. Ordnung ist für praktische Stabilitätsuntersuchungen nicht erforderlich. Deshalb soll auf eine weiterführende Behandlung dieser Berechnungsmethode – bis auf ein rechnerisches „Gedankenspiel" in *Aufgabe 6.2* – in diesem Buch verzichtet werden.

Aufgabe 6.2: Untersuchen Sie in Ergänzung zu *Aufgabe 6.1* das Tragverhalten der Stütze bei großer Kopfauslenkung. Erstellen Sie ein Last-Verformungsdiagramm, wobei nun der Winkel φ der Schiefstellung als Verformungsgröße auf der Abszisse dargestellt wird. Wählen Sie beliebige Winkel zwischen 0,01 und $\pi/2$ rad. Welche Last könnte das System bei einer „Schiefstellung" von π rad (= 180°) rein theoretisch aufnehmen?

6

Bei den bisherigen Betrachtungen dieses Abschnitts ist ein theoretischer Grenzfall bewusst außer Acht gelassen worden. Die Berechnungsmethoden nach Theorie I. und II. Ordnung geben keine Antwort darauf, wie beispielsweise die Kragstütze nach *Bild 6.2* auf eine zunehmende, jedoch zentrisch wirkende Druckkraft mit $e = 0$ bei ideal lotrechter Stabachse reagiert. Wegen der fehlenden Ausmittigkeit gibt es keine Biegemomente mehr, die zu einer Verkrümmung des Stabes und zu einer Auslenkung des Stützenkopfes führen würden. Aus Erfahrung ist jedoch bekannt, dass derartige Stäbe bei der Einwirkung einer hohen Druckkraft unvermittelt aus der gestreckten Lage in eine ausgelenkte Lage übergehen können (*Bild 6.6*). Dieser Vorgang wird als Knicken; die zugehörige Last als Knicklast F_{ki} bezeichnet.

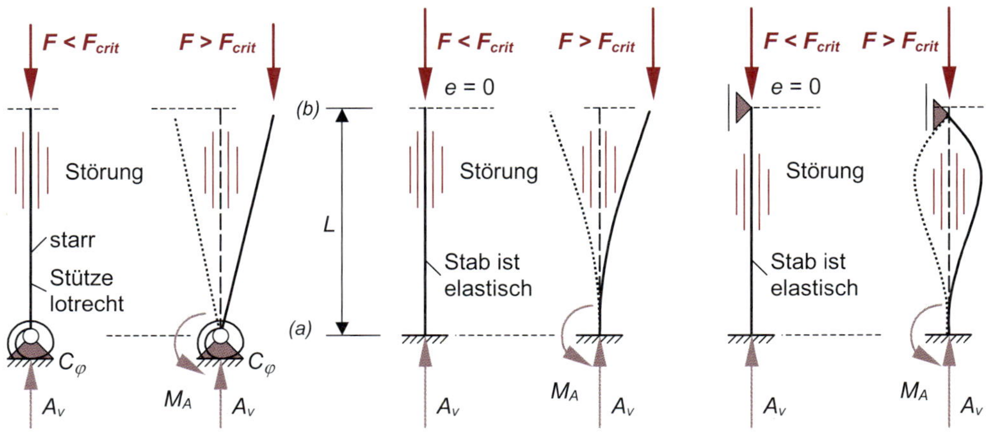

Bild 6.6 Beispiele für knickgefährdete Systeme

Dehn- und biegestarre Stäbe wie die links im *Bild 6.6* dargestellte Kragstütze gibt es in der Realität nicht. Sie sind aber für die theoretische Betrachtung und die anschauliche Darstellung von Stabilitätsproblemen sinnvoll.

In den nachfolgenden Abschnitten dieses Kapitels wird sich herausstellen, dass es sich bei der Knicklast um die kritische Last F_{crit} handelt. Auslöser des Ausknickens ist eine kleine Lagestörung, die durch Aufbringen einer minimalen Störlast, durch eine Imperfektion im Materialgefüge oder eine Ungenauigkeit in der Tragwerksgeometrie verursacht wird. Das Aufbringen einer kleinen Lagestörung ist ein hilfreiches Verfahren, um die Stabilität eines Systems zu beurteilen. Die Stabilität einer Gleichgewichtslage ist gegeben, wenn ein System nach einer Störung den ursprünglichen Gleichgewichtszustand wieder einnimmt. Die Untersuchung derartiger Systeme – speziell die Ermittlung der kritischen Lasten – ist Gegenstand der Stabilitätstheorie.

In *Bild 6.7* wird das typische Last-Verformungsverhalten knickgefährdeter Systeme dargestellt. Bei einer Belastung unterhalb von F_{crit} bleibt das System in der gestreckten Lage. Nach einer eventuellen Störung schwingt es wieder in die ursprüngliche lotrechte Lage zurück. Das System kommt zur

Ruhe und nimmt eine stabile Gleichgewichtslage ein. Im Last-Verformungsdiagramm lässt sich dieses Verhalten durch einen lotrechten Kurvenabschnitt darstellen (siehe *Bild 6.7*, Linie „S1“ bis F_{crit}).

Erreicht die Last $F = F_{crit}$, so stellt sich ein indifferentes Gleichgewicht ein; d.h., der Stab verbleibt in der lotrechten Lage oder wird aufgrund einer kleinen Lagestörung in einen benachbarten Verformungszustand gebracht. Dieser Zustand ändert sich auch nach Abklingen der Störung nicht (vgl. *Bild 6.7,* am so genannten Verzweigungspunkt (v) der Linie „S1“).

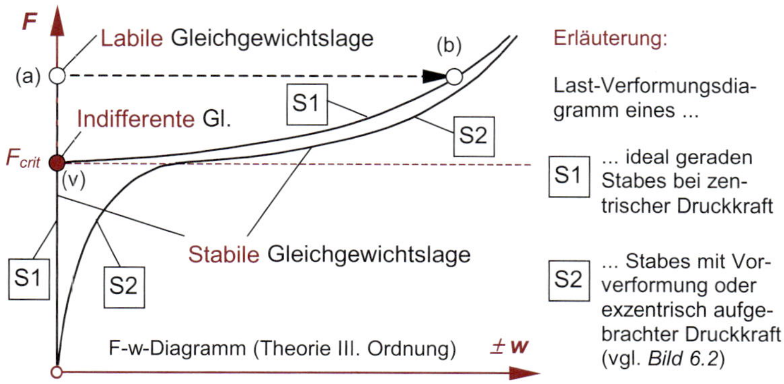

Bild 6.7 Last-Verformungsdiagramm

Ein gedrückter Stab kann bei einer Last $F \geq F_{crit}$ auch in eine entgegengesetzte Richtung ausweichen. In *Bild 6.7* ist die Abszisse deshalb mit $\pm$ *w* beschriftet worden. Der mit (v) bezeichnete Punkt wird als Verzweigungspunkt bezeichnet, da das System bei Laststeigerung über F_{crit} hinaus nach beiden Richtungen ausweichen kann.

Steigt die Belastung um ein geringes Maß über F_{crit} hinaus an, so kann der Stab noch in der gestreckten Lage verharren (*Bild 6.7, Pkt.* a). Das System befindet sich jedoch nun in einer labilen Gleichgewichtslage; bereits eine kleine Störung führt zu einem schlagartigen Ausweichen. Das System wird erst nach einer übermäßig großen und baupraktisch nicht mehr zu vertretenden Auslenkung einen anderen stabilen Gleichgewichtszustand einnehmen (*Bild 6.7, Pkt.* b) oder – auf dem Weg dorthin – vorzeitig durch Bruch versagen.

Die unterschiedlichen Arten des Gleichgewichts lassen sich anschaulich mit *Bild 6.8* erläutern. Herrscht eine stabile Gleichgewichtslage, so entsteht bei einer Störung eine Kraftkomponente, die das System in die Ausgangslage zurückbewegt. Folglich ist jede Nachbarlage keine Gleichgewichtslage. Beim indifferenten Gleichgewicht gibt es die rückstellende Kraft nicht mehr. Die Nachbarlage ist ebenfalls eine Gleichgewichtslage, und das System verbleibt in der gestörten Lage. Bei einer Störung im labilen Gleichgewichtszustand entsteht eine Kraftkomponente, die das System weiter von der Ausgangslage entfernt; d.h., die Nachbarlage kann keine Gleichgewichtslage sein. Das System findet erst nach großer Verformung einen neuen stabilen Gleichgewichtszustand und kommt hier zur Ruhe.

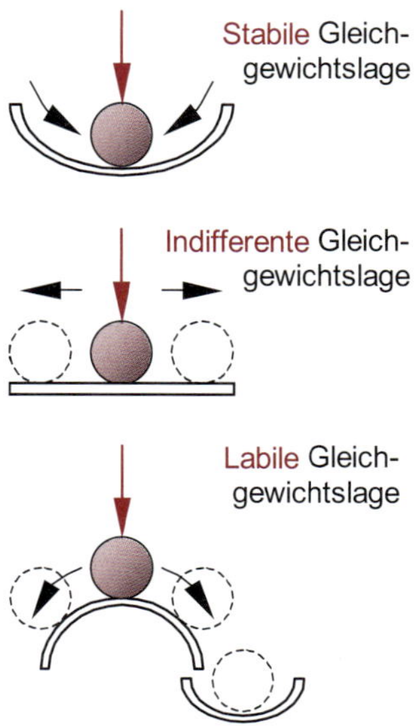

Bild 6.8 Mögliche Gleichgewichtslagen

6

Bei gedrückten Stäben mit exzentrisch eingeleiteter Druckkraft oder Vorverformungen (Schiefstellungen, Vorkrümmungen), die bereits in der gestreckten Lage Biegemomente aus $M = N \cdot e$ aufweisen (*Bild 6.2* und *6.4*), können sich keine instabilen, d.h. indifferenten oder labilen Gleichgewichtslagen einstellen. Bei zunehmender Druckbeanspruchung folgen diese Systeme einer Last-Verformungskurve, wie sie charakteristisch in *Bild 6.7* mit dem Kurvenverlauf „S2" dargestellt ist. Der Vergleich mit dem Kurvenverlauf „S1" macht deutlich, dass „S1" eine obere Grenze für das Last-Verformungsverhalten von stabilitätsgefährdeten Systemen darstellt. Beim Übergang $e \to 0$ sind „S1" und „S2" deckungsgleich. In beiden Fällen wirken – unabhängig von e – dieselben mathematischen Gesetzmäßigkeiten (siehe *Abschn. 6.2*).

Zu den elastischen Systemen gehören auch solche mit elastischen Elementen wie die dehn- und biegestarre Kragstütze in *Bild 6.4*.

Fassen wir zusammen: Elastische Systeme verformen sich unter Lasteinwirkung. Druckkräfte können die Verformungen und damit das Tragverhalten des Systems insgesamt ungünstig beeinflussen. In diesem Fall muss die Schnittgrößenermittlung am verformten System, also nach Theorie II. Ordnung erfolgen, um eine sichere Bemessung seiner Bauteile zu gewährleisten. In besonderen Fällen sind Systeme aufgrund ihrer Geometrie und der Art der Lasteinleitung frei von Biegemomenten und halten ihre gestreckte Lage bei. Ab einem bestimmten Lastniveau, dessen untere Grenze die kritische Last F_{crit} darstellt, weicht das System bei einer Lagestörung unvermittelt in eine ausgelenkte Lage aus und versagt. Die Untersuchung solcher Systeme, insbesondere die Bestimmung der kritischen Lasteinwirkung ist Gegenstand der Stabilitätstheorie.

6.2 Elastisches Knicken gerader Stäbe

Die in *Bild 6.9* dargestellte Kragstütze ist ein typisches und häufig vorzufindendes Bauelement, das hohe lotrecht wirkende Lasten aufzunehmen hat. Diese Stütze soll als Beispiel für die nachfolgende Herleitung der differenziellen Beziehungen zwischen den maßgebenden Zustandsgrößen unter Berücksichtigung der Stabverformungen (Theorie II. Ordnung) herangezogen werden. Es ist das Ziel, die kritische Last F_{crit} zu berechnen.

Die Lasteinleitung kann zentrisch ($e = 0$) oder exzentrisch ($e > 0$) erfolgen. Für die nachfolgende Herleitung werden folgende Annahmen vorausgesetzt:

- Die Last F bleibt auch bei einer Stabverformung richtungstreu,
- der Werkstoff ist ideal homogen und isotrop,
- das Hookesche Gesetz gilt uneingeschränkt
- und die Querschnittswerte sind über die Stablänge konstant.

Die Gleichgewichtsbeziehungen am unverformten System lauten bekanntermaßen (siehe *Bild 6.9, a*):

$$\begin{aligned} \Sigma F_x &= 0 \quad \rightarrow \quad N_{(x)} = -F \\ \Sigma F_z &= 0 \quad \rightarrow \quad V_{z(x)} = 0 \\ \Sigma M_y^{(1)} &= 0 \quad \rightarrow \quad M_{y(x)} = -F \cdot e \end{aligned} \tag{6.1}$$

Mit der Kenntnis des Zusammenhangs zwischen Biegemoment und der Krümmung als resultierende Verzerrungsgröße nach *Gl. (3.41)* und der kinematischen Beziehung gemäß *Gl. (3.47)* erhält man die bekannte Differenzialgleichung für biegebeanspruchte Stäbe nach Theorie I. Ordnung:

$$\kappa_{y(x)} = \frac{M_{y(x)}}{E \cdot I_y} \approx -w''_{(x)} \quad \rightarrow \quad w''_{(x)} = \frac{F \cdot e}{E \cdot I_y} \tag{6.2}$$

Diese Gleichung muss für die Berechnung nach Theorie II. Ordnung erweitert werden, da die Schnittgrößen von der Verformung $w_{(x)}$ bislang unabhängig sind. Dazu werden die Gleichgewichtsbedingungen am verformten Stababschnitt aufgestellt. Wie bei Theorie II. Ordnung üblich wird vorausgesetzt, dass die Verformungen klein sind. Die geringe Stabneigung wird vernachlässigt, sodass $N_{(x)}$ und $V_{z(x)}$ weiterhin als vertikal bzw. horizontal wirkend angesehen werden; es gilt gemäß *Bild 6.9, b*:

$$\begin{aligned} \Sigma F_x &= 0 \quad \rightarrow \quad N_{(x)} = -F \\ \Sigma F_z &= 0 \quad \rightarrow \quad V_{z(x)} = 0 \\ \Sigma M_y^{(1)} &= 0 \quad \rightarrow \quad M_{y(x)} = -F \cdot \left(e + w_2 - w_{(x)}\right) \end{aligned} \tag{6.3}$$

Jetzt wird deutlich, dass das Biegemoment von der unbekannten Verformungsgröße $w_{(x)}$ abhängig ist. Es ergibt sich in Analogie zu *Gl. (6.2)* folgender Zusammenhang:

$$w''_{(x)} = \frac{-M_{y(x)}}{E \cdot I_y} = \frac{F \cdot \left(e + w_2 - w_{(x)}\right)}{E \cdot I_y} \tag{6.4}$$

Mit der Abkürzung

$$\alpha^2 = \frac{F}{E \cdot I_y} \tag{6.5}$$

erhält man nach entsprechender Umformung die folgende inhomogene lineare Differenzialgleichung 2. Ordnung nach *Gl. (6.6)*:

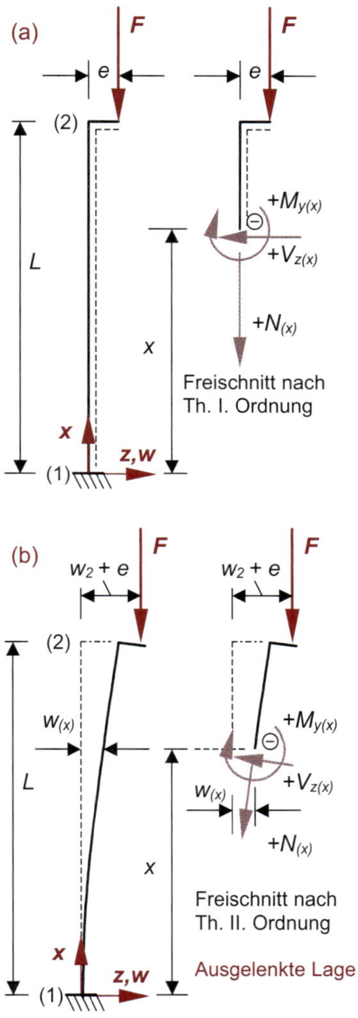

Bild 6.9 Gleichgewicht am (a) unverformten und (b) verformten Stababschnitt

6

Eine Differenzialgleichung (DGL) ist eine Gleichung, die eine unbekannte Funktion mit unabhängigen Veränderlichen und Ableitungen eben dieser Funktion enthält. Um eine DGL zu lösen, muss eine Funktion gefunden werden, die mit ihren Ableitungen der Gleichung genügt. Eine inhomogene DGL zeichnet sich dadurch aus, dass die „rechte Seite" der DGL ungleich null ist.

$$w''_{(x)} + \alpha^2 \cdot w_{(x)} = \alpha^2 \cdot (e + w_2) \tag{6.6}$$

Diese DGL hat die allgemeine Lösung

$$w_{(x)} = w_{h(x)} + w_{p(x)} \tag{6.7}$$

und setzt sich zusammen aus dem Lösungsanteil der homogenen Differenzialgleichung $w_{h(x)}$ mit

$$w''_{h(x)} + \alpha^2 \cdot w_{h(x)} = 0 \tag{6.8}$$

und dem partikulären Lösungsanteil $w_{p(x)}$ der inhomogenen Differenzialgleichung

$$w''_{p(x)} + \alpha^2 \cdot w_{p(x)} = \alpha^2 \cdot (e + w_2)\,. \tag{6.9}$$

Als zielführender Ansatz für den homogenen Lösungsanteil wird gewählt:

$$w_{h(x)} = C_1 \cdot \sin \alpha x + C_2 \cdot \cos \alpha x \tag{6.10}$$

Durch zweimalige Ableitung dieser Ansatzfunktion und dem Einsetzen in *Gl. (6.8)* kann *Gl. (6.10)* als zutreffende homogene Lösung bestätigt werden. Als Ansatz für den partikulären Lösungsanteil wird bei dieser Art der DGL ein Polynom 1. Ordnung bestimmt; es lautet:

$$w_{p(x)} = C_3 \cdot w_{(x)} + C_4 \tag{6.11}$$

Durch zweimalige Ableitung dieses Polynoms und dem Einsetzen in *Gl. (6.9)* entsteht:

$$0 + \alpha^2 \cdot (C_3 \cdot w_{(x)} + C_4) = \alpha^2 \cdot (e + w_2) \tag{6.12}$$

Durch einen Koeffizientenvergleich ergibt sich folgende Lösung:

$$C_3 = 0;\; C_4 = e + w_2 \quad \rightarrow \quad w_{p(x)} = e + w_2\,, \tag{6.13}$$

womit als vollständige Lösung gemäß *Gl. (6.7)* nun

$$w_{(x)} = C_1 \cdot \sin \alpha x + C_2 \cdot \cos \alpha x + e + w_2 \tag{6.14}$$

angegeben werden kann.

Aufgabe 6.3: Bestimmen Sie in Analogie zu *Bild 6.9* und den *Gl. (6.2)* bis *(6.23)* die Verformungsgleichung und die kritische Last F_{crit} für den nachfolgend dargestellten Pendelstab.

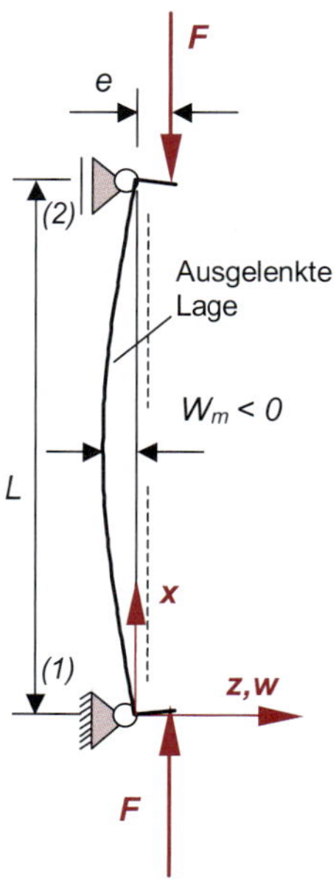

Die verbleibenden Konstanten C_1 und C_2 ergeben sich aus den geometrischen Randbedingungen am Stützenfuß. Das dreiwertige Lager verhindert eine horizontale Verschiebung und eine Verdrehung; es gilt:

$$\begin{aligned} w_{(x=0)} &= 0 = C_1 \cdot 0 + C_2 \cdot 1 + e + w_2 \quad \rightarrow \; C_2 = -e - w_2 \\ \varphi_{(x=0)} &= w'_{(x=0)} = 0 = \alpha \cdot C_1 \cdot 1 - \alpha \cdot C_2 \cdot 0 \quad \rightarrow \; C_1 = 0 \end{aligned} \tag{6.15}$$

Mit diesen Werten führt *Gl. (6.14)* auf folgende Verformungsgleichung:

$$w_{(x)} = (1 - \cos \alpha x) \cdot (e + w_2) \tag{6.16}$$

Um für weitere Betrachtungen die Exzentrizität e oder die Verformungsgröße w_2 auf der rechten Seite zu eliminieren, wird mit

$$w_2 = w_{(x=L)} = (1 - \cos \alpha L) \cdot (e + w_2) \tag{6.17}$$

und der Umformung dieser Beziehung zu

$$e + w_2 = \frac{w_2}{1 - \cos \alpha L} \quad \text{bzw.} \quad e + w_2 = \frac{e}{\cos \alpha L} \tag{6.18}$$

die endgültige Funktion für die Biegelinie der Kragstütze bestimmt. Durch Einsetzen der Beziehungen nach *Gl. (6.18)* in *Gl. (6.16)* entsteht:

$$w_{(x)} = \frac{(1 - \cos \alpha x) \cdot w_2}{1 - \cos \alpha L} \tag{6.19}$$

beziehungsweise:

$$w_{(x)} = \frac{(1 - \cos \alpha x) \cdot e}{\cos \alpha L} \tag{6.20}$$

Aus *Gl. (6.19)* und *(6.20)* lassen sich folgende Rückschlüsse über die Stabilität und das Last-Verformungsverhalten der Kragstütze ziehen:

- Die Verformung $w_{(x)}$ ist proportional der Lastexzentrizität e. Ist diese gleich null, so erfolgt mit $w_{(x)} = 0$ keine Auslenkung.
- Mit $e = 0$ ist trotzdem eine unbestimmte und von null verschiedene Auslenkung möglich, wenn der Nenner in *Gl. (6.20)* verschwindet. Das ist dann gegeben, wenn

  $$\cos \alpha L = 0 \tag{6.21}$$

  ist.

Aufgabe 6.4: Werten Sie *Gl. (6.20)* mithilfe eines Tabellenkalkulationsprogramms aus. Der Parameter α ist gemäß *Gl. (6.5)* durch F und EI_y zu berechnen. Setzen Sie für L = 5,0 m, für e = 0,05 m und für $E \cdot I_y$ = 6079,27 kNm² ein. Variieren Sie die Last für den Zahlenbereich $0 < F < 600$ kN und stellen Sie die zugehörigen Biegelinien $w_{(x)}$ in einem Diagramm dar.

Stellen Sie eine Wertetabelle für $w_{(x=L)}$ in Abhängigkeit von F auf und stellen diese in einem Last-Verformungsdiagramm dar. Analysieren Sie Ihre Ergebnisse und vergleichen diese mit Ergebnissen für e = 0,03 m und e = 0,01 m. Gibt es Parallelen zu den Ergebnissen der *Aufgabe 6.1*?

- Wenn *Gl. (6.21)* erfüllt und eine unbestimmte Auslenkung des Systems gegeben ist, so ist diese Biegelinie gemäß *Gl. (6.19)* eine Kosinusfunktion. Da w_2 nicht bestimmt werden kann, bleibt die Amplitude dieser Funktion unbestimmt.

Gl. (6.21) wird als Eigenwertgleichung des Stabilitätsproblems für die oben dargestellte Kragstütze (*Bild 6.9*) bezeichnet. Die Eigenwertgleichung ist erfüllt für

$$\alpha L = \pm\frac{\pi}{2}, \pm\frac{3\pi}{2}, \pm\frac{5\pi}{2}, \ \ldots \tag{6.22}$$

Die Lösungen werden Eigenwerte genannt. Aus dem ersten positiven Eigenwert folgt die interessierende kritische Belastung der Kragstütze, die sogenannte Knicklast gemäß:

Der zusätzliche Index *i* in *Gl. (6.23)* weist auf ideale Verhältnisse hin, die es in der Realität nicht gibt. Es sind immer Störungen (Imperfektionen in der Geometrie oder im Werkstoff) vorhanden, die das Erreichen oder gar das Überschreiten der Knicklast ($F > F_{crit}$) unmöglich machen. Ein labiles Gleichgewicht ist damit in der Realität ausgeschlossen.

$$\alpha L = \frac{\pi}{2} \quad \rightarrow \sqrt{\frac{F}{E \cdot I_y}} \cdot L = \frac{\pi}{2} \quad \rightarrow F_{crit} = F_{Ki} = \frac{\pi^2 \cdot E \cdot I_y}{4 \cdot L^2} \tag{6.23}$$

Bei Erreichen oder Überschreiten dieser Last knickt der einseitig eingespannte Stab unvermittelt aus und nimmt eine Knickfigur nach *Gl. (6.19)* an, wenn die Lasteinleitung zentrisch mit $e = 0$ erfolgt. Der Zusammenhang zwischen der einwirkenden Druckkraft F und der horizontalen Kopfauslenkung w_2 wird durch die Linie „S1“ des Last-Verformungsdiagramms in *Bild 6.7* charakterisiert. In welcher Richtung und in welchem Maße der Stab ausknickt, ist unbestimmt, da für *Gl. (6.19)* keine Bedingung über das Vorzeichen und die Größe von w_2 gegeben ist.

Das Knicken von Stäben wurde zum ersten Mal von Leonard Euler (1707 – 1783) untersucht. Er berechnete neben dem einseitig eingespannten Stab auch andere typische Lagerungsfälle und ordnete ihnen entsprechende Knicklasten zu. Er fasste seine Ergebnisse in der so genannten Euler-Formel zusammen:

$$F_{Ki} = \frac{\pi^2 \cdot E \cdot I}{s_K^2} \tag{6.24}$$

Darin ist s_K die sogenannte Knicklänge, die den Abstand der Wendepunkte in der Knickfigur (verformte Achse) des untersuchten Stabes darstellen (siehe *Tab. 6.1*). Als $E \cdot I$ wird die Biegesteifigkeit bezüglich der Achse senkrecht zur Knickebene eingesetzt.

In *Tab. 6.1* werden die Knickfiguren, die Knicklasten und die Knicklängen für alle Eulerfälle, d.h. für 4 druckbeanspruchte Stäbe mit unterschiedlichen

Lagerbedingungen dargestellt. Man erkennt an den Knickfiguren, dass die Eulerfälle 2, 3 und 4 aus dem Eulerfall 1 abgeleitet werden können. Die Sinus-Viertelwelle des Eulerfalls 1 ist genau zweifach im Eulerfall 2, annähernd dreifach im Eulerfall 3 und exakt vierfach im Eulerfall 4 zu finden. Durch Einführung der Knicklänge s_K, die der Länge einer Verformungshalbwelle und damit dem Abstand der Wendepunkte in der Knickfigur entspricht, können die Knicklasten von unterschiedlich gelagerten Stäben mit einer einzigen Formel gemäß *Gl. (6.24)* bestimmt werden. Allgemein gilt für die Knicklänge eines Stabes:

$$s_K = \beta \cdot L \qquad (6.25)$$

Der Beiwert β gibt das Verhältnis der Länge der Verformungshalbwelle zur Stablänge an. In der Fachliteratur sind vielfach β-Werte zu finden, die eine Knicklängenberechnung auch für mehrteilige Stabsysteme und solche mit elastischen Lagerbedingungen (z.B. Drehfedern) ermöglichen [1].

Tabelle 6.1 Eulerfälle mit Eigenwertgleichungen und Lösungen

Eulerfall 1	**Eulerfall 2**	**Eulerfall 3**	**Eulerfall 4**
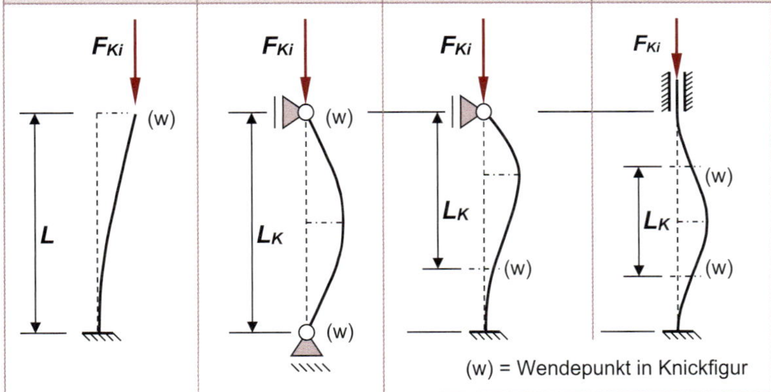			
Eigenwertgleichung und kleinster Eigenwert:			
$\cos(\alpha \cdot L) = 0$	$\sin(\alpha \cdot L) = 0$	$\tan(\alpha \cdot L) = \alpha \cdot L$	$\alpha \cdot L \cdot \sin(\alpha \cdot L) = 2 - 2 \cdot \cos(\alpha \cdot L)$
$\alpha \cdot L = 0{,}5 \cdot \pi$	$\alpha \cdot L = \pi$	$\alpha \cdot L = 4{,}49$	$\alpha \cdot L = 2 \cdot \pi$
$F_{Ki} = \frac{\pi^2 \cdot E \cdot I}{(2 \cdot L)^2}$	$F_{Ki} = \frac{\pi^2 \cdot E \cdot I}{L^2}$	$F_{Ki} = \frac{\pi^2 \cdot E \cdot I}{(0{,}6993 \cdot L)^2}$	$F_{Ki} = \frac{\pi^2 \cdot E \cdot I}{(0{,}5 \cdot L)^2}$
$F_{Ki} = \frac{\pi^2 \cdot E \cdot I}{s_K^2}$ mit $s_K = \beta \cdot L$			
$\beta = 2$	$\beta = 1$	$\beta = 0{,}6993 \approx 0{,}7$	$\beta = 0{,}5$

Die in *Tab. 6.1* und den *Gl. (6.24)* bis *(6.28)* dargestellten Formelzeichen für das Trägheitsmoment I, die Knicklänge s_K und den Trägheitsradius i sind ohne einen weiteren Index zur Kennzeichnung der Achsen, um die das System ausknickt, angeführt worden. Natürlich kann ein gedrückter Stab – abhängig von der Isotropie des Querschnittes und/oder der Lagerbedingungen – in alle Richtungen ausknicken. Das Knickproblem ist in der Regel ein räumliches Problem; vgl. dazu *Tab. 6.2*.

6

Tabelle 6.2 Unterscheidung bei Knickproblemen im Raum

<table>
<tr><td colspan="2"></td><td colspan="2">Lagerbedingungen in Richtung der Hauptachsen</td></tr>
<tr><td colspan="2"></td><td>isotrop</td><td>anisotrop</td></tr>
<tr><td rowspan="2">Querschnittsabmessungen</td><td>isotrop</td><td>Alle Knickebenen sind gleichwertig. Ein Ausknicken ist in jede Richtung möglich.
Beispiel: Stütze mit Kreisquerschnitt und gleichartigen Lagerbedingungen an den Stabenden in orthogonalen Richtungen</td><td>Das System knickt in der Ebene mit der größten Knicklänge aus.
Beispiel: Stütze mit quadratischem Querschnitt, jedoch unterschiedlichen Lagerbedingungen in Richtung der Querschnittsachsen.</td></tr>
<tr><td>anisotrop</td><td>Das System knickt um die Achse mit I_{min}. Die Richtung des Ausknickens ist senkrecht dazu.
Beispiel: Stütze mit Rechteckquerschnitt und gleichwertigen Lagerbedingungen in Richtung der Querschnittsachsen</td><td>Hier müssen die jeweiligen Knicklasten um die Hauptachsen des Querschnitts bestimmt werden. Der kleinste Knickwert bestimmt die Knickrichtung.
Beispiel: Stütze mit Rechteckquerschnitt, aber unterschiedlichen Lagern in Richtung der Hauptachsen (Bild 6.11).</td></tr>
</table>

Neben den Begriffen Knicklast und Knicklänge wird im Zusammenhang mit knickgefährdeten Stäben auch über die Knickspannung und den Schlankheitsgrad gesprochen.

Die Knickspannung σ_{Ki} ergibt sich aus der Division der idealen Knicklast F_{Ki} durch die Querschnittsfläche A des untersuchten Stabes:

$$\sigma_{Ki} = \frac{F_{Ki}}{A} = \frac{\pi^2 \cdot E \cdot I}{s_K^2 \cdot A} \tag{6.26}$$

Bestimmt man den Trägheitsradius nach *Gl. (2.42)* bzw. bei unsymmetrischen Querschnittsformen nach *Gl. (2.43)*, so erhält man mit

$$i = \sqrt{\frac{I}{A}} \rightarrow \qquad \sigma_{Ki} = \frac{\pi^2 \cdot E \cdot i^2}{s_K^2} = \frac{\pi^2 \cdot E}{\lambda^2} \quad . \tag{6.27}$$

Gl. (6.27) ist eine Hyperbelfunktion in Abhängigkeit von λ und wird als Euler-Hyperbel bezeichnet. Ihre Darstellung erfolgt in *Bild 6.10*.

Die Knickspannung σ_{Ki} nimmt bei ansteigendem Schlankheitsgrad ab und erreicht im Extremfall den Wert Null. Man erkennt, dass bei gedrungenen Stäben mit kleinen Werten für L bzw. λ die kritische Spannung deutlich ansteigt und gegebenenfalls die Fließgrenze überschritten wird. In diesem Fall ist die Stabilitätsfrage als Sicherheitsproblem hinfällig, weil nun das Material zerquetscht und die Tragfähigkeit des Bauteils allein durch die Materialeigenschaften bestimmt wird. Bei $\lambda \rightarrow 0$ erreicht die Knickspannung den theoretischen Wert unendlich.

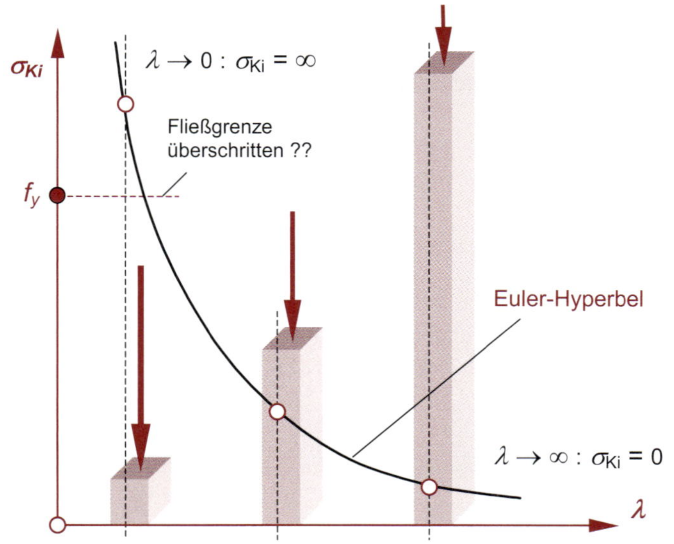

Bild 6.10 Euler-Hyperbel

Bei der Herleitung der Eulerschen Knicklast wird die uneingeschränkte Gültigkeit des Hookeschen Gesetzes bei unendlicher Festigkeit vorausgesetzt. Daher ist es nachvollziehbar, dass die Stäbe mit kleinem Schlankheitsgrad (gedrungene Stäbe) eine „unzulässige" Knickspannung aufweisen.

Im *Abschnitt 6.3* wird deshalb das Biegeknicken im plastischen Bereich behandelt.

Das Verhältnis Knicklänge zu Trägheitsradius wird als Schlankheitsgrad λ bezeichnet und ist ein maßgebender Parameter bei der Bemessungsprozedur für knickgefährdete Stäbe; es gilt:

$$\lambda = \frac{s_K}{i} \qquad (6.28)$$

Der Schlankheitsgrad ist wie das Flächenträgheitsmoment I, der Trägheitsradius i und die Knicklänge s_K ein achsenbezogener Wert und wird mit einem Index versehen, um Verwechselungen bei der Knickrichtung bzw. Knickebene zu vermeiden (vgl. *Beispiel 6.2*). Dieser Index bezieht sich auf die Achse, die senkrecht zur Knickrichtung steht. Bei unsymmetrischen Querschnitten werden die entsprechenden Hauptachsen betrachtet.

Sind die Knicklängen bezüglich der Querschnittshauptachsen gleich lang ($s_{K,y} = s_{K,z}$), so knickt der Stab immer um die Achse mit dem kleinsten Trägheitsradius bzw. Trägheitsmoment.

Spricht man vom Knicken in z-Richtung, so meint man damit Knicken um die y-Achse und umgekehrt. Stäbe können auch um die starke Achse knicken, wenn die Lagerungsbedingungen bezüglich dieser Achse besonders ungünstig sind. Entscheidend ist also die Größe des jeweiligen Schlankheitsgrades. Je größer der Schlankheitsgrad, desto höher ist die Gefahr des Stabilitätsversagens.

Beispiel 6.2

Für die in *Bild 6.11* dargestellte Stahlstütze sollen die maßgebende Knicklänge s_K, die zugehörige Knicklast F_{Ki} und der Schlankheitsgrad λ berechnet werden. Die am Fuß eingespannte Stütze besteht aus einem rechteckigen Hohlprofil mit gleichbleibendem Querschnitt (wie angegeben). Der Stützenkopf ist in z-Richtung frei verschieblich; dagegen in y-Richtung horizontal unverschieblich gehalten.

6

Stahlstütze:

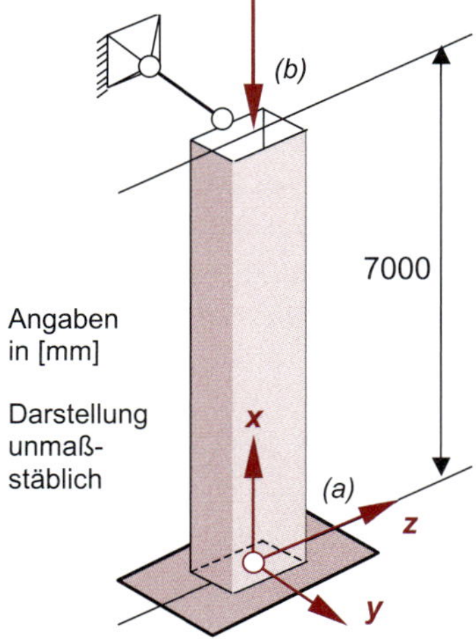

Querschnitt: ▭ 300 x 200 x 10

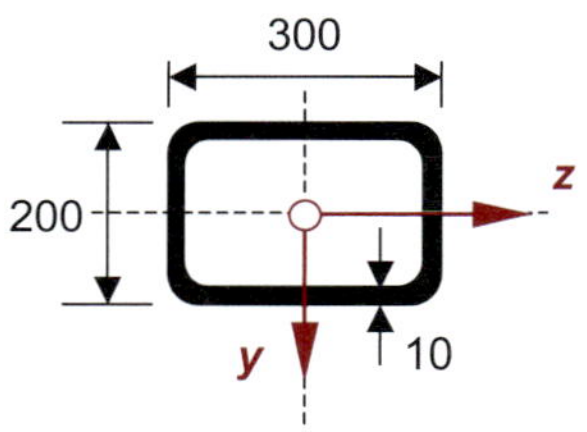

Bild 6.11 Rechenbeispiel

Lösungsweg: Die Querschnittsfläche und die axialen (Haupt-)Trägheitsmomente werden als Ablesewerte bautechnischen Tabellenwerken entnommen. Die Trägheitsradien ergeben sich nach *Gl. (2.42)*.

$$A = 94{,}9\ \text{cm}^2\ ;\quad I_y = 11819\ \text{cm}^4\ ;\quad I_z = 6278\ \text{cm}^4$$

$$i_y = \sqrt{\frac{I_y}{A}} = \sqrt{\frac{11819}{94{,}9}} = 11{,}16\ \text{cm}\ ;\quad i_z = \sqrt{\frac{6278}{94{,}9}} = 8{,}13\ \text{cm}$$

Mithilfe des für Baustahl gültigen Elastizitätsmoduls E = 21000 kN/cm² können die Biegesteifigkeiten bezüglich der Querschnittsachsen bestimmt werden:

$$E \cdot I_y = 21000 \cdot 11819 = 2{,}482 \cdot 10^8\ \text{kNcm}^2 = 24820\ \text{kNm}^2$$

$$E \cdot I_z = 13184\ \text{kNm}^2$$

Betrachten wir zunächst die „schwache" Achse: Für das Knicken um die *z*-Achse (Knicken in *y*-Richtung → Knickebene ist die *x*-*y*-Ebene) ergibt sich aufgrund der Lagerbedingungen eine Knicklänge gemäß *Gl. (6.25)* von

$$s_{K,z} = \beta_z \cdot L = 0{,}7 \cdot 7{,}0 = 4{,}90\ \text{m}\,.$$

Damit kann über *Gl. (6.24)* eine Knicklast von

$$F_{Ki,z} = \frac{\pi^2 \cdot E \cdot I_z}{s_{K,z}^2} = \frac{\pi^2 \cdot 13184}{4{,}9^2} = 5419{,}4\ \text{kN}$$

und ein Schlankheitsgrad gemäß *Gl. (6.28)*

$$\lambda_z = \frac{s_{K,z}}{i_z} = \frac{4{,}9 \cdot 10^2}{8{,}13} = 60{,}2\,.$$

berechnet werden. Die Knickspannung errechnet sich mit *Gl. (6.27)* zu:

$$\sigma_{Ki,z} = \frac{F_{Ki,z}}{A} = \frac{\pi^2 \cdot E}{\lambda_y^2} = \frac{\pi^2 \cdot 21000}{60{,}2^2} = 57{,}1\ \text{kN/cm}^2$$

Da das System einen anisotropen Querschnitt und anisotrope Lagerbedingungen in Richtung der Querschnittsachsen aufweist, muss auch das Knicken um die *y*-Achse (Knicken in *z*-Richtung → Knickebene ist die *x*-*z*-

---

Aufgabe 6.5: Bei baustatischen Nachweisen ist die Kenntnis der Knicklänge von maßgebender Bedeutung. Machen Sie sich auf die Suche (Bibliothek, Internetrecherche) nach Formeln, mit der die Knicklänge von stabförmigen Bauteilen auch in komplexeren Tragwerken berechnet werden kann.

Ebene) untersucht werden. Die analoge Rechnung führt auf folgende Ergebnisse:

$$s_{K,y} = \beta_y \cdot L = 2{,}0 \cdot 7{,}0 = 14{,}0\ \text{m}$$

$$F_{Ki,y} = \frac{\pi^2 \cdot E \cdot I_y}{s_{K,y}^2} = \frac{\pi^2 \cdot 24820}{14{,}0^2} = 1249{,}8\ \text{kN} < 5419{,}4\ \text{kN}$$

$$\lambda_y = \frac{s_{K,y}}{i_y} = \frac{14{,}0 \cdot 10^2}{11{,}16} = 125{,}5$$

$$\sigma_{Ki,y} = \frac{F_{Ki,y}}{A} = \frac{\pi^2 \cdot E}{\lambda_y^2} = \frac{\pi^2 \cdot 21000}{125{,}5^2} = 13{,}2\ \text{kN/cm}^2$$

Der kleinste Knickwert bestimmt die Knickrichtung. Damit ist das Knicken um die y-Achse der maßgebende Stabilitätsfall. Die entsprechend große Schlankheit weist auf eine hohe Knickgefährdung hin. Die hier errechnete Knicklast bzw. Knickspannung darf in der Praxis nicht erreicht werden. Auch stabilitätsgefährdete Bauteile müssen im Rahmen der durch die Baunormen vorgegebenen Tragsicherheitsnachweise so dimensioniert werden, dass die planmäßigen Beanspruchungen deutlich unter den Knickwerten bleiben. Der Abstand wird durch bauteil- und werkstoffspezifische Sicherheitsbeiwerte oder Abminderungsfaktoren bestimmt.

Aufgabe 6.6: Berechnen Sie in Ergänzung zu *Beispiel 6.2* die Knicklasten und Schlankheitsgrade unter der Voraussetzung, dass das Hohlprofil um 90° verdreht eingebaut wird. Alle weiteren Parameter bleiben gleich.

6.3 Biegeknicken im plastischen Bereich

Die theoretischen Betrachtungen in *Abschn. 6.2* setzen die uneingeschränkte Gültigkeit des Hookeschen Gesetzes voraus. Es gibt jedoch keinen Werkstoff, der diese Voraussetzung erfüllt. Im Falle des Werkstoffs Stahl besteht ein linearer Zusammenhang zwischen Spannungen und Dehnungen lediglich bis zur Proportionalitätsgrenze σ_P, die um bis zu 20% unterhalb der Fließgrenze f_y liegen kann. Durch Umformung der *Gl. (6.27)* lässt sich der zugehörige Schlankheitsgrad λ_P bestimmen; es gilt:

$$\lambda_P = \pi \cdot \sqrt{\frac{E}{\sigma_P}} \geq \pi \cdot \sqrt{\frac{E}{0{,}8 \cdot f_y}} \tag{6.29}$$

Damit liegt ein Grenzwert vor. Gedrückte Stäbe mit einem Schlankheitsgrad $\lambda > \lambda_P$ gehorchen der Euler-Formel und versagen bei Erreichen der Knickspannung durch elastisches Knicken, indem sie seitlich ausweichen

Bei schlanken Stäben mit einem Schlankheitsgrad $\lambda > \lambda_P$ kann die Gefahr des Knickens nicht durch Wahl eines Werkstoffs mit höherer Festigkeit verringert werden. Es ist somit unwirtschaftlich, schlanke Stützen in einer höheren Stahlsorte auszuführen.

(siehe *Bild 6.12*). Dabei hat die Versagensgrenze des Werkstoffs (Fließgrenze) keinerlei Einfluss.

Bei gedrungenen Stäben mit einem geringen Schlankheitsgrad besteht die Knickgefahr nicht. Diese Stäbe versagen durch Überschreiten der aufnehmbaren Druckspannung und werden zerquetscht. Die theoretische Knickspannung σ_{Ki} liegt weit über diesem Wert und hat für die Bemessung des Bauteils keine Bedeutung. In den Baunormen werden deshalb immer unterschiedliche Verfahren zur Bemessung druckbeanspruchter Bauteile vorgegeben, wobei man zwischen stabilitätsgefährdeten und nicht stabilitätsgefährdeten Bauteilen unterscheidet.

Neben den beiden eindeutigen Versagensformen gibt es einen Übergang vom Fließen in das elastische Knicken. Oberhalb der Proportionalitätsgrenze fällt die Steigung des Spannungs-Dehnungsverlaufes von ihrem Maximalwert – dieser ist identisch mit dem Elastizitätsmodul E – auf nahezu null ab. Beim Ausknicken trägt das einsetzende Biegemoment auf der zur Knickrichtung abgewandten Seite des Querschnittes zu einer Erhöhung der Druckspannungen bei. Dieser Querschnittsbereich geht zunehmend von den Randfasern her in den plastischen Zustand über und trägt zu einer stetigen Reduzierung der Biegesteifigkeit $E \cdot I$ des Stabquerschnitts bei. Damit ändert sich ein entscheidender Parameter bei der Bestimmung der Eulerschen Knicklast F_{Ki} (vgl. *Gl. (6.24)*). Zudem werden die Voraussetzungen, die für die Herleitung der Euler-Formel getroffen worden sind, nicht mehr erfüllt.

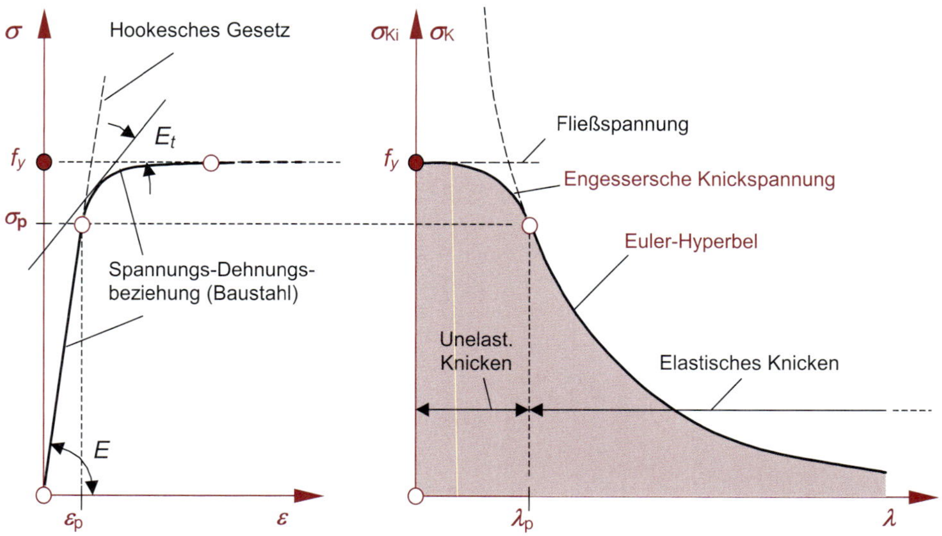

Bild 6.12 Gültigkeit der Euler-Formel

Durch Aufgabe der uneingeschränkten Gültigkeit des Hookeschen Gesetzes hat Friedrich Engesser (1848 – 1931) in seinen theoretischen Abhandlungen Knickspannungen σ_K eingeführt, die im Bereich $0 < \lambda < \lambda_P$ kleiner als σ_{Ki} sind. Für $\lambda \to 0$ geht die Knickspannung σ_K gegen f_y. Die Spannungs-Dehnungslinie des Stahls oberhalb der Proportionalitätsgrenze $\sigma_P = 0{,}8 \cdot f_y$ wird dazu wirklichkeitsnah durch folgende Funktion beschrieben:

$$\sigma = f_y \cdot \left(0{,}8 + 0{,}2 \cdot \tanh \frac{E \cdot \varepsilon - 0{,}8 \cdot f_y}{0{,}2 \cdot f_y} \right) \qquad (6.30)$$

Unter Berücksichtigung der Teilplastizierung des Querschnitts und Einführung eines besonderen Engesserschen Knickmoduls T (vgl. *Bild 6.12*) mit

$$T = \frac{4 \cdot E_t \cdot E}{\left(\sqrt{E_t} + \sqrt{E}\right)^2} \quad \text{und} \quad E_t = \frac{d\sigma}{d\varepsilon} \quad \text{für } \varepsilon > \varepsilon_P \qquad (6.31)$$

gelingt es, für den Gültigkeitsbereich $\sigma_P \le \sigma_K \le f_y$ einen Zusammenhang zwischen dem Schlankheitsgrad λ und der Engesserschen Knickspannung σ_K herzustellen:

$$\frac{1}{\lambda} = \frac{1}{\pi} \cdot \sqrt{\frac{\sigma_K}{E}} \cdot \left(0{,}5 + \frac{0{,}5 \cdot \left(f_y - \sigma_P\right)}{\sqrt{\left(f_y - \sigma_P\right)^2 - \left(\sigma_K - \sigma_P\right)^2}} \right) \qquad (6.32)$$

Bild 6.12 zeigt den Funktionsverlauf in qualitativer Form an. Auf eine genaue Herleitung der *Gl. (6.32)* soll im Rahmen dieses Buches verzichtet werden.

Mit der Eulerschen und Engesserschen Knickspannung sind die theoretischen Grundlagen für die Bemessung stabilitätsgefährdeter Bauteile gegeben. Die in *Bild 6.12* dargestellten Verläufe stellen eine absolute Grenze für geometrisch und werkstofflich ideale Systeme und ihre theoretisch aufnehmbaren Druckspannungen dar. Unsere Bauwerke und Werkstoffe erfüllen diese Anforderungen nicht. Die Bauteile sind weder perfekt gerade, noch werden die Lasten exakt zentrisch eingeleitet. Betrachtet man den üblichen Stahlbau, so sind durch Walz- und/oder Schweißvorgänge auch im unbelasteten Zustand bereits Eigenspannungen im Bauteil vorhanden, die besonders bei stark auf Druck beanspruchten Bauteilen maßgeblichen Einfluss auf das Stabilitätsverhalten haben. Deshalb hat man im Stahlbau durch zahlreiche Versuche und statistische Analysen alle Effekte untersucht und in Abhängigkeit von der Geometrie und der Art der Herstellung des Querschnittprofils sogenannte Knickspannungslinien entwickelt.

Aufgabe 6.7: Berechnen Sie unter Zuhilfenahme eines Tabellenkalkulationsprogramms die Eulerschen (σ_{Ki}) und Engesserschen Knickspannungen (σ_K) für einen Baustahl S 355 in Abhängigkeit vom Schlankheitsgrad λ und stellen Sie die Ergebnisse in einem Diagramm dar.

Die Knickspannungslinien – dargestellt in *Bild 6.13* – werden in einem Diagramm mit normierten Achsen dargestellt, um diese unabhängig von der verwendeten Stahlgüte verwenden zu können. Auf der Abszisse wird der bezogene Schlankheitsgrad $\overline{\lambda}_K$ aufgetragen. Er wird über die Gleichung

Der Abminderungsfaktor κ findet lediglich bei der Bestimmung des verminderten Tragwiderstandes eines stabilitätsgefährdeten Bauteils Verwendung. Die Frage nach den Teilsicherheitsbeiwerten, die im Rahmen des Sicherheitskonzeptes beim Tragsicherheitsnachweis berücksichtigt werden müssen, bleibt hiervon unberührt. Grundlegende Hinweise zum Sicherheitskonzept sind dem *Abschnitt 7.5* zu entnehmen.

$$\overline{\lambda}_K = \frac{\lambda}{\lambda_a} \quad \text{mit} \quad \lambda_a = \pi \cdot \sqrt{\frac{E}{f_{yk}}} \qquad (6.33)$$

bestimmt. Der Werkstoffparameter f_{yk} ist der charakteristische Wert für die Fließgrenze (ohne Teilsicherheitsbeiwert) und den jeweiligen Fachnormen zu entnehmen. Die Ordinate zeigt den dimensionslosen Wert κ an, der als bezogene Knickspannung interpretiert werden kann.

$$\kappa = \frac{\sigma_K}{f_{yk}} \quad \text{bzw.} \quad \kappa = \frac{\sigma_{Ki}}{f_{yk}} \qquad (6.34)$$

Er stellt in dieser Form einen Abminderungsfaktor gegenüber einem nicht stabilitätsgefährdeten Bauteil dar (siehe *Beispiel 6.3*).

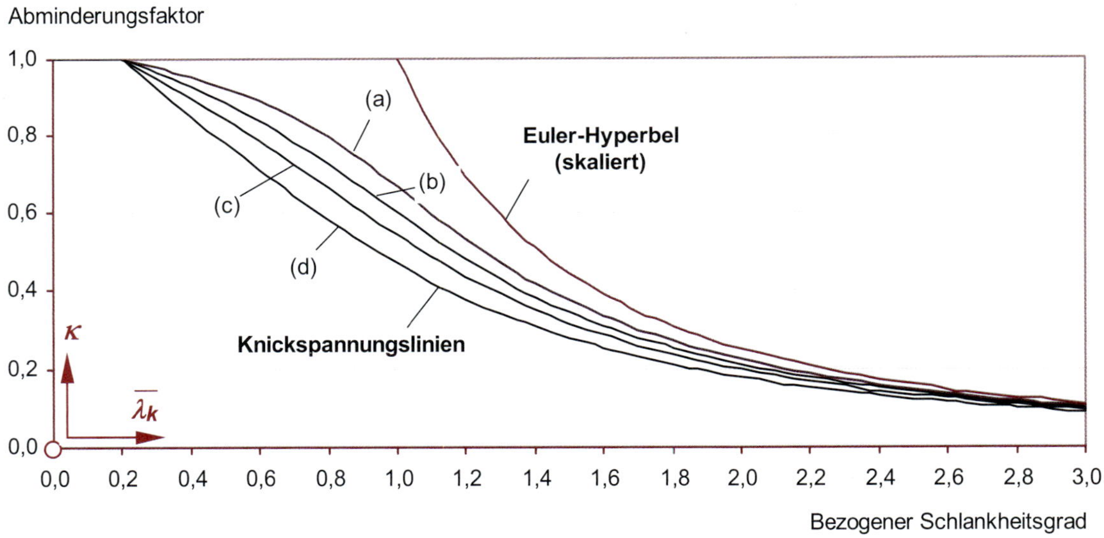

Bild 6.13 Knickspannungslinien

Die Abminderung wird erst ab einem bezogenen Schlankheitsgrad von $\overline{\lambda}_K > 0{,}2$ wirksam, was gemäß *Gl. (6.33)* einem Schlankheitsgrad von $\lambda >$ 18,6 bzw. 15,2 bei Stäben aus einem S 235 respektive S 355 entspricht. Im Übergangsbereich der Engesserschen Knickspannung zwischen $0 < \overline{\lambda}_K < 1{,}05$ (in *Bild 6.13* nicht dargestellt) gehen die Abminderungsfaktoren je nach zuzuordnender Knickspannungslinie auf Werte zwischen 0,44 und 0,63 zurück und nähern sich im weiteren Verlauf asymptotisch den Grenzwerten der Euler-Hyperbel an. Die Zuordnung der Knickspannungslinien a), b), c) oder d) erfolgt nach Art des Stahlherstellungsprozesses (gewalzt, geschweißt, warm oder kalt gefertigt), nach Blechdicke und der Querschnittsform des verwendeten Profils (z.B. Hohl- oder Vollprofile, U-, L- und I-Profile). Im nachfolgenden Rechenbeispiel soll in einem unmittelbaren Vergleich zwischen einem zug- und einem druckbeanspruchten Stab die Bedeutung der Knickspannungslinien im Hinblick auf das Bemessungsergebnis gezeigt werden.

Beispiel 6.3

In *Bild 6.14* ist ein rundes aus Baustahl S 235 kaltgefertigtes Hohlprofil mit einem Durchmesser von d = 101,6 mm und einer Wandstärke von t = 4 mm dargestellt, das zum einen als 2,9 m lange Zugstab (1) und zum anderen als ebenso lange Kragstütze (2) zum Einsatz kommt. Es soll die maximal aufnehmbare Druck- bzw. Zugkraft bestimmt werden. Dabei sind die Grenzspannungen des Stahls nach DIN EN 1993-1 zu berücksichtigen.

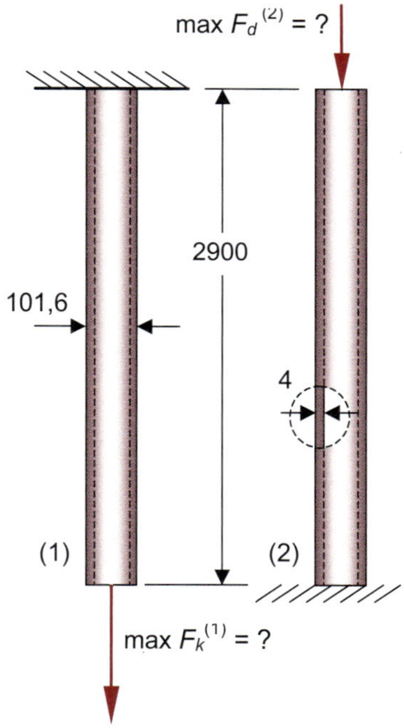

Bild 6.14 Rechenbeispiel

Das Hohlprofil mit kreisrundem Querschnitt weist eine Querschnittsfläche von A = 12,3 cm² und ein Flächenträgheitsmoment von I = 146 cm⁴ auf. Aufgrund der Rotationssymmetrie ist jede Querschnittsachse durch den Schwerpunkt eine Symmetrieachse. Auf eine Indexierung der Querschnittswerte kann deshalb verzichtet werden.

Betrachten wir zunächst das zugbeanspruchte System. Die Spannung infolge Lasteinwirkung darf die aufnehmbare Spannung im Stahl nicht überschreiten; es gilt:

$$\sigma = \frac{\max F^{(1)}}{A} \le \sigma_{R,d} \quad \rightarrow \quad \max F_d^{(1)} = A \cdot \sigma_{R,d} = 12{,}3 \cdot 21{,}82 = 268{,}4 \text{ kN}$$

Betrachten wir jetzt das druckbeanspruchte System. Gemäß *Gl. (2.42)* errechnet sich der Trägheitsradius zu

$$i = \sqrt{\frac{I}{A}} = \sqrt{\frac{146}{12{,}3}} = 3{,}45 \text{ cm} \, .$$

Die Knicklänge ergibt sich aus dem Eulerfall 1 (vgl. *Tab. 6.1*) zu:

$$s_K = \beta \cdot L = 2{,}0 \cdot 290 = 580 \text{ cm}$$

Tabelle 6.3 Grenzspannungen $\sigma_{R,d}$ für Walzstahl nach DIN EN 1993-1 (EC 3)

Stahlsorte	σ_{Rd} [kN/cm²]
S 235 (t ≤ 40 mm)	21,82
S 355 (t ≤ 40 mm)	32,73

6

Die einschlägigen Stahlbaunormen geben Formeln an, mit denen die Abminderungsfaktoren κ genau bestimmt werden können. In den bautechnischen Tabellenwerken findet man diese auch in Tabellen aufbereitet, sodass die κ-Werte unmittelbar in Abhängigkeit von der maßgebenden Knickspannungslinie und dem bezogenen Schlankheitsgrad abgelesen werden können.

Der Schlankheitsgrad wird mithilfe der *Gl. (6.28)* und der bezogene Schlankheitsgrad (λ_a = 92,9 für S 235) aus *Gl. (6.33)* berechnet:

$$\lambda = \frac{s_K}{i} = \frac{580}{3{,}45} = 168{,}1 \quad \rightarrow \quad \bar{\lambda}_K = \frac{\lambda_K}{\lambda_a} = \frac{168{,}1}{92{,}9} = 1{,}81$$

Für kaltgefertigte Hohlprofile ist gemäß den Stahlbaunormen die Knickspannungslinie (b) zu wählen, sodass als Abminderungsfaktor κ der Wert 0,25 abgelesen werden und auf der Widerstandsseite für eine Reduzierung der aufnehmbaren Kraft herangezogen kann. Es ist die Bedingung

$$\sigma = \frac{\max F^{(2)}}{A} \leq \kappa \cdot \sigma_{R,d}$$

zu erfüllen. Die aufnehmbare Druckkraft errechnet sich somit zu

$$\max F_d^{(2)} = A \cdot \kappa \cdot \sigma_{R,d} = 12{,}3 \cdot 0{,}25 \cdot 21{,}82 = 67{,}1\,\text{kN}$$

und erreicht – trotz gleichbleibendem Querschnitt und Material – nur noch ein Viertel der entsprechenden Zugkraft max $F_d^{(1)}$.

Aufgabe 6.8: Wiederholen Sie die Berechnungen nach *Beispiel 6.3*, wobei Sie nun die Länge des Zug- bzw. Druckstabes auf L = 320 mm reduzieren. Was fällt Ihnen bei der Analyse Ihrer Ergebnisse auf?

6.4 Weitere Versagensfälle durch Instabilität

Neben dem in *Abschnitt 6.3* behandelten Standardfall des reinen Biegeknickens gibt es in der Praxis weitere Versagensfälle infolge Instabilität. Die Art des Versagens wird neben den Lagerbedingungen und der Stablänge wesentlich von der Querschnittsform und der Lage des Lastangriffsortes bezüglich der Stabachse bestimmt.

- **Biegeknicken (BK)**: Diese Versagensart ist typisch für Stäbe unter zentrisch oder exzentrisch wirkender Druckbeanspruchung. Maßgebend für das Versagen ist die Längsdruckkraft N und das Biegemoment M_y bzw. M_z. Abhängig von der Größe der Biegesteifigkeiten $E \cdot I_y$ und $E \cdot I_z$ versagen solche Stäbe vorzeitig durch Ausweichen in z- oder y-Richtung, ohne dass es dabei zu einer Verdrehung um die Längsachse kommt (*Bild 6.15, a*). Aufgrund ihrer Querschnittsform besitzen die Stäbe in der Regel eine ausreichende Steifigkeit gegen Verdrehen um die eigene Längsachse.

- **Drillknicken (DK)**: Diese Versagensart kann bei Stäben unter zentrisch wirkender Druckbeanspruchung auftreten. Stäbe, die auf Drillknicken versagen, besitzen keine oder nur eine sehr geringe Steifigkeit gegen

Verdrehen um die eigene Längsachse. Die Verdrehsteifigkeit wird durch die Größe der St.-Venantschen Torsionssteifigkeit GI_T und/oder die Wölbsteifigkeit EI_ω beeinflusst. Die Stäbe versagen durch eine unvermittelt einsetzende Verdrehung um die eigene Achse (*Bild 6.15, b*). Typische Querschnitte bei diesen Stäben sind dünnwandige Winkel- oder Kreuzprofile. Ihre Versagenslast ist die Drillknicklast $N_{ki,\vartheta}$, die bei dieser Art der Instabilität kleiner als die Eulersche Knicklast (Biegeknicklast) ist.

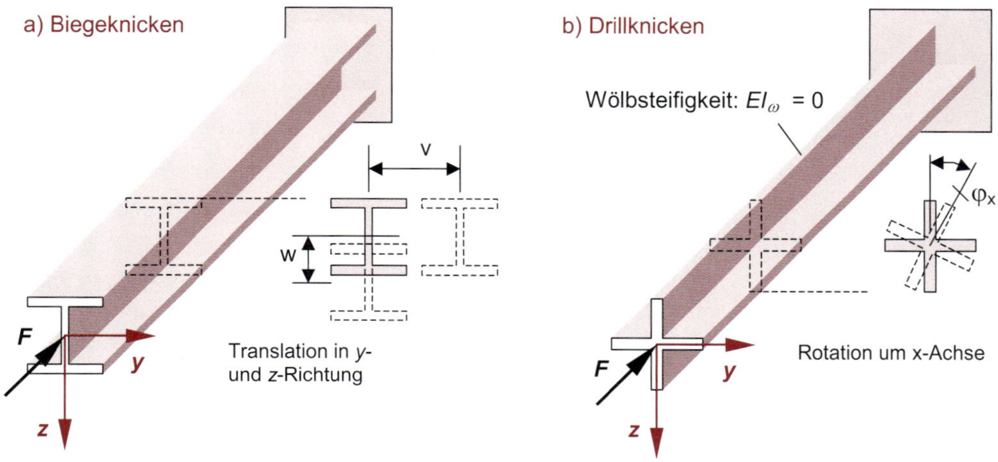

Bild 6.15 Versagensfälle Biegeknicken und Drillknicken

- **Biegedrillknicken (BDK)**: Dieser Versagensfall tritt bei biegebeanspruchten Trägern mit und ohne Normalkraft auf, wobei jetzt das Biegemoment maßgebend ist. Biegedrillknicken zeichnet sich dadurch aus, dass hohe Biegedruckspannungen in destabilisierender Weise zu einem seitlichen Ausknicken des Druckgurtes führen. Durch die destabilisierende Wirkung des Zuggurtes entziehen sich diese Träger im Versagensfall den Lasten durch gleichzeitiges Verdrehen um die Stabachse und Verschieben in Richtung der Querschnittsachsen (*Bild 6.16, a*). Mit der seitlichen Auslenkung der Gurte wandern in der Regel die Lasten mit ihren Lastangriffspunkten aus der Trägerachse heraus und vergrößern – mit Ausnahme der „angehängten" Lasten – die Verdrehung des Querschnitts durch die einsetzende Torsionsbeanspruchung (*Bild 6.16 b*). Hohlquerschnitte mit ihrer hohen Torsionssteifigkeit sind im Gegensatz zu den offenen dünnwandigen Querschnitten nicht biegedrillknickgefährdet. Der Versagenszustand wird durch das ideale Biegedrillknickmoment M_{ki} gekennzeichnet.

Im Zusammenhang mit dem Versagensfall Biegedrillknicken verwendet man – meist umgangssprachlich – auch den Begriff „Kippen", wenn allein aus einer Biegebeanspruchung heraus der Obergurt aufgrund seiner hohen Druckbeanspruchung seitlich ausschlägt und zu einem „Umkippen" des Trägers führt.

Durch Festhaltungen am Druckgurt quer zur Trägerlängsachse kann der Schlankheitsgrad des Druckgurtes soweit reduziert werden, dass die Gefahr des Biegedrillknickens ausgeschlossen werden kann.

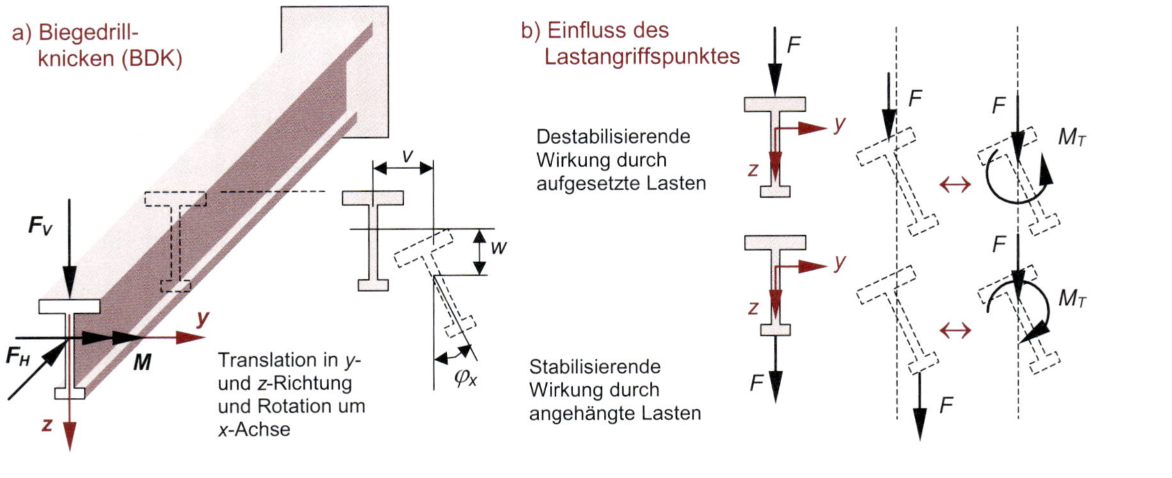

Bild 6.16 Versagensfall Biegedrillknicken

- **Beulen:** Diese Versagensform tritt vor allem bei dünnwandigen Bauteilen auf, die hohen Druck-, Biegedruck- und/oder Schubspannungen aufgesetzt sind und ab einem kritischen Spannungszustand seitlich ausbeulen können. Dabei kann es sich um ganze Stegbleche beispielsweise eines Kastenträgers oder auch um Teilflächen eines Bleches – sogenannte Beulfelder – handeln, die durch Aussteifungselemente wie angeschweißte Rippen, Querschotte oder Gurte bzw. durch sonstige angrenzende Bauteile am seitlichen Ausweichen gehindert werden. Die Form der Beulfigur ist abhängig von der Höhe und dem Verlauf der Beanspruchung, den Seitenverhältnissen des Beulfeldes und der Steifigkeit und Art der Aussteifungselemente. Im Versagensfall können sich in den beiden Richtungen des Beulfeldes unterschiedlich viele Halbwellen einstellen (*Bild 6.17*).

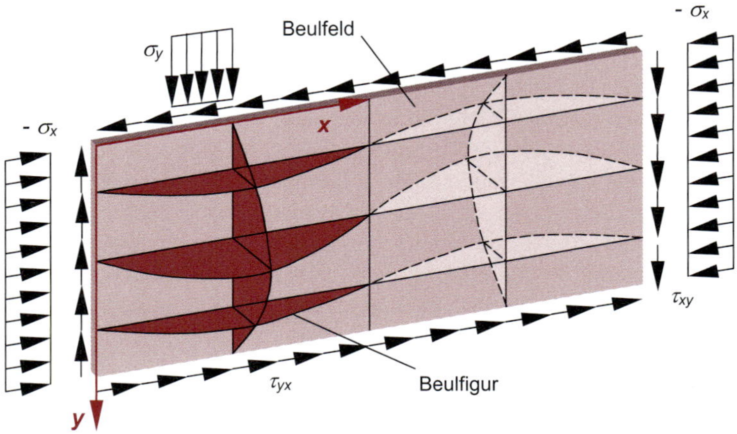

Bild 6.17 (Platten-)Beulen

7 Ergänzende Themen

7.1 Ausfall der Zugzone

In *Kapitel 3* wird die Spannungsverteilung in verschiedenen Querschnitten unter Biegebeanspruchung mit und ohne Längskraft untersucht. Eine der wesentlichen Voraussetzungen dabei ist, dass der Werkstoff Druck- und Zugspannungen in gleicher Weise aufnehmen kann. In der Baupraxis stößt man jedoch auf zahlreiche Fälle, bei denen aufgrund der Konstruktion oder des gewählten Werkstoffs keine oder in vernachlässigbarem Umfang geringe Zugspannungen aufgenommen bzw. übertragen werden können.

Typisch für eine derartige Konstruktion ist das (unbewehrte) Mauerwerk (*Bild 7.1*). Tragendes Mauerwerk wird vorrangig eingesetzt, um in Form von druckbeanspruchten Wänden und Pfeilern Lasten in vertikaler Richtung aufzunehmen und an darunterliegende Bauteile weiterzuleiten. Durch exzentrische Lasteinleitungen und/oder horizontal wirkende Lasten entstehen Biegemomente, die trotz Überlagerung mit einer gleichzeitig wirkenden Normaldruckkraft in bestimmten Schnitten des Bauteils zu Zugspannungen führen würden. Da jedoch die Mörtelfuge im Mauerwerk keine nennenswerten Zugspannungen aufnehmen kann, wird die Zugzone durch Rissbildung ausfallen. Es verbleibt ein dreiecksförmiger Druckspannungskeil,

Auch der unbewehrte Beton weist vergleichbar dem Mauerwerk nur eine geringe Zugfestigkeit auf. Beim Nachweis der Tragsicherheit wird in der Regel auf die Mitwirkung des Betons auf Zug verzichtet.

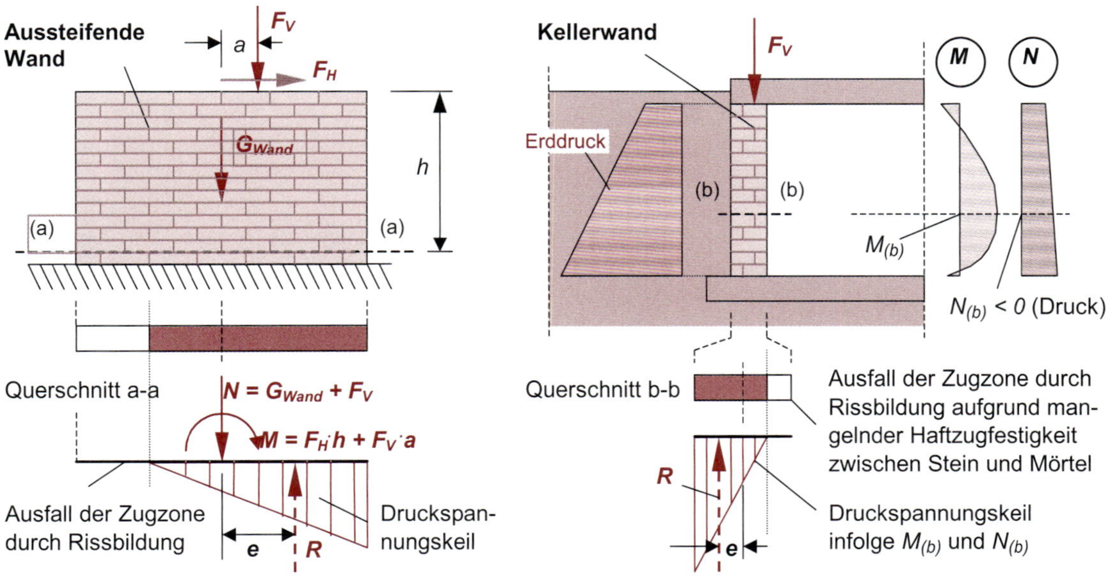

Bild 7.1 Bauteile aus Mauerwerk mit versagender Zugzone

dessen Länge und maximale Druckspannung am Querschnittsrand sich aufgrund des Gleichgewichts neu einstellen muss. Der verbleibende Teil des Querschnitts unter dem Druckspannungskeil überträgt nun sämtliche Lasten.

Eine analoge Situation entsteht in der Sohlfuge unter einem Fundament oder der Sohlplatte einer Winkelstützmauer (*Bild 7.2*), wenn diese eine exzentrisch wirkende Lastresultierende in vertikaler Richtung in das Erdreich ableiten müssen. Da sich in der Gründungssohle keine Zugspannungen einstellen können, löst sich ein Teil der Sohlfläche vom Erdreich ab. In diesem Zusammenhang spricht man dann von einer „klaffenden Fuge“.

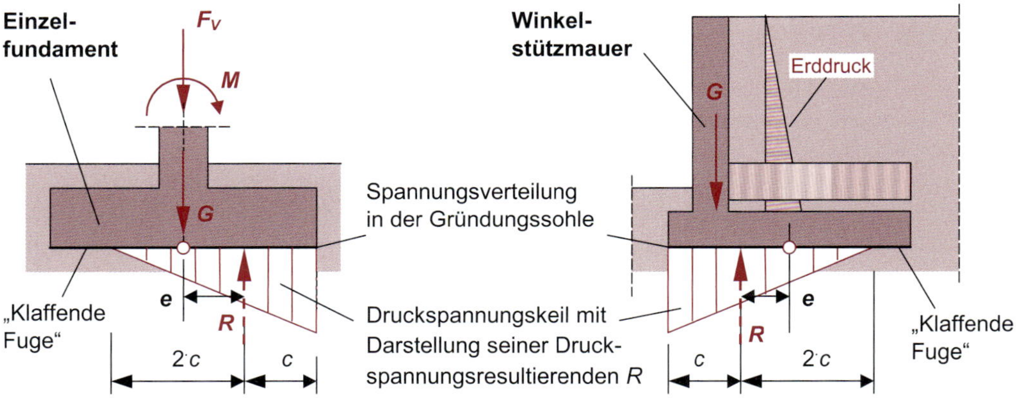

Bild 7.2 „Klaffende Fuge“ in der Gründungssohle von Gründungsbaukörpern

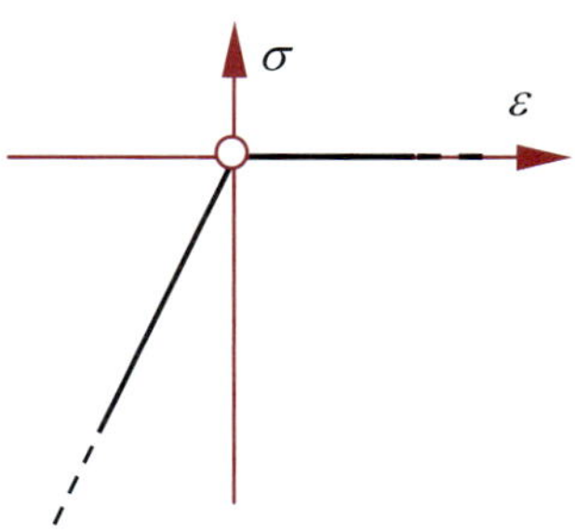

Bild 7.3 Nichtlineares Verhalten in der Fuge durch Ausfall der Zugzone

In der Fuge ist die Gültigkeit des Hookeschen Gesetzes nicht mehr gegeben (*Bild 7.3*). Das nichtlineare Verhalten verlangt deshalb besondere Rechenschritte bei der Dimensionierung der Bauteilabmessungen und dem Nachweis der Tragsicherheit.

Ob und in welcher Größe sich eine versagende Zugzone bzw. eine „klaffende Fuge“ ausbildet, hängt von der Querschnittsform des betrachteten Schnittes sowie von der Lage des Angriffspunktes der Druckspannungsresultierenden R ab. Die Größe der Resultierenden R entspricht der Normalkraft N im betrachteten Schnitt. Der Lastangriffspunkt von R wird durch die Exzentrizität e bestimmt. Diese errechnet sich aus dem Verhältnis des einwirkenden Biegemomentes M zur Druckresultierenden R und gibt den Abstand zwischen Angriffspunkt von R und dem Flächenschwerpunkt des Querschnitts bzw. Sohlfläche an (*Bild 7.1* und *7.2*).

Liegt der Lastangriffspunkt der Druckresultierenden R im oder nahe am Flächenschwerpunkt, so verbleibt der Querschnitt vollständig im Bereich der Druckzone; d.h. der Querschnitt ist überdrückt. Die Berechnung der

Druckspannungsverteilung erfolgt mithilfe der bekannten Beziehungen nach *Kapitel 3*. Bei zunehmender Exzentrizität überschreitet die Druckresultierende die Grenzen einer Querschnittszone, die als Kernfläche oder Querschnittskern bezeichnet wird. Außerhalb der Kernfläche wirkend führt die Druckresultierende auf Normalspannungen zweierlei Vorzeichens oder – bei Ausfall der Zugzone – zu einem Aufreißen des Mauerwerks bzw. zu einer klaffenden Fuge in einer Gründungssohle.

Die Größe und die Form der Kernfläche soll anschaulich für den Rechteckquerschnitt entwickelt werden (*Bild 7.4*). Ausgangsgleichung ist die Beziehung zwischen den Schnittgrößen N, M_y und M_z (mit Bezug auf den Flächenschwerpunkt und die Symmetrie- bzw. Hauptachsen des Querschnitts) und der Verteilung der Normalspannung im Querschnitt (i ist beliebiger Querschnittspunkt):

$$\sigma_i = \frac{N}{A} + \frac{M_y}{I_y} \cdot z_i - \frac{M_z}{I_z} \cdot y_i \tag{7.1}$$

Mit

$$e_z = \frac{M_y}{N} \quad \text{bzw.} \quad e_y = \frac{M_z}{N} \tag{7.2}$$

entsteht eine Beziehung, die die Berechnung der Spannungsverteilung in Abhängigkeit von einer zweifach ausmittig wirkenden Normalkraft herstellt:

$$\sigma_i = R \cdot \left(\frac{1}{A} + \frac{e_z}{I_y} \cdot z_i + \frac{e_y}{I_z} \cdot y_i \right) \quad \text{mit} \quad R = N \text{ (positiv bei Zug)} \tag{7.3}$$

Liegt der Lastangriffspunkt von R auf einer der Symmetrie- bzw. Hauptachsen, so gilt entweder $e_z = 0$ oder $e_y = 0$. Setzt man zunächst e_y zu null, so verbleibt als Bestimmungsgleichung

$$\sigma_i = R \cdot \left(\frac{1}{A} + \frac{e_z}{I_y} \cdot z_i \right). \tag{7.4}$$

Die Forderung, dass bei einer bestimmten Exzentrizität die Spannung am jeweils gegenüberliegenden Querschnittsrand bei $z = z_{01}$ bzw. $z = z_{02}$ gleich null sein soll, führt auf

$$0 = R \cdot \left(\frac{1}{A} + \frac{k_{z1}}{I_y} \cdot z_{01} \right) \quad \text{bzw.} \quad 0 = R \cdot \left(\frac{1}{A} + \frac{k_{z2}}{I_y} \cdot z_{02} \right) \tag{7.5}$$

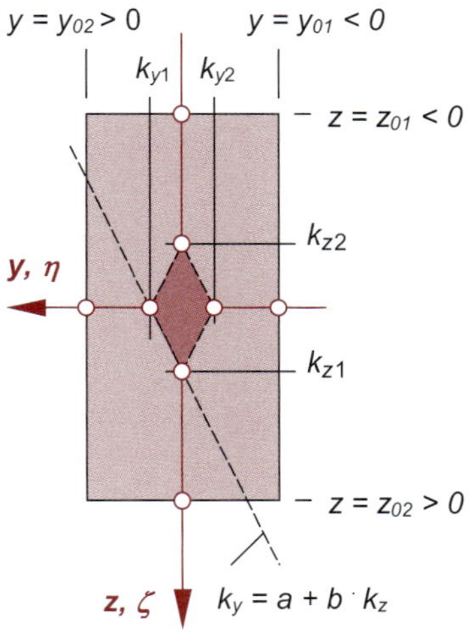

Bild 7.4 Kernfläche des Rechteckquerschnitts

Aufgabe 7.1: Ermitteln Sie die Kernfläche für einen Rechteckquerschnitt mit b = 54 cm und d = 72 cm. Nutzen Sie dazu die *Gl. (7.1)* bis *(7.9)*.

7

Bei unsymmetrischen Flächen ist die Herleitung der *Gl. (7.6)* und *(7.7)* immer auf die Hauptachsen zu beziehen; es gilt dann:

$$k_{\zeta i} = -\frac{i_{\eta i}^2}{\zeta_{0i}} \text{ bzw. } k_{\eta i} = -\frac{i_{\zeta i}^2}{\eta_{0i}}$$

mit $i = 1; 2$ für beide Achsabschnitte.

Kreisquerschnitt

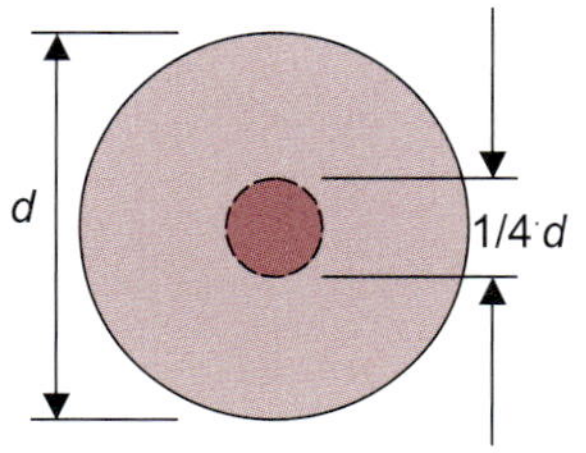

Kreisförmiges Hohlprofil

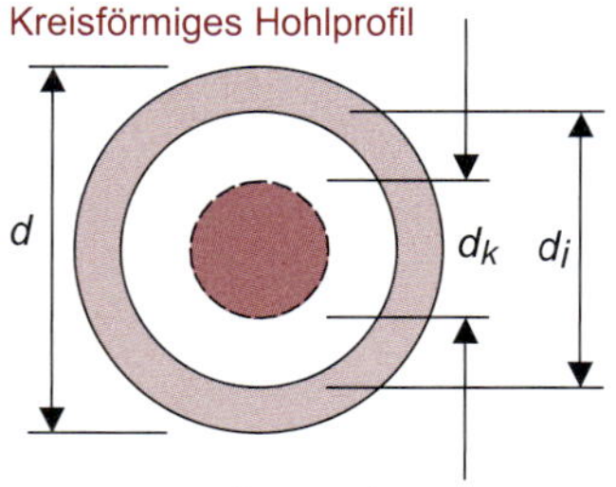

$$d_k = \frac{d}{4} \cdot \left(1 - \frac{d_i^2}{d^2}\right)$$

Streifenfundament

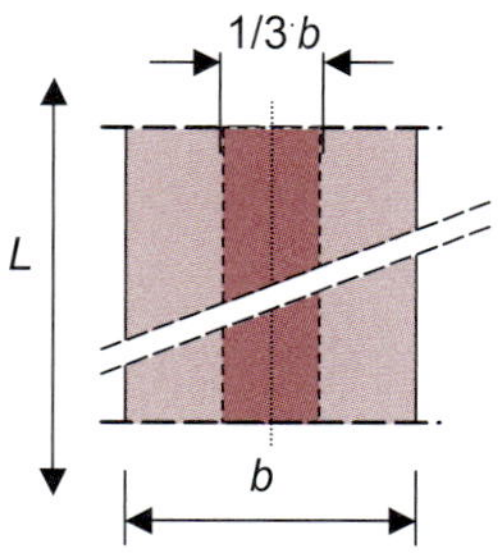

Bild 7.5 Kernflächen von typischen Querschnittsformen

Die Auflösung nach k_{z1} bzw. k_{z2} – diese Werte entsprechen den beiden Grenzwerten der Exzentrizität auf der z-Achse – ergibt

$$k_{z1} = -\frac{I_y}{A \cdot z_{01}} = -\frac{i_y^2}{z_{01}} \text{ bzw. } k_{z2} = -\frac{I_y}{A \cdot z_{02}} = -\frac{i_y^2}{z_{02}}. \tag{7.6}$$

Der analoge Rechengang führt für $e_z = 0$ auf die Bestimmungsgleichungen

$$k_{y1} = -\frac{I_z}{A \cdot y_{01}} = -\frac{i_z^2}{y_{01}} \text{ bzw. } k_{y2} = -\frac{I_z}{A \cdot y_{02}} = -\frac{i_z^2}{y_{02}}. \tag{7.7}$$

Damit sind allgemeingültig alle Extremalpunkte der Kernfläche in Richtung der Querschnittsachsen bestimmt.

Die noch unbestimmten Begrenzungslinien der Kernfläche zwischen den Extremalpunkten lassen sich nur dann ermitteln, wenn eine zweiachsige Ausmittigkeit von R gegeben ist. Bei einem Lastangriff im 1. Quadranten – hier gilt $e_y > 0$ und $e_z > 0$ – führt *Gl. (7.3)* auf folgenden Zusammenhang

$$0 = R \cdot \left(\frac{1}{A} + \frac{k_z}{I_y} \cdot z_{01} + \frac{k_y}{I_z} \cdot y_{01}\right), \tag{7.8}$$

wobei k_z und k_y zwei Variable darstellen, mit deren Hilfe alle Punkte auf der Begrenzungslinie der Kernfläche im 1. Quadranten definiert werden können. Maßgebend für die Bedingung $\sigma_I = 0$ ist der Eckpunkt des Querschnittes im gegenüber liegenden Quadranten $P(y_{01}, z_{01})$. Die Auflösung nach k_y führt auf die Bestimmungsgleichung

$$k_y = a + b \cdot k_z \quad \text{mit} \quad a = -\frac{I_z}{A \cdot y_{01}} \quad \text{und} \quad b = -\frac{I_z \cdot z_{01}}{I_y \cdot y_{01}}. \tag{7.9}$$

Gl. (7.9) ist eine Geradengleichung und legt damit die Form der Kernfläche im 1. Quadranten fest. Eine analoge Betrachtung für alle weiteren Ecken des Querschnittes führt im Falle des Rechtecks auf eine rautenförmige Kernfläche (vgl. *Bild 7.4*). Die maßgebende Exzentrizität des Lastangriffs in Richtung der Querschnittsachsen beträgt beim Rechteckquerschnitt $\pm 1/6$ der jeweiligen Kantenlänge. Die Kernflächen für weitere Querschnittsformen zeigt *Bild 7.5*.

Zum besseren Verständnis soll nachfolgend die Kernfläche am Beispiel einer einfach-symmetrischen Fundamentplatte berechnet werden. Wesentlich für die Ermittlung der Kernfläche von einfach- und doppelt-symmetrischen Flächen sind die *Gl. (7.6)* und *(7.7)*.

Beispiel 7.1

Für die in *Bild 7.6* dargestellte Fundamentplatte soll die Kernfläche ermittelt werden. Die Sohle des Fundaments mit einer Fläche von A = 1,60 m² ist einfach symmetrisch. Ihr Flächenschwerpunkt und die Flächenträgheitsmomente wurden bereits gemäß den Vorgaben des *Abschn. 2.2* berechnet. Die Schwerpunktkoordinaten im Bezugskoordinatensystem lauten:

$$\bar{y}_S = 0{,}0\ \text{m}\,; \quad \bar{z}_S = 0{,}5\bar{3}\ \text{m}$$

Zur Überprüfung der vorgegebenen Querschnittswerte dieser Sohlfläche nutzen Sie die Rechenschritte des *Beispiels 2.2*. Beachten Sie, dass die hier untersuchte Fläche einfach symmetrisch ist. Vergleichen Sie dazu auch die Lösung zu *Aufgabe 2.4* (siehe *Abschn. 8.2.4*).

Die schwerpunktbezogenen Trägheitsmomente ergeben sich zu:

$$I_y = 0{,}17636\ \text{m}^4\,; \quad I_z = 0{,}26453\ \text{m}^4\,; \quad I_{yz} = 0{,}0\ \text{m}^4$$

Aufgrund der Symmetrie sind die Hauptachsen ohne weitere Berechnung bekannt; es gilt: $\zeta \equiv z$ („starke“ Achse) und $y \equiv -\eta$ („schwache“ Achse). Die Trägheitsradien errechnen sich gemäß *Gl. (2.42)* zu

$$i_y^2 = \frac{I_y}{A} = \frac{0{,}17636}{1{,}6} = 0{,}1102\ \text{m} \quad \text{bzw.} \quad i_z^2 = \frac{I_z}{A} = \frac{0{,}26453}{1{,}6} = 0{,}1653\ \text{m}$$

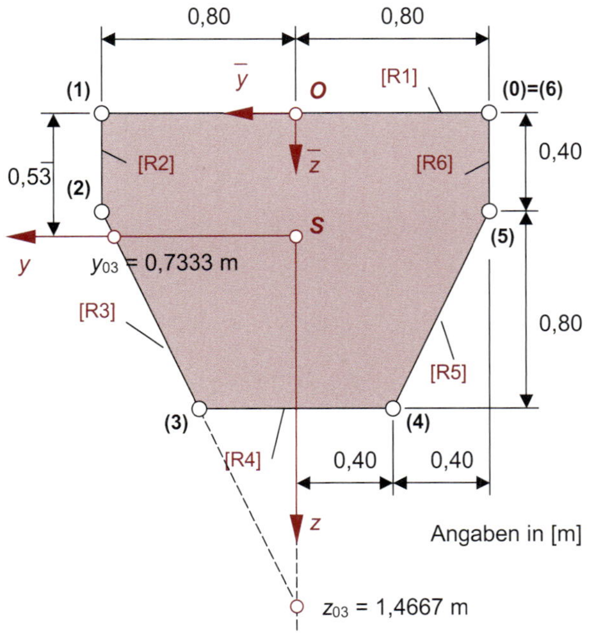

Bild 7.6 Fundamentplatte (Ränder und Eckpunkte sind durchnummeriert)

Im Vorwort wird auf besondere Software und Dateien hingewiesen, die zu Lehr- und Lernzwecken per Download erhältlich sind. Auch zur Berechnung der Kernfläche von polygonal umrandeten Flächen werden Hilfen angeboten.

7

Aufgabe 7.2: Wiederholen Sie die Berechnung für einen architektonisch besonders gestalteten Brückenpfeilerquerschnitt nach *Bild 7.7*. Wegen der Doppelsymmetrie kann sofort das schwerpunktbezogene *y*-*z*-Koordinatensystem angegeben werden.

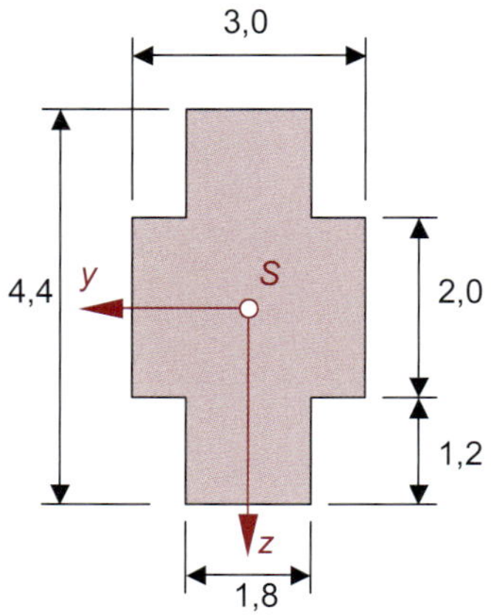

Bild 7.7 Brückenpfeilerquerschnitt mit einspringenden Ecken (Maße in m)

Die Berechnung der Eckpunkte der Kernfläche soll aus Gründen der Übersichtlichkeit tabellarisch erfolgen (*Tab. 7.1*). Jeder Querschnittsrand – mit R_i bezeichnet – wird nacheinander als Spannungsnulllinie betrachtet und die zugehörigen Achsenabschnitte y_{0i} und z_{0i} berechnet. Mithilfe der *Gl. (7.6)* kann dann der zu dieser Spannungsnulllinie gehörige Angriffspunkt der resultierenden Druckkraft berechnet. Der Lage des Angriffspunktes entspricht einem Eckpunkt der Kernfläche mit den Koordinaten k_{yi} und k_{zi}. Die Darstellung der Kernfläche erfolgt in *Bild 7.8*. Die angegebenen Werte beziehen sich auf den Schwerpunkt.

Die Kernfläche ist wie die Sohlfläche des Fundamentes einfach symmetrisch. Zu jedem Rand R_i gehört ein Eckpunkt *i* der Kernfläche.

Tabelle 7.1 Ermittlung der Kernflächeneckpunkte des Fundamentes nach *Bild 7.6*

Rand	von - bis	y_{0i} in cm	z_{0i} in cm	k_{yi} in cm	k_{zi} in cm
R1	0 – 1	∞	-0,5333	0,0	+0,2067
R2	1 – 2	+0,8000	∞	-0,2067	0,0
R3	2 – 3	+0,7333	1,4667	-0,2255	-0,0752
R4	3 – 4	∞	0,6667	+0,0	-0,1653
R5	4 – 5	-0,7333	1,4667	+0,2255	-0,0752
R6	5 – 6	-0,8000	∞	+0,2067	0,0

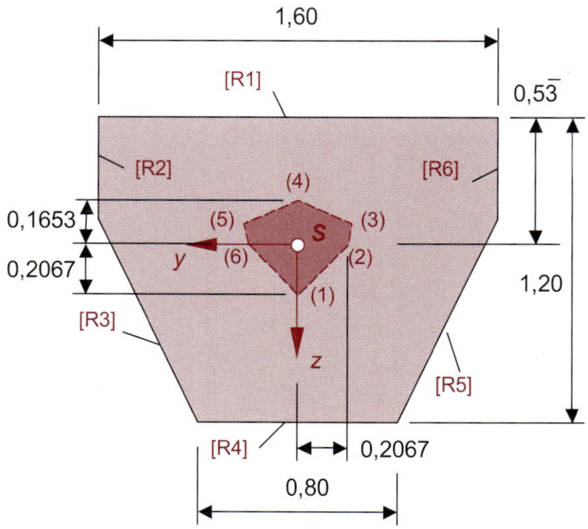

Bild 7.8 Fundamentplatte mit Rändern und zugehöriger Kernfläche

Bei einspringenden Ecken eines Querschnittes (*Bild 7.7*) werden nur die Kanten des umhüllenden Polygons als Spannungsnulllinien betrachtet, um damit die jeweiligen Eckpunkte der Kernfläche zu berechnen. In diesem Zusammenhang wird auf die *Aufgabe 7.2* und die zugehörige Lösung in *Abschn. 8.7.2* verwiesen.

Bei polygonal begrenzten Flächen gilt grundsätzlich:

- Zu jeder Begrenzungsgeraden eines Querschnitts gehört ein Eckpunkt der Kernfläche.
- Zu jedem Schnittpunkt zweier Begrenzungsgeraden eines Querschnitts gehört eine Seite der Kernfläche.
- Symmetrische Querschnitte haben symmetrische Kernflächen.

Bei Angriff der exzentrischen Lastresultierenden außerhalb der Kernfläche gelten die Beziehungen nach *Kapitel 3* aufgrund des Ausfalls der Zugzone nicht mehr. Es müssen folglich neue Gleichgewichtsbeziehungen zwischen den Spannungen und der resultierenden Schnittkraft *R* formuliert werden. In *Bild 7.9* werden solche Beziehungen für den häufig auftretenden Fall des Rechteckquerschnitts bei einachsiger Ausmittigkeit angegeben.

Aufgabe 7.3: Gegeben ist ein Fundament mit rechteckiger Sohlfläche (d = 3,6 m; b = 2,0 m). Bestimmen Sie die Randspannungen bei zunehmender Exzentrizität der Lastresultierenden R = 720 kN für $0 \le e \le d/2$ mithilfe der Gleichungen nach *Bild 7.9*. Stellen Sie die Randspannungen in einem Diagramm in Abhängigkeit von der Exzentrizität *e* dar.

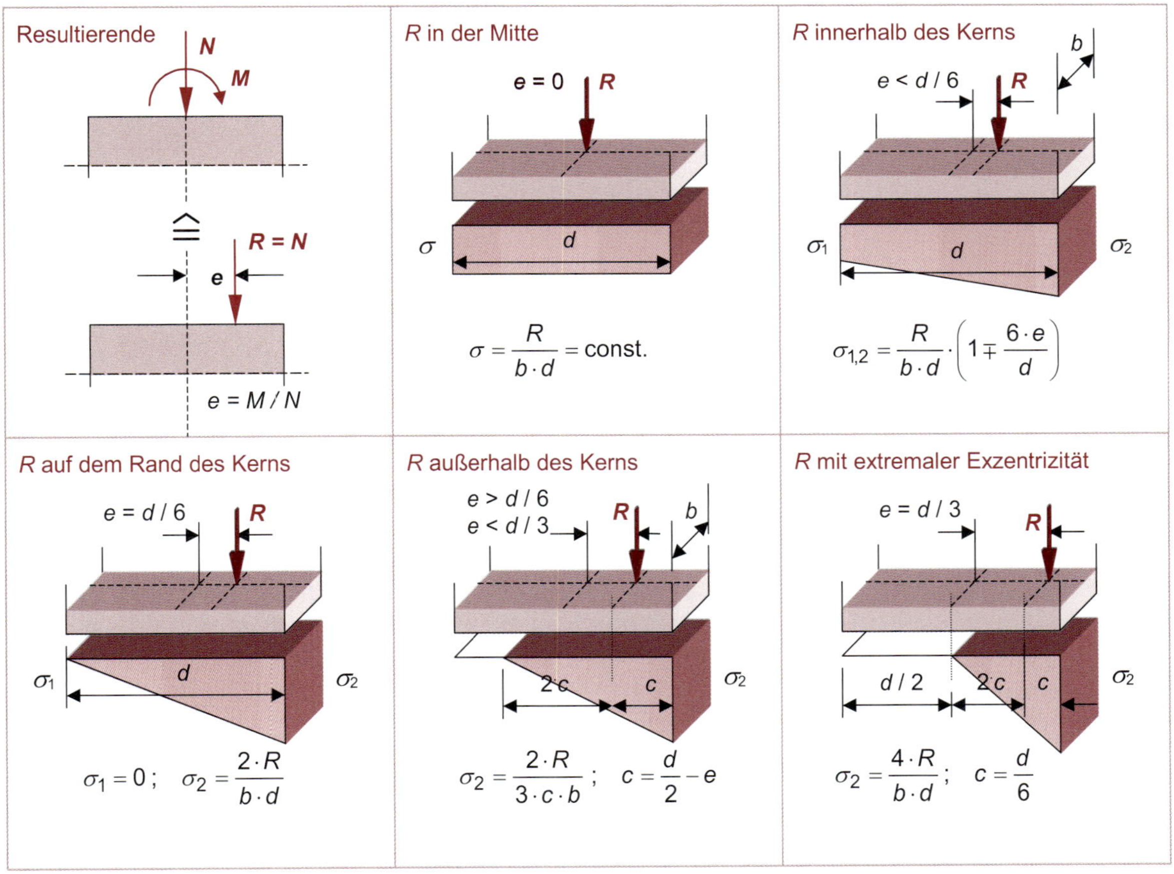

Bild 7.9 Kantenpressung bei einachsiger Exzentrizität am Rechteckquerschnitt

7

Bei zweiachsiger Ausmittigkeit ist bei Lastangriff außerhalb der Kernfläche ein iteratives, meist rechnergestütztes Verfahren erforderlich, um die Spannungsverteilung zu bestimmen. In einigen bautechnischen Tabellen sind für die einfache Rechteckfläche besondere Beiwerte zu finden, mit denen die extremale Eckpressung bestimmt werden kann. Bei komplexeren Querschnittsformen sind in der Regel Computerprogramme einzusetzen, die nichtlineare Spannungs-Dehnungsbeziehungen berücksichtigen.

7.2 Spannungszustände, Hauptspannungen

In *Kapitel 1* wurden die Spannungen und Verzerrungen als mechanische Größen eingeführt und ihre Verknüpfung über das Werkstoffgesetz aufgezeigt. Wird ein Bauteil wie bei einem Zugversuch (*Bild 1.17*) gleichmäßig über die Querschnittsfläche in nur einer Richtung beansprucht, so spricht man von einem einachsigen Spannungszustand. Als einzige Spannungsgröße tritt die Normalspannung σ_1 in Erscheinung (*Bild 7.10*).

Ein einachsiger Spannungszustand stellt sich genau genommen erst in einem gewissen Abstand vom Lastangriffspunkt ein. Die Kraft muss sich innerhalb einer Lasteinleitungszone erst auf die gesamte Querschnittsfläche ausbreiten, bis eine gleichmäßige Spannungsverteilung erreicht wird.

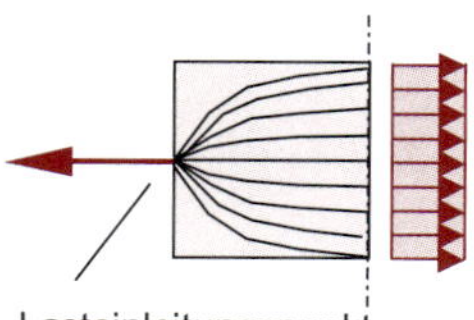

Dieser Hinweis gilt analog auch für die Darstellung in *Bild 7.11*.

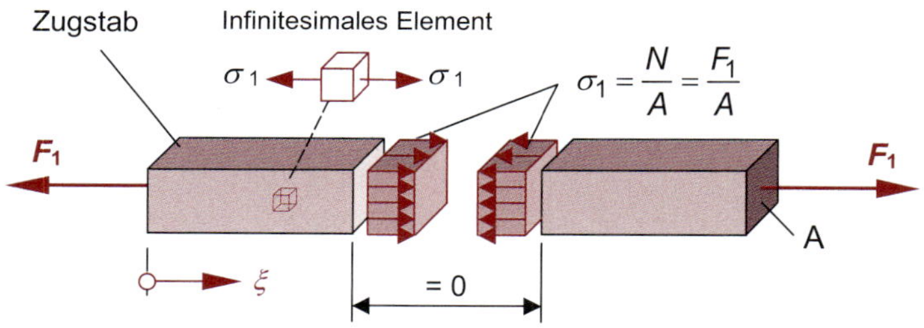

Bild 7.10 Zugstab unter einachsigem Spannungszustand

An einer rechteckigen Scheibe mit den Seitenabmessungen *a* und *b* und der Dicke *t* soll der zweidimensionale Fall gezeigt werden. Die Scheibe kann als Teil eines ebenen Flächentragwerks begriffen werden, das nur in der Ebene beansprucht wird und dessen Dicke *t* klein gegenüber den übrigen Abmessungen ist (*Bild 7.11*). Wird diese Scheibe in ihrer Ebene in zwei senkrecht zueinanderstehenden Richtungen konstant über die Dicke *t* wirkend auf Zug oder Druck beansprucht, so entsteht aus der Überlagerung der axialen Spannungszustände ein zweiachsiger oder ebener Spannungszustand.

Die nachfolgend aufgezeigten Zusammenhänge – hier gezeigt für die ξ-η-Ebene bzw. *x*-*y*-Ebene – setzen mathematischen Kenntnisse über Vektor- und Matrizenrechnung voraus. Sie lassen sich ganz analog auch auf den dreiachsigen (räumlichen) Fall übertragen.

Im jeweiligen Schnitt senkrecht zur ξ-Achse bzw. senkrecht zur η-Achse stellen sich am Punkt *P* folgende Spannungen ein:

$$\sigma_1 = \frac{F_1}{a \cdot t} \quad \text{bzw.} \quad \sigma_2 = \frac{F_2}{b \cdot t} \tag{7.10}$$

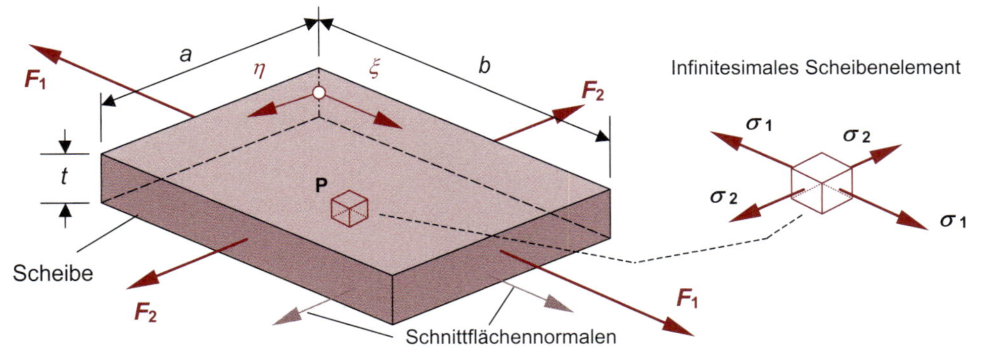

Bild 7.11 Scheibe unter zweiachsigem Spannungszustand

Da sich die Schnittführung am Flächenelement an den Koordinatenrichtungen der Scheibe und der Richtung der senkrecht zueinander wirkenden Kräfte orientiert, treten nur Normalspannungen auf. Der an einem beliebigen infinitesimalen Flächenelement herrschende Spannungszustand kann somit allein durch die Spannungskomponenten σ_1 und σ_2 definiert werden. Dieser Sonderfall wird als (ebener) Hauptspannungszustand bezeichnet. Die zugehörigen Koordinatenachsen werden mit ξ und η bezeichnet und zeigen die Hauptspannungsrichtungen an (siehe *Bild 7.11*).

Im Standardfall herrscht zwischen der Schnittführung am infinitesimalen Flächenelement und den Hauptspannungsrichtungen ξ und η kein Zusammenhang. Vielmehr orientiert sich diese Schnittführung an Bauteilachsen oder -rändern, um maßgebende Zustandsgrößen für die Dimensionierung und die Bemessung dieser Bauteile zu gewinnen. Legt man zwei senkrecht zueinanderstehende Schnitte an, die sich an einem Bezugssystem mit anders ausgerichteten *x*-*y*-Koordinaten orientieren, so treten an dem neu ausgerichteten Element zwangsläufig auch Spannungskomponenten auf, die parallel zum Rand wirken (*Bild 7.12*). Sie werden als Schubspannungen τ_{xy} und τ_{yx} bezeichnet, wobei der erste Index die Richtung der Schnittflächennormalen und der zweite Index die Wirkungsrichtung der Schubspannung angibt. Als Normalspannungen wirken die Spannungskomponenten σ_x und σ_y. Bei diesen sind die Richtung der Schnittflächennormalen und die der Wirkungsrichtung identisch, sodass auf einen weiteren Index verzichtet werden kann. Mit σ_x, σ_y, τ_{xy} und τ_{yx} wird in einem beliebig ausgerichteten *x*-*y*-System der allgemeine ebene Spannungszustand definiert.

Wäre der Winkel φ_0 zwischen den *x*-*y*-Achsen und den ξ-η-Hauptachsen bekannt, so könnten Beziehungsgleichungen zwischen den genannten Spannungskomponenten hergeleitet werden. Durch Gleichgewichtsbetrachtungen an herausgelösten Dreiecken (*Bild 7.13*) ergeben sich dazu nachfolgende Zusammenhänge.

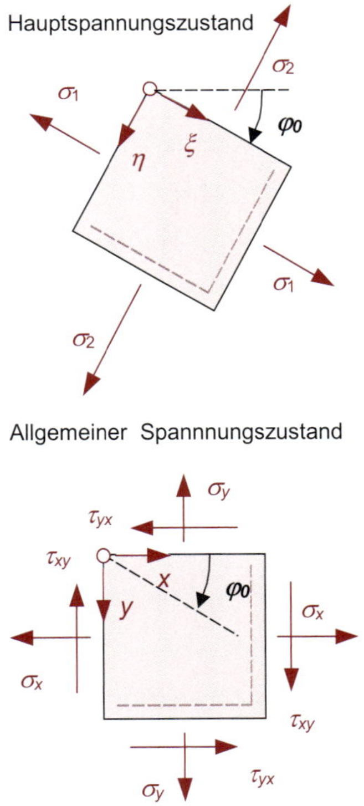

Bild 7.12 Spannungskomponenten bei unterschiedlicher Schnittführung

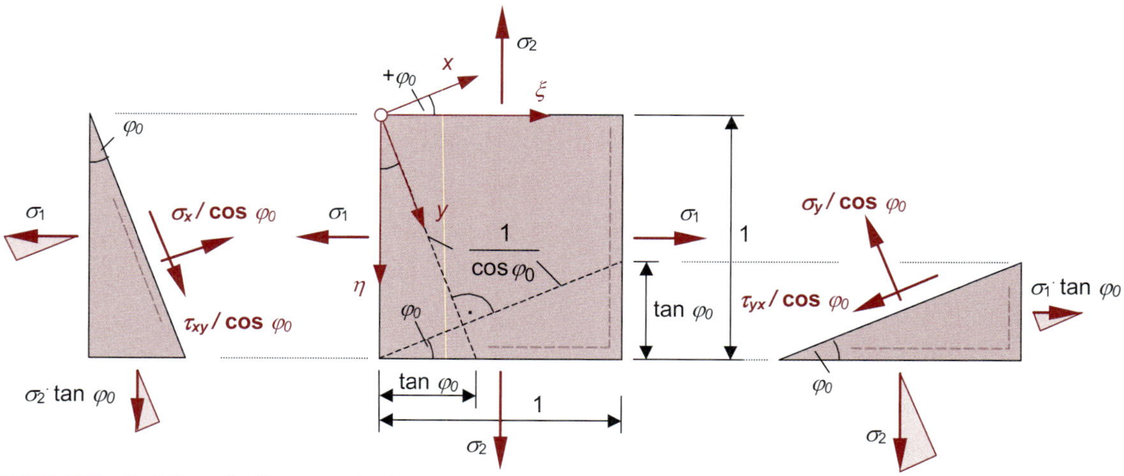

Bild 7.13 Zur Herleitung der Spannungsbeziehungen

$$\sigma_x = \sigma_1 \cdot \cos^2 \varphi_0 + \sigma_2 \cdot \sin^2 \varphi_0$$
$$\sigma_y = \sigma_1 \cdot \sin^2 \varphi_0 + \sigma_2 \cdot \cos^2 \varphi_0 \qquad (7.11)$$

Für die Schubspannung erhält man am „linken" wie am „rechten" Dreieck in *Bild 7.13* die Beziehung:

$$\tau_{xy} = (\sigma_1 - \sigma_2) \cdot \sin\varphi_0 \cdot \cos\varphi_0 = \tfrac{1}{2} \cdot (\sigma_1 - \sigma_2) \cdot \sin 2\varphi_0 = \tau_{yx} \qquad (7.12)$$

Man stellt fest, dass die Schubspannungen in zwei senkrecht aufeinander stehenden Schnitten gleich groß sind. Sie zeigen aufgrund des gleichen Vorzeichens entweder auf die gemeinsame Elementecke oder weisen von ihr weg (*Bild 7.12*). Wegen der paarweisen Gleichheit der Schubspannungen kann der allgemeine ebene Spannungszustand eindeutig durch drei Komponenten, nämlich σ_x, σ_y und $\tau = \tau_{xy} = \tau_{yx}$ beschrieben werden.

Durch Erweiterung auf ein (dreidimensionales) Volumenelement erhält man den allgemeinen räumlichen Spannungszustand (*Bild 1.9*). Es gilt in Analogie zu *Gl. (7.12)*:

$$\tau_{xy} = \tau_{yx} \,;\, \tau_{yz} = \tau_{zy} \,;\, \tau_{zx} = \tau_{xz}$$

Für bestimmte Bemessungsaufgaben ist es notwendig, die Hauptspannungen σ_1 und σ_2 und die Hauptspannungsrichtung φ_0 aus einem bekannten allgemeinen Spannungszustand in den Richtungen *x* und *y* zu kennen. Man benötigt deshalb Bestimmungsgleichungen, mit denen die allgemeinen Spannungskomponenten auf den Hauptspannungszustand umgerechnet und auch die zugehörigen Hauptspannungsrichtungen φ_0 und $\varphi_0 \pm 90°$ selbst eindeutig definiert werden können. Zur Entwicklung dieser Gleichungen soll *Bild 7.14* weiterhelfen. Zunächst wird ein beliebiger Winkel φ betrachtet, der zwischen dem *x*-*y*-Bezugssystem und einem $\tilde{\xi}$ - $\tilde{\eta}$ -System aufgespannt ist (positiv im Uhrzeigersinn).

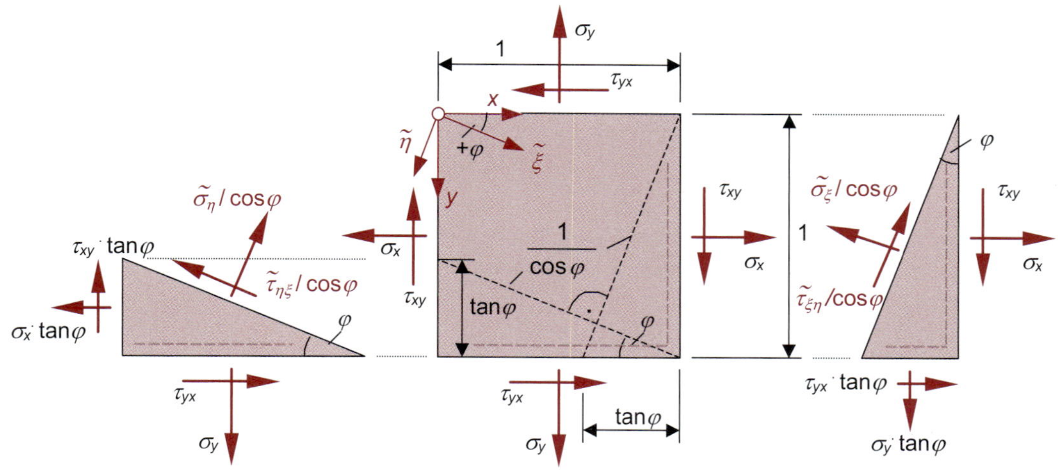

Bild 7.14 Einfluss des Schnittwinkels auf die Spannungskomponenten am infinitesimalen Scheibenelement

Durch Zerlegung der Spannungskomponenten des x-y-Systems in Richtung der $\tilde{\xi}$ - bzw. $\tilde{\eta}$ - Achse und unter Beachtung der paarweisen Gleichheit der Schubspannungskomponenten entsteht aus Gleichgewichtsbetrachtungen bei Einbeziehung trigonometrischer Beziehungen

- am „rechten Dreieck":

$$\tilde{\sigma}_\xi = \sigma_x \cdot \cos^2\varphi + \sigma_y \cdot \sin^2\varphi + 2 \cdot \tau_{xy} \cdot \sin\varphi \cdot \cos\varphi \tag{7.13}$$

$$\tilde{\tau}_{\xi\eta} = \tau_{xy} \cdot \cos^2\varphi - \tau_{xy} \cdot \sin^2\varphi - \left(\sigma_x - \sigma_y\right) \cdot \sin\varphi \cdot \cos\varphi \tag{7.14}$$

- am „linken Dreieck":

$$\tilde{\sigma}_\eta = \sigma_y \cdot \cos^2\varphi + \sigma_x \cdot \sin^2\varphi - 2 \cdot \tau_{xy} \cdot \sin\varphi \cdot \cos\varphi \tag{7.15}$$

$$\tilde{\tau}_{\xi\eta} = \tau_{xy} \cdot \cos^2\varphi - \tau_{xy} \cdot \sin^2\varphi - \left(\sigma_x - \sigma_y\right) \cdot \sin\varphi \cdot \cos\varphi \overset{!}{=} \tilde{\tau}_{\eta\xi} \quad (7.14)$$

Mit den obigen Gleichungen sind allgemein die Transformationsbeziehungen für einen Spannungszustand unter einem beliebigen Winkel von φ aufgestellt worden. Man kann leicht zeigen, dass für bestimmte Winkel von φ die Schubspannungskomponenten zu null werden, wobei die Normalspannungen extremale Werte annehmen. Um die Extremalwerte für $\tilde{\sigma}_\xi$ bzw. $\tilde{\sigma}_\eta$ zu ermitteln, werden die jeweiligen Nullstellen der ersten Ableitung der *Gl. (7.13)* und *(7.15)* nach φ gesucht.

Ein Vergleich der *Gl. (7.13)* bis *(7.15)* mit den Transformationsbeziehungen für Flächenträgheitsmomente gemäß *Gl. (2.29)* und *(2.30)* in *Abschn. 2.3* zeigt, dass der Bestimmung der Hauptspannungen und der Hauptspannungsrichtungen übereinstimmende mathematische Gesetzmäßigkeiten zugrunde liegen.

7

Es gilt dann:

$$\frac{d\tilde{\sigma}_\xi}{d\varphi} = \frac{d\tilde{\sigma}_\eta}{d\varphi} = -\sigma_x \cdot \sin 2\varphi + \sigma_y \cdot \sin 2\varphi + \tau_{xy} \cdot \cos 2\varphi$$
$$= -\left(\sigma_x - \sigma_y\right) \cdot \tan 2\varphi + 2 \cdot \tau_{xy} = 0 \qquad (7.16)$$

Mit φ_0 wird der Winkel zwischen dem *x*-*y*-Bezugssystem und den ξ-η-Achsen in Hauptspannungsrichtung bezeichnet. Mit φ wird der Winkel zwischen dem *x*-*y*-System und einem beliebig ausgerichteten $\tilde{\xi}$-$\tilde{\eta}$-System angegeben (*Bild 7.14*). Sinngemäß wurde diese Bezeichnung auch in *Abschn. 2.4* in Bezug auf die Hauptachsen und die zugehörigen Hauptträgheitsmomente gewählt.

Mit Kennzeichnung des besonderen Winkels mit φ_0 entsteht nach Auslösung der *Gl. (7.16)* nach der darin enthaltenen Winkelfunktion:

$$\tan 2\varphi_0 = \frac{2 \cdot \tau_{xy}}{\sigma_x - \sigma_y} \quad \text{mit} \quad \tan 2\varphi_0 = \tan 2 \cdot \left(\varphi_0 + \frac{\pi}{2}\right) \qquad (7.17)$$

Aufgrund der Periodizität der Tangensfunktion führt *Gl. (7.17)* auf die beiden Lösungen φ_{01} und $\varphi_{02} = \varphi_{01} + \pi/2$, die zwei um 90° gegeneinander versetzte Richtungen für die Extremalwerte für $\tilde{\sigma}_\xi$ bzw. $\tilde{\sigma}_\eta$ angeben.

Formt man *Gl. (7.14)* wie nachfolgend gezeigt um und vergleicht die Umformung mit *Gl. (7.16)*, so ergeben sich die Schubspannungskomponenten für $\varphi = \varphi_0$ zu null; es gilt:

$$\tilde{\tau}_{\xi\eta} = \tilde{\tau}_{\xi\eta} = \frac{1}{2 \cdot \cos^2 \varphi_0} \cdot \underbrace{\left[2 \cdot \tau_{xy} - \left(\sigma_x - \sigma_y\right) \cdot \tan 2\varphi_0\right]}_{0} = 0 \qquad (7.18)$$

Die Extremalwerte für $\tilde{\sigma}_\xi$ bzw. $\tilde{\sigma}_\eta$ sind somit die Hauptnormalspannungen (oder kürzer: Hauptspannungen) und werden mit σ_1 und σ_2 bezeichnet, wobei immer gilt: $\sigma_1 \geq \sigma_2$. Die Werte für die Hauptspannungen können durch die Auswertung der *Gl. (7.13)* und *(7.15)* mit den nun bekannten Drehwinkeln aus *Gl. (7.17)* ermittelt werden. Es lässt sich auf diesem Wege allerdings nicht eindeutig bestimmen, welcher Winkel die Richtung der größeren Hauptspannung σ_1 bzw. die der kleineren Hauptspannung σ_2 bestimmt. Um hier Abhilfe zu schaffen, wird *Gl. (7.17)* in *Gl. (7.13)* bzw. *(7.15)* eingesetzt. Man erhält nach längerer Umformung zusammengefasst:

Aufgabe 7.4: In *Abschn. 2.4* wurden in *Bild 2.13* die charakteristischen Funktionsverläufe der Flächenträgheitsmomente in Abhängigkeit vom Winkel φ gezeigt. Übertragen Sie die mathematischen Zusammenhänge auf die Hauptspannungen und ihre Achsen. Stellen Sie grafisch dar, wie sich die einzelnen Spannungskomponenten qualitativ in Abhängigkeit von φ ändern. Welche Erkenntnisse lassen sich daraus ziehen?

$$\sigma_{1,2} = \frac{\sigma_x + \sigma_y}{2} \pm \sqrt{\left(\frac{\sigma_x + \sigma_y}{2}\right)^2 - \sigma_x \cdot \sigma_y + \tau^2}$$
$$= \frac{\sigma_x + \sigma_y}{2} \pm \sqrt{\frac{\left(\sigma_x - \sigma_y\right)^2}{4} + \tau^2} \quad \text{mit} \quad \tau = \tau_{xy} = \tau_{yx} \qquad (7.19)$$

Der Vorteil dieser Gleichung ist darin zu sehen, dass die Hauptspannungen allein aus den ursprünglichen Spannungskomponenten σ_x, σ_y und τ_{xy} bestimmt werden können. Damit die Zuordnung von φ_{01} zu σ_1 bzw. φ_{02} zu

σ_2 nicht anschaulich erfolgen muss, führt eine weitere Umformung – anders als *Gl. (7.17)* – auf die eindeutige Bestimmungsgleichung

$$\tan\varphi_{01} = \frac{\tau}{\sigma_1 - \sigma_y} \quad \text{mit} \quad \tau = \tau_{xy} = \tau_{yx} \quad \text{und} \quad -\frac{\pi}{2} < \varphi_{01} \le +\frac{\pi}{2}. \qquad (7.20)$$

Die Richtung der kleineren Hauptspannung σ_2 ergibt sich wegen der senkrecht zueinander stehenden Schnittrichtungen zu $\varphi_{02} = \varphi_{01} + 90°$. Das Koordinatensystem, dessen Achsen sich an den Hauptrichtungen orientieren, nennt man Hauptachsensystem und wird mit den Achsen ξ und η gekennzeichnet (*Bild 7.12* und *7.13*).

Die Anwendung der obigen Formeln lässt sich auch auf zweiachsige Spannungszustände in der *y-z*-Ebene bzw. *z-x*-Ebene übertragen. *Bild 7.15* zeigt die Festlegung des Winkels in Richtung der 1. Hauptspannungsrichtung an.

Die Festlegung der Achsen und der Winkel in Richtung der ersten Hauptachse ergibt sich auf der Basis einer zyklischen Vertauschung der Indizes; also: *x-y* → *y-z* → *z-x*.

In der *x-z*-Ebene wird der Winkel in Richtung der 1. Hauptachse fälschlicherweise häufig von der *x*-Achse in Richtung der *z*-Achse abgetragen.

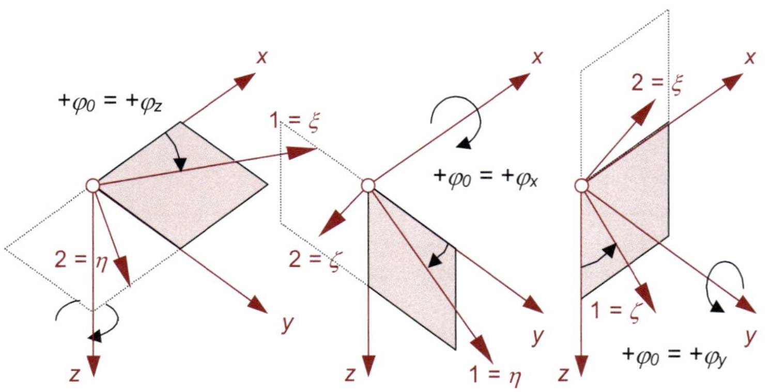

Bild 7.15 Festlegung der Achsen und Drehwinkel für Hauptspannungszustände

Beispiel 7.2

An einer Stelle in einem Stegblech eines Stahlträgers (*Bild 7.16*) wirkt ein ebener Spannungszustand mit den Spannungen σ_x = 56 N/mm², σ_z = -104 N/mm² und $\tau = \tau_{xz} = \tau_{zx}$ = 120 N/mm². Es sollen in der *x-z*-Ebene die Hauptspannungen und die zugehörigen Richtungen bestimmt werden.

Mithilfe der *Gl. (7.19)* werden – unter Beachtung der zyklischen Vertauschung – die Hauptnormalspannungen berechnet.

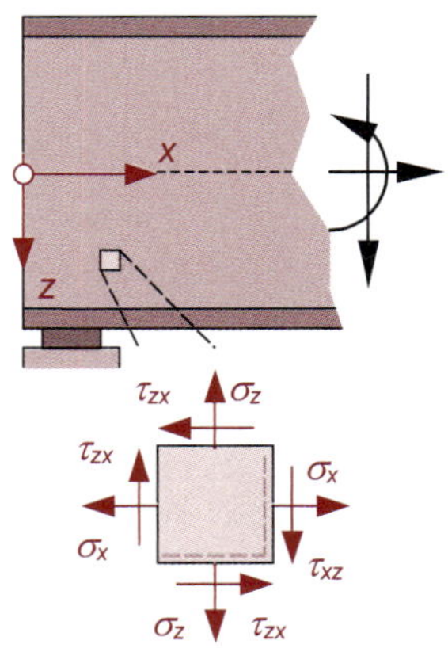

Bild 7.16 Spannungszustand im Stegblech eines Trägers in der *x-z*-Ebene

$$\sigma_{1,2} = \frac{\sigma_z + \sigma_x}{2} \pm \sqrt{\frac{(\sigma_z - \sigma_x)^2}{4} + \tau_{zx}^2}$$

$$= \frac{-104 + 56}{2} \pm \sqrt{\frac{(-104 - 56)^2}{4} + 120^2} = -24 \pm 144,2$$

$$\sigma_1 = 120,2\ \text{N/mm}^2 \geq \sigma_2 = -168,2\ \text{N/mm}^2$$

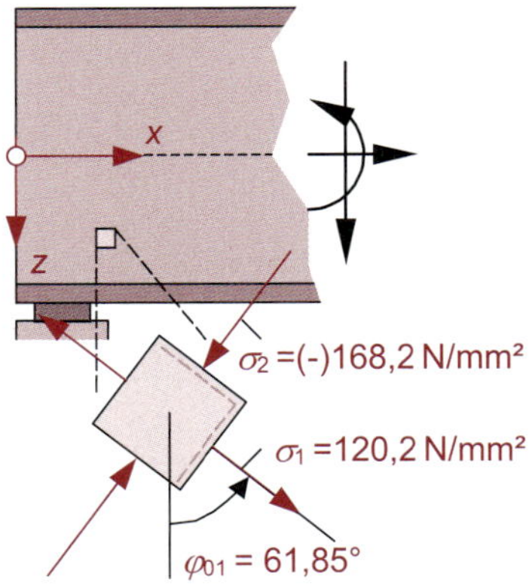

Bild 7.17 Hauptspannungen im Stegblech eines Trägers in der *x*-*z*-Ebene

Die Richtung der größeren Hauptspannung σ_1 wird über *Gl. (7.20)* eindeutig bestimmt. Beim Blick in Richtung der positiven *y*-Achse wird der positive Winkel im „Uhrzeigersinn" von der *z*-Achse abgetragen. Es errechnet sich:

$$\tan \varphi_{01} = \frac{\tau_{xz}}{\sigma_1 - \sigma_x} = \frac{120}{120,2 - 56} = 1,869 \quad \rightarrow \quad \varphi_{01} = 61,85°$$

Die kleinere, in diesem Fall negative Hauptspannung σ_2 steht im rechten Winkel dazu und weist gegenüber der vertikalen *z*-Achse einen Winkel von

$$\varphi_{02} = \varphi_{01} + 90° = 61,85 + 90,0 = +151,85°$$

auf. Das Ergebnis zeigt *Bild 7.17*.

Berechnet man – wie in *Beispiel 7.2* gezeigt – Hauptspannungen und deren Richtungen in jeden Punkt eines Bauteils und verbindet die Hauptspannungen in 1. und 2. Richtung jeweils grafisch zu durchgezogenen Linien, so entstehen Hauptspannungstrajektorien, die einen genauen Überblick über den inneren Kraftfluss in diesem Bauteil geben (siehe *Bild 1.7*). Nahezu alle gängigen Rechenprogramme, die heute zur Berechnung von Flächentragwerken eingesetzt werden, bieten die Möglichkeit, Hauptspannungstrajektorien grafisch ansprechend darzustellen.

Bei manchen Ingenieuraufgaben ist es erforderlich, den allgemeinen Spannungszustand auf ein beliebig gedrehtes Koordinatensystem umzurechnen. Die erforderlichen Transformationsbeziehungen wurden bereits mit *Gl. (7.13)* bis *(7.14)* entwickelt. Üblicherweise werden diese Gleichungen unter Anwendung bekannter trigonometrischer Grundbeziehungen umgeformt; es entstehen die Transformationsgleichungen

$$\tilde{\sigma}_\xi = \frac{1}{2}\cdot(\sigma_x + \sigma_y) + \frac{1}{2}\cdot(\sigma_x - \sigma_y)\cdot\cos 2\varphi + \tau_{xy}\cdot\sin 2\varphi$$
$$\tilde{\sigma}_\eta = \frac{1}{2}\cdot(\sigma_x + \sigma_y) - \frac{1}{2}\cdot(\sigma_x - \sigma_y)\cdot\cos 2\varphi - \tau_{xy}\cdot\sin 2\varphi \qquad (7.21)$$

und

$$\tilde{\tau}_{\xi\eta} = -\frac{1}{2}\cdot\left(\sigma_x - \sigma_y\right)\cdot\sin 2\varphi + \tau_{xy}\cdot\cos 2\varphi \tag{7.22}$$

Addiert man die beiden Gleichungen in *Gl. (7.21)*, so ergibt sich:

$$\tilde{\sigma}_\xi + \tilde{\sigma}_\eta = \sigma_x + \sigma_y = J_1 \tag{7.23}$$

Die Summe der Normalspannungen ist damit unabhängig vom Koordinatensystem und wird als erste Invariante des Spannungszustandes bezeichnet. Eine weitere Umformung der Transformationsbeziehungen führt auf die zweite Invariante

$$\tfrac{1}{4}\cdot\left(\tilde{\sigma}_\xi - \tilde{\sigma}_\eta\right)^2 + \tilde{\tau}_{\xi\eta}^2 = \tfrac{1}{4}\cdot\left(\sigma_x - \sigma_y\right)^2 + \tau_{xy}^2 = \tfrac{1}{4}\cdot\left(\sigma_\xi - \sigma_\eta\right)^2 = J_2\ . \tag{7.24}$$

Die *Gl. (7.23)* und *(7.24)* können gut als Ergebniskontrolle einer Koordinatentransformation herangezogen werden. Natürlich gilt dies auch für die Summe der Hauptspannungen ($\sigma_1 + \sigma_2 = \sigma_x + \sigma_y$).

Es wird auf besondere Dateien hingewiesen, die per Download zu Lehr- und Lernzwecken erhältlich sind. So werden auch zur Spannungstransformation und Ermittlung der Hauptspannungen Hilfen angeboten.

Beispiel 7.3

Im Stegblech eines Stahlträgers (*Bild 7.16*) wirken die Spannungen σ_x = 56 N/mm², σ_z = -104 N/mm² und τ = 120 N/mm². Es sollen die Spannungskomponenten in der *z*-*x*-Ebene für ein um + 45° verdrehtes Koordinatensystem bestimmt werden.

Bei der Übertragung der *Gl. (7.21)* bis *(7.24)* auf die *x*-*z*-Ebene muss die zyklische Vertauschung der Indizes beachtet werden (siehe *Bild 7.15*).

$$\tilde{\sigma}_\zeta = \frac{1}{2}\cdot(-104+56) + \frac{1}{2}\cdot(-104-56)\cdot\cos 90^\circ + 120\cdot\sin 90^\circ$$
$$= -24 + 120 = +96{,}0\ \text{N/mm}^2$$

$$\tilde{\sigma}_\xi = \frac{1}{2}\cdot(-104+56) - \frac{1}{2}\cdot(-104-56)\cdot\cos 90^\circ - 120\cdot\sin 90^\circ$$
$$= -24 - 120 = -144{,}0\ \text{N/mm}^2$$

$$\tilde{\tau}_{\zeta\xi} = \tilde{\tau}_{\xi\zeta} = -\frac{1}{2}\cdot(-104+56)\cdot\sin 90^\circ + 120\cdot\cos 90^\circ = +80{,}0\ \text{N/mm}^2$$

Eine Kontrolle gemäß *Gl. (7.23)* ergibt:

$$-104 + 56 = 96 - 144 = -48\ .$$

7

Wie mit *Gl. (7.21)* und *(7.22)* gezeigt, können die Spannungen σ_x, σ_y und τ_{xy} auf ein beliebiges $\tilde{\xi}$ - $\tilde{\eta}$ -System umgerechnet werden. Durch Umordnen der Transformationsgleichungen lassen sich alle aufgezeigten Zusammenhänge grafisch mithilfe des Mohrschen Spannungskreises veranschaulichen. Dazu werden in einem ersten Schritt die 1. Gleichung in *Gl. (7.21)* sowie *Gl. (7.22)* umgestellt:

$$\begin{aligned} \tilde{\sigma}_\xi - \frac{1}{2}\cdot\left(\sigma_x + \sigma_y\right) &= \frac{1}{2}\cdot\left(\sigma_x - \sigma_y\right)\cdot\cos 2\varphi + \tau_{xy}\cdot\sin 2\varphi \\ \tilde{\tau}_{\xi\eta} &= -\frac{1}{2}\cdot\left(\sigma_x - \sigma_y\right)\cdot\sin 2\varphi + \tau_{xy}\cdot\cos 2\varphi \end{aligned} \tag{7.25}$$

Durch Quadrieren und anschließendes Addieren der beiden Gleichungen lässt sich der Winkel φ eliminieren; es entsteht:

$$\left[\tilde{\sigma}_\xi - \frac{1}{2}\cdot\left(\sigma_x + \sigma_y\right)\right]^2 + \tilde{\tau}_{\xi\eta}^2 = \left(\frac{\sigma_x - \sigma_y}{2}\right)^2 + \tau_{xy}^2 \tag{7.26}$$

Im Zeitalter der Taschenrechner und Computer haben die grafischen Methoden an Bedeutung verloren. Deshalb sollen lediglich im Zusammenhang mit *Aufgabe 7.5* auch einige Sonderfälle am Mohrschen Spannungskreis untersucht werden.

Führt man diese Rechenschritte ein weiteres Mal in Verbindung mit der 2. Gleichung in *Gl. (7.22)* aus, so stellt man fest, dass σ_ξ in *Gl. (7.26)* durch σ_η ersetzt werden kann und die Indizes damit überflüssig sind. Mit den Abkürzungen

$$\sigma_M = \frac{1}{2}\cdot\left(\sigma_x + \sigma_y\right) = \frac{1}{2}\cdot J_1 \tag{7.27}$$

und

$$r^2 = \left(\frac{\sigma_x - \sigma_y}{2}\right)^2 + \tau_{xy}^2 = J_2 \tag{7.28}$$

entsteht eine Kreisgleichung

$$\left(\sigma - \sigma_m\right)^2 + \tau^2 = r^2 \tag{7.29}$$

in der σ-τ-Ebene mit dem Mittelpunkt (σ_M, 0) und dem Radius r. Die Kreisgleichung gibt den geometrischen Ort aller möglichen, zueinander gehörenden Wertepaare σ und τ in einem ebenen Spannungszustand wieder *(Bild 7.18)*. Aus dem Mohrschen Spannungskreis können auf grafischem Wege sowohl die Spannungen in beliebigen Schnitten als auch die extremalen Spannungswerte mit ihren zugehörigen Schnittrichtungen ermittelt werden. Die Hauptnormalspannungen σ_1 und σ_2 sind ebenso wie die Hauptschubspannung $\tau_{max} = \sigma_1 - \sigma_M$ direkt ablesbar.

Aufgabe 7.5: Stellen Sie folgende Spannungszustände im Mohrschen Spannungskreis dar und geben Sie die extremalen Spannungen und die zugehörigen Schnittrichtungen an (Zahlenangaben in N/mm²):

a) σ_x = 80,0; σ_y = 0; τ_{xy} = 0;

b) σ_x = -50,0; σ_y = -50,0; τ_{xy} = 0;

c) σ_x = 0; σ_y = 0; τ_{xy} = 60,0;

d) σ_x = 56,0; σ_z = -104,0; τ_{xz} = 120,0.

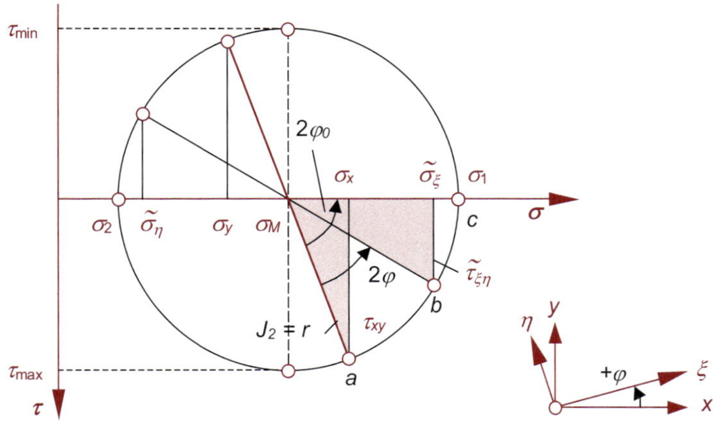

Bild 7.18 Mohrscher Spannungskreis

Der Mohrsche Spannungskreis wird wie folgt konstruiert:

- σ_x und σ_y auf der σ-Achse auftragen; ebenso σ_M als arithmetisches Mittel von σ_x und σ_y.
- τ_{xy} vorzeichengerecht über σ_x in τ-Richtung auftragen; es ergibt sich Punkt *a*.
- Kreis zeichnen mit dem Mittelpunkt (σ_M,0) durch den Punkt *a*.

Ein Spannungszustand bezieht sich immer auf einen ganz bestimmten Punkt eines Körpers. Bleibt man beispielsweise in dieser Ebene, so kann sich der Spannungszustand in *x*- bzw. *y*-Richtung ändern. Deshalb sind die Spannungen an den gegenüberliegenden Rändern des infinitesimalen Flächenelementes in der Regel nicht gleich groß; sie unterscheiden sich durch infinitesimale Zuwächse. Bewegt man sich also um ein differenziell kleines Stück d*x* oder d*y* weiter, so lassen sich neue Spannungswerte angeben, in dem zu den alten Werten die Spannungsänderungen hinzuaddiert werden. Eine Änderung ergibt sich aus der partiellen Ableitung in die jeweilige Koordinatenrichtung multipliziert mit dem Wegzuwachs (siehe *Bild 7.19*).

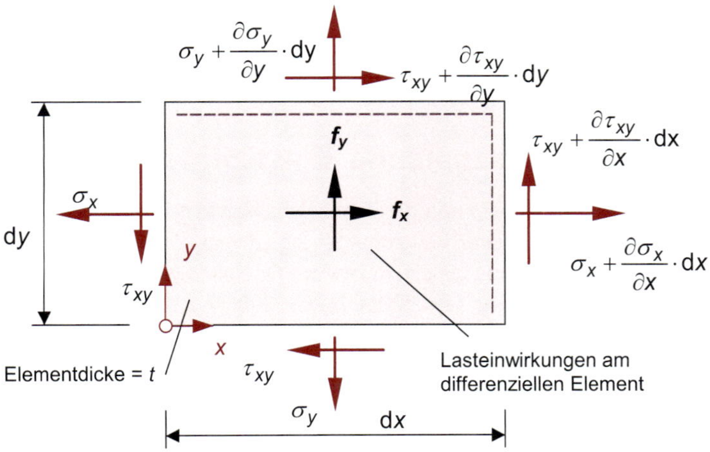

Bild 7.19 Gleichgewicht am differenziellen Element

Partielle Ableitungen werden dann erforderlich, wenn Funktionen von zwei (oder mehr) Variablen abhängig sind; z.B. $z = f(x,y)$:

$$\lim_{\Delta x \to 0} \frac{f(x+\Delta x, y) - f(x,y)}{\Delta x} = \frac{\partial z}{\partial x} = \frac{\partial f(x,y)}{\partial x} = f_x$$

$$\lim_{\Delta y \to 0} \frac{f(x, y+\Delta y) - f(x,y)}{\Delta y} = \frac{\partial z}{\partial y} = \frac{\partial f(x,y)}{\partial y} = f_y$$

7

Das Kräftegleichgewicht liefert in *x*-Richtung

$$0 = -\sigma_x \cdot dy \cdot t - \tau_{xy} \cdot dx \cdot t + \left(\sigma_x + \frac{\partial \sigma_x}{\partial x} \cdot dx \right) \cdot dy \cdot t + \left(\tau_{xy} + \frac{\partial \tau_{xy}}{\partial y} \cdot dy \right) \cdot dx \cdot t + f_x \cdot dx \cdot dy \cdot t \qquad (7.30)$$

und in *y*-Richtung

$$0 = -\sigma_y \cdot dx \cdot t - \tau_{xy} \cdot dy \cdot t + \left(\sigma_y + \frac{\partial \sigma_y}{\partial y} \cdot dy \right) \cdot dx \cdot t + \left(\tau_{xy} + \frac{\partial \tau_{xy}}{\partial x} \cdot dx \right) \cdot dy \cdot t + f_y \cdot dy \cdot dx \cdot t \qquad (7.31)$$

Die analog zu entwickelnden Gleichgewichtsbeziehungen für den räumlichen (3D-) Spannungszustand lauten:

$$\frac{\partial \sigma_x}{\partial x} + \frac{\partial \tau_{xy}}{\partial y} + \frac{\partial \tau_{zx}}{\partial z} + f_x = 0$$
$$\frac{\partial \tau_{xy}}{\partial x} + \frac{\partial \sigma_y}{\partial y} + \frac{\partial \tau_{zy}}{\partial z} + f_y = 0$$
$$\frac{\partial \tau_{xz}}{\partial x} + \frac{\partial \tau_{yz}}{\partial y} + \frac{\partial \sigma_z}{\partial z} + f_z = 0$$

Durch Umformung entstehen – als Gleichgewichtsbeziehungen – zwei gekoppelte Differenzialgleichungen für die drei unabhängigen Komponenten des Spannungstensors σ_x, σ_y und τ_{xy} im ebenen Spannungszustand.

$$\frac{\partial \sigma_x}{\partial x} + \frac{\partial \tau_{xy}}{\partial y} + f_x = 0 \qquad \frac{\partial \tau_{xy}}{\partial x} + \frac{\partial \sigma_y}{\partial y} + f_y = 0 \qquad (7.32)$$

Da die beiden Gleichgewichtsgleichungen in *Gl. (7.32)* allein nicht ausreichen, um die drei Spannungskomponenten zu bestimmen, ist der ebene Spannungszustand im Regelfall in jedem Element eines Bauteils einfach statisch unbestimmt. *Gl. (7.32)* stellt wesentliche Beziehungen bereit, um die Größe und Richtung jeder Spannungskomponente und damit den genauen Kraftfluss innerhalb eines Flächentragwerks analysieren zu können.

7.3 Verzerrungszustände, Elastizitätsgesetz

In *Kapitel 1* wurde die Dehnung als dimensionslose Größe vorgestellt, die das Verhältnis zwischen der Längenänderung ΔL und der ursprünglichen Länge eines Zugstabes mit gleichbleibendem Querschnitt unter konstanter Normalkraftbeanspruchung beschreibt (siehe *Bild 1.12*). Überträgt man diesen Zusammenhang analog auf die Scheibe nach *Bild 7.11*, so entstehen Dehnungen in mehreren Achsen (*Bild 7.20*). Die Dehnungskomponenten in der Scheibenebene sind in ξ- bzw. η-Richtung:

Es wird auf besondere Software und Dateien hingewiesen, die zu Lehr- und Lernzwecken per Download erhältlich sind. Auch zum ebenen oder räumlichen Spannungs- bzw. Verzerrungszustand werden Hilfen angeboten.

$$\varepsilon_1 = \frac{\Delta a}{a} \quad \text{bzw.} \quad \varepsilon_2 = \frac{\Delta b}{b} \qquad (7.33)$$

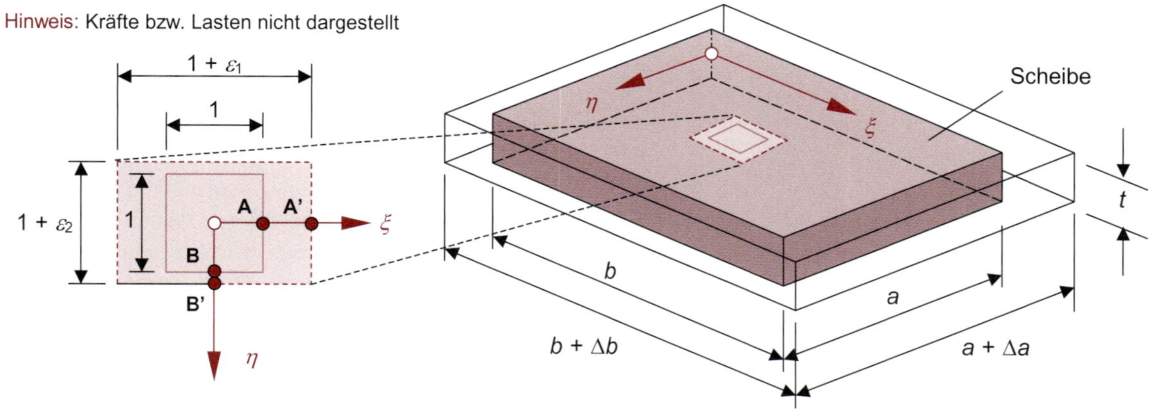

Bild 7.20 Dehnungen (= Verzerrungen infolge von Normalspannungen) in mehreren Achsen

An einem beliebigen Punkt der Scheibe nimmt ein infinitesimales Quadrat eine Rechteckform an. Der Verzerrungszustand bezüglich des Hauptachsensystems wird allein durch die Verzerrungskomponenten ε_1 und ε_2 definiert.

Bei allen weiteren Betrachtungen wollen wir uns im Zusammenhang mit dem Werkstoffgesetz auf homogene und isotrope Werkstoffe beziehen. Sie besitzen Eigenschaften, die an jeder Stelle (homogen) und in jeder Richtung (isotrop) gleich sind.

Alle Verzerrungen in einem Bauteil sind von Last- und/oder Temperatureinwirkungen und damit von den Spannungen abhängig. Gemäß *Gl. (1.12)* sind Spannungen und Verzerrungen durch das Werkstoffgesetz – im elastischen Fall durch das Elastizitätsgesetz (Hookesches Gesetz) – verbunden. Wirkt allein eine Zugspannung σ_1 in der ersten Hauptachsenrichtung, so dehnt sich das Material ebenfalls in dieser Richtung aus; es gilt:

$$\varepsilon_{1,1} = \frac{\sigma_1}{E} \quad \text{(1. Index = Richtung; 2. Index = Ursache)} \tag{7.34}$$

Aufgrund der Querkontraktion (siehe *Bild 1.21*) tritt gleichzeitig eine negative Formänderung des Körpers quer zur Beanspruchungsrichtung auf. Die Querkontraktion wird durch die Querdehnzahl ν – auch als Querkontraktionszahl oder Poissonsche Zahl bekannt – definiert. Die Querdehnung ε_2 ist proportional zur Dehnung ε_1 in Längsrichtung und ergibt sich zu

$$\varepsilon_{2,1} = -\nu \cdot \varepsilon_{1,1} = -\nu \cdot \frac{\sigma_1}{E}\,. \tag{7.35}$$

Durch die Querkontraktion wird mit ε_3 auch eine Formänderung senkrecht zur 1. und 2. Hauptachse und damit quer zur Scheibenebene eintreten. So ruft schon ein einachsiger Spannungszustand einen räumlichen Verzerrungszustand hervor.

Wirkt zusätzlich eine Spannung σ_2 in Querrichtung, so überlagern sich die Dehnungsanteile. Unter Berücksichtigung einer Temperaturänderung t lässt sich das Spannungs-Dehnungsverhalten mit Bezug auf die Hauptrichtungen nun angeben durch

$$\begin{aligned} \varepsilon_1 &= \varepsilon_{1,1} + \varepsilon_{1,2} + \varepsilon_{1,t} = \frac{\sigma_1}{E} - \nu \cdot \frac{\sigma_2}{E} + \alpha_t \cdot t \\ \varepsilon_2 &= \varepsilon_{2,1} + \varepsilon_{2,2} + \varepsilon_{2,t} = -\nu \cdot \frac{\sigma_1}{E} + \frac{\sigma_2}{E} + \alpha_t \cdot t \end{aligned} \quad (7.36)$$

Die Beschreibung des Spannungs-Dehnungsverhaltens mit Ausrichtung auf das Hauptachsensystem ist – wie bereits bei den Spannungen in *Abschn. 7.2* gezeigt – ein Sonderfall. Um die mechanischen Zusammenhänge in einem beliebigen Koordinatensystem zu formulieren, betrachtet man ein quadratisches, sich später zu einer Raute verzerrendem Scheibenelement im *x-y*-Koordinatensystem *(Bild 7.21)*.

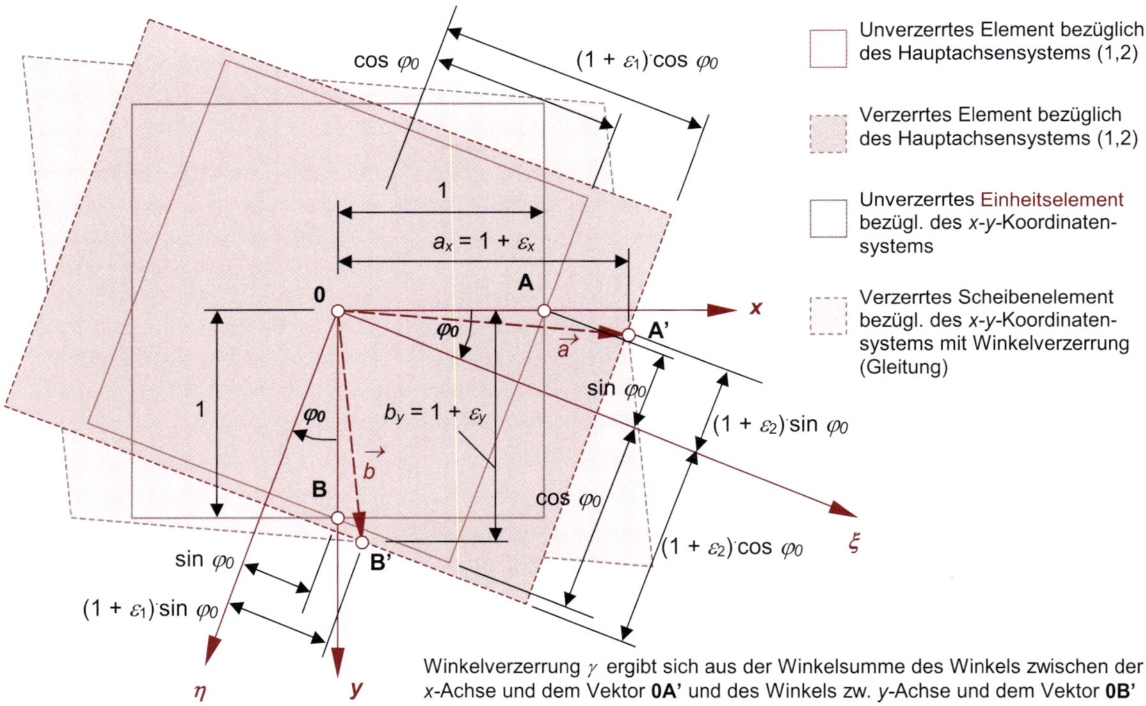

Bild 7.21 Dehnungen (= Verzerrungen infolge von Normalspannungen) in mehreren Achsen

Die ursprünglich senkrecht stehenden Vektoren 0A und 0B der Länge „1" werden nach der Formänderung zu Vektoren 0A' bzw. 0B', die nicht mehr senkrecht zueinanderstehen. Das bedeutet, dass ein Scheibenelement mit einer von den Hauptachsen abweichenden Orientierung auch eine Winkelverzerrung γ_{xy} – auch Gleitung oder Scherung genannt – erfährt. Die Berechnung der Verzerrungsgrößen im *x-y*-System erfolgt ausgehend von den Koordinaten der Vektoren $\vec{a}$ = 0A' und $\vec{b}$ = 0B' im Hauptachsensystem (ξ-η-System); sie lauten gemäß *Bild 7.21*:

$$\vec{a} = \begin{bmatrix} a_1 \\ a_2 \end{bmatrix} = \begin{bmatrix} (1+\varepsilon_1)\cdot\cos\varphi_0 \\ -(1+\varepsilon_2)\cdot\sin\varphi_0 \end{bmatrix} \text{ bzw. } \vec{b} = \begin{bmatrix} b_1 \\ b_2 \end{bmatrix} = \begin{bmatrix} (1+\varepsilon_1)\cdot\sin\varphi_0 \\ (1+\varepsilon_2)\cdot\cos\varphi_0 \end{bmatrix} \quad (7.37)$$

Die Koordinaten dieser Vektoren im *x-y*-System erhält man durch Transformation:

$$\vec{a}_x = \begin{bmatrix} a_x \\ a_y \end{bmatrix} = \begin{bmatrix} \cos\varphi_0 & -\sin\varphi_0 \\ \sin\varphi_0 & \cos\varphi_0 \end{bmatrix} \cdot \begin{bmatrix} a_1 \\ a_2 \end{bmatrix} \quad (7.38)$$

$$\vec{b}_x = \begin{bmatrix} b_x \\ b_y \end{bmatrix} = \begin{bmatrix} \cos\varphi_0 & -\sin\varphi_0 \\ \sin\varphi_0 & \cos\varphi_0 \end{bmatrix} \cdot \begin{bmatrix} b_1 \\ b_2 \end{bmatrix} \quad (7.39)$$

In ausgeschriebener Form entstehen unter Einbeziehung der *Gl. (7.37)* folgende Zusammenhänge:

$$\begin{aligned} a_x &= (1+\varepsilon_1)\cdot\cos^2\varphi_0 + (1+\varepsilon_2)\cdot\sin^2\varphi_0 \\ a_y &= b_x = (\varepsilon_1 - \varepsilon_2)\cdot\sin\varphi_0\cdot\cos\varphi_0 \\ b_y &= (1+\varepsilon_2)\cdot\cos^2\varphi_0 + (1+\varepsilon_1)\cdot\sin^2\varphi_0 \end{aligned} \quad (7.40)$$

Setzt man – wie *Bild 7.21* zeigt – für

$$a_x = \varepsilon_x + 1\,, \quad a_y = \varepsilon_y + 1 \quad \text{und} \quad a_y + b_x \approx \gamma_1 + \gamma_2 = \gamma_{xy} \quad (7.41)$$

so erhält man sinngemäß zu den Spannungskomponenten gemäß *Gl. (7.11)* und *(7.12)* die gesuchten Verzerrungskomponenten im *x-y*-System:

$$\begin{aligned} \varepsilon_x &= \varepsilon_1\cdot\cos^2\varphi_0 + \varepsilon_2\cdot\sin^2\varphi_0 \\ \varepsilon_y &= \varepsilon_1\cdot\sin^2\varphi_0 + \varepsilon_2\cdot\cos^2\varphi_0 \\ \gamma_{xy} &= 2\cdot(\varepsilon_1-\varepsilon_2)\cdot\cos\varphi_0\cdot\sin\varphi_0 = (\varepsilon_1-\varepsilon_2)\cdot\sin 2\varphi_0 \end{aligned} \quad (7.42)$$

Die hier betrachteten Gleichungen werden für die x-y-Ebene hergeleitet. Sie können durch zyklische Vertauschung der Richtungsindizes ohne weiteres auf die *y-z*-Ebene oder die *z-x*-Ebene übertragen werden; also *x-y* $\rightarrow$ *y-z* $\rightarrow$ *z-x*.

Damit sind alle Verzerrungskomponenten in der Ebene für ein beliebiges *x-y*-System gegeben. Die für die Spannungskomponenten in *Abschn. 7.2* aufgeführten Beziehungen können ohne weiteres auf die Verzerrungen übertragen werden. Lediglich im Zusammenhang mit der Schubverzerrung ist der Faktor 2 zu berücksichtigen. Sind die Verzerrungen ε_x, ε_y und γ_{xy} aus einer Tragwerksanalyse bekannt, so können mit

$$\varepsilon_{1,2} = \frac{\varepsilon_x + \varepsilon_y}{2} \pm \sqrt{\left(\frac{\varepsilon_x + \varepsilon_y}{2}\right)^2 - \varepsilon_x \cdot \varepsilon_y + \left(\frac{1}{2} \cdot \gamma_{xy}\right)^2}$$
$$= \frac{\varepsilon_x + \varepsilon_y}{2} \pm \sqrt{\left(\frac{\varepsilon_x - \varepsilon_y}{2}\right)^2 + \left(\frac{1}{2} \cdot \gamma_{xy}\right)^2} \quad (7.43)$$

die Hauptdehnungen ε_1 und ε_2 angegeben werden. Die Hauptdehnungsrichtungen sind entsprechend *Gl. (7.17)* oder *(7.20)* zu berechnen mit

$$\tan \varphi_{01} = \frac{\gamma_{xy}}{2 \cdot \left(\varepsilon_1 - \varepsilon_y\right)} \quad \text{und} \quad \varphi_{02} = \varphi_{01} + 90^\circ \quad (7.44)$$

oder – für beide Winkel zutreffend – mit

$$\tan 2\varphi_0 = \frac{\gamma_{xy}}{\varepsilon_x - \varepsilon_y}. \quad (7.45)$$

Aufgabe 7.6: Im Stegblech eines Stahlträgers (*Bild 7.16*) werden mithilfe einer Dehnmessstreifenrosette Dehnungen unter 0°, 45° und 90° aufgezeichnet. Für einen bestimmten Lastfall wurden folgende Dehnungen gemessen (Angaben in 0/00):

- in *z*-Achse (0°): $\varepsilon_{(0^\circ)}$ = -0,604,
- in *x*-Achse (90°): $\varepsilon_{(90^\circ)}$ = 0,696,
- unter 45°: $\varepsilon_{(45^\circ)}$ = 0,436.

Klären Sie mittels einer Internetrecherche, wie Dehnmessstreifen funktionieren. Bestimmen Sie die Spannungs- und Verzerrungskomponenten bezüglich des *z*-*x*-Systems. Der Elastizitätsmodul des Baustahls beträgt E = 200000 N/mm². Als Querdehnzahl ist ν = 0,3 anzusetzen.

Die Umrechnung der Verzerrungen ε_x, ε_y und γ_{xy} auf ein beliebig gedrehtes Koordinatensystem mit den Achsen $\tilde{\xi}$ und $\tilde{\eta}$ wird durch folgende Transformationsgleichungen ermöglicht (siehe *Gl. (7.21)* und *(7.22)*):

$$\tilde{\varepsilon}_\xi = \frac{1}{2} \cdot \left(\varepsilon_x + \varepsilon_y\right) + \frac{1}{2} \cdot \left(\varepsilon_x - \varepsilon_y\right) \cdot \cos 2\varphi + \frac{1}{2} \cdot \gamma_{xy} \cdot \sin 2\varphi$$
$$\tilde{\varepsilon}_\eta = \frac{1}{2} \cdot \left(\varepsilon_x + \varepsilon_y\right) - \frac{1}{2} \cdot \left(\varepsilon_x - \varepsilon_y\right) \cdot \cos 2\varphi - \frac{1}{2} \cdot \gamma_{xy} \cdot \sin 2\varphi \quad (7.46)$$
$$\frac{1}{2} \cdot \tilde{\gamma}_{\xi\eta} = -\frac{1}{2} \cdot \left(\varepsilon_x - \varepsilon_y\right) \cdot \sin 2\varphi + \frac{1}{2} \cdot \gamma_{xy} \cdot \cos 2\varphi$$

Mit *Gl. (7.36)* wurde das Spannungs-Dehnungsverhalten mit Bezug auf die Hauptrichtungen beschrieben. Mit den obigen Gleichungen kann dieser Schritt nun für ein beliebiges *x*-*y*-System erfolgen. Durch Umstellung der *Gl. (7.36)* erhält man:

$$\varepsilon_1 = \left(\frac{\sigma_1 + \sigma_2}{E}\right) - \left(1 + \nu\right) \cdot \frac{\sigma_2}{E} + \alpha_t \cdot t \quad (7.47)$$

$$\varepsilon_2 = \left(\frac{\sigma_1 + \sigma_2}{E}\right) - \left(1 + \nu\right) \cdot \frac{\sigma_1}{E} + \alpha_t \cdot t \quad (7.48)$$

Durch Multiplikation der *Gl. (7.47)* mit $\cos^2\varphi$ und *Gl. (7.48)* mit $\sin^2\varphi$ und anschließender Addition dieser Gleichungen entsteht zunächst:

$$\varepsilon_1 \cdot \cos^2\varphi + \varepsilon_2 \cdot \sin^2\varphi = \frac{\sigma_1 + \sigma_2}{E} - \frac{1+\nu}{E} \cdot \left(\sigma_1 \cdot \sin^2\varphi + \sigma_2 \cdot \cos^2\varphi\right) + \alpha_t \cdot t$$

Die linke Seite dieser Gleichung entspricht gemäß der 1. Zeile in *Gl. (7.42)* der Dehnung ε_x. Der Ausdruck in der Klammer der rechten Seite kann wegen *Gl. (7.11)* durch σ_x ersetzt werden. Berücksichtigt man wie in *Gl. (7.23)* gezeigt, dass die Summe der Normalspannungen invariant und unabhängig vom Koordinatensystem ist, so kann nun

$$\varepsilon_x = \frac{\sigma_x + \sigma_y}{E} - \frac{1+\nu}{E} \cdot \sigma_y + \alpha_t \cdot t = \frac{\sigma_x}{E} - \nu \cdot \frac{\sigma_y}{E} + \alpha_t \cdot t \qquad (7.49)$$

angegeben werden. Für ε_y lässt sich durch Vertauschung der Sinus- und Kosinusfunktion eine analoge Beziehung entwickeln; es entsteht:

$$\varepsilon_y = \frac{\sigma_x + \sigma_y}{E} - \frac{1+\nu}{E} \cdot \sigma_x + \alpha_t \cdot t = -\nu \cdot \frac{\sigma_x}{E} + \frac{\sigma_y}{E} + \alpha_t \cdot t \qquad (7.50)$$

Für die verbleibende Schubverzerrung γ_{xy} lässt sich aus der 3. Zeile der *Gl. (7.42)* und dem Einsetzen von *Gl. (7.47)* und *(7.48)* folgende Beziehung erstellen:

$$\gamma_{xy} = \frac{2 \cdot (1+\nu)}{E} \cdot (\sigma_1 - \sigma_2) \cdot \sin\varphi \cdot \cos\varphi \qquad (7.51)$$

Unter Beachtung der *Gl. (7.12)* entsteht daraus:

$$\gamma_{xy} = \frac{2 \cdot (1+\nu)}{E} \cdot \tau_{xy} = \frac{\tau_{xy}}{G} \quad \text{mit} \quad G = \frac{E}{2 \cdot (1+\nu)} \qquad (7.52)$$

Der Schubmodul G ist kein eigenständiger Werkstoffparameter wie der Elastizitätsmodul E oder die Querdehnzahl ν. Der Schubmodul ergibt sich aus den Spannungs-Dehnungsbeziehungen des Hauptspannungszustandes. G kann aber unmittelbar durch einen besonderen Versuchsaufbau, bei dem sowohl die Schubspannungen als auch die zugehörigen Verzerrungen an einem Torsionsstab aufgezeichnet werden, experimentell ermittelt werden.

G ist der werkstoffabhängige Schub- oder Gleitmodul (siehe *Bild 1.22*), der damit den mechanischen Zusammenhang zwischen einer Schubspannung (Tangentialspannung) und der zugehörigen Schubverzerrung (Scherung, Gleitung) herstellt.

Durch Zusammenfassen der *Gl. (7.49)*, *(7.50)* und *(7.52)* entsteht in Matrizenschreibweise *Gl. (7.53)*. Da eine Temperaturänderung t gleich große Dehnungen nach allen Richtungen hervorruft, besitzt sie keinen Einfluss auf die Schubverzerrungen.

$$\begin{bmatrix} \varepsilon_x \\ \varepsilon_y \\ \gamma_{xy} \end{bmatrix} = \frac{1}{E} \cdot \begin{bmatrix} 1 & -\nu & 0 \\ -\nu & 1 & 0 \\ 0 & 0 & 2 \cdot (1+\nu) \end{bmatrix} \cdot \begin{bmatrix} \sigma_x \\ \sigma_y \\ \tau_{xy} \end{bmatrix} + \alpha_t \cdot t \cdot \begin{bmatrix} 1 \\ 1 \\ 0 \end{bmatrix} \qquad (7.53)$$

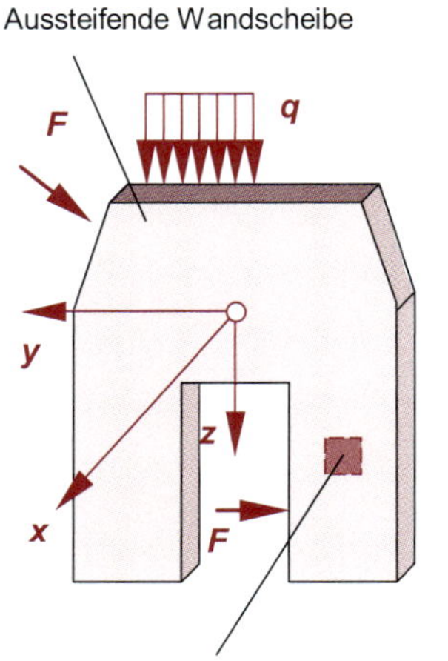

$\varepsilon_x \neq 0;\ \varepsilon_y \neq 0;\ \varepsilon_z \neq 0\ ;\ \gamma_{yz} \neq 0$

$\sigma_x = 0;\ \sigma_y \neq 0;\ \sigma_z \neq 0\ ;\ \tau_{yz} \neq 0$

Bild 7.22 Ebener Spannungszustand wegen freier Ausdehnung in *x*-Richtung

Beim Einsatz der *Gl. (7.53)* ist zu beachten, dass bei einem ebenen Spannungszustand aufgrund der Querdehnzahl ν auch eine Dehnung quer zur Ebene, also in *z*-Richtung auftritt und errechnet wird mit:

$$\varepsilon_z = \frac{\nu}{\nu - 1} \cdot \left(\varepsilon_x + \varepsilon_y\right) + \alpha_t \cdot t \tag{7.54}$$

Ein ebener Spannungszustand erzeugt für $\nu > 0$ immer einen räumlichen (dreiachsigen) Verzerrungszustand. *Bild 7.22* zeigt diese Zusammenhänge bezogen auf die *x*-Achse. Die Auflösung der *Gl. (7.53)* nach den Spannungsgrößen führt auf:

$$\begin{bmatrix} \sigma_x \\ \sigma_y \\ \tau_{xy} \end{bmatrix} = \frac{E}{1-\nu^2} \cdot \begin{bmatrix} 1 & \nu & 0 \\ \nu & 1 & 0 \\ 0 & 0 & \frac{1}{2}(1-\nu) \end{bmatrix} \cdot \begin{bmatrix} \varepsilon_x - \alpha_t \cdot t \\ \varepsilon_y - \alpha_t \cdot t \\ \gamma_{xy} \end{bmatrix} \tag{7.55}$$

Sollte im Gegensatz dazu eine Querdehnung beispielsweise in *z*-Richtung durch bauliche Maßnahmen behindert werden, so entsteht beim Aufbringen von Spannungen in der *x*-*y*-Ebene auch eine Spannung in *z*-Richtung. In diesem Fall liegt ein ebener Verzerrungszustand bei einem gleichzeitigen räumlichen Spannungszustand vor. *Bild 7.23* stellt diese Situation für eine Dehnungsbehinderung in *x*-Achse dar. Die Verzerrungen werden abweichend von *Gl. (7.53)* dann durch die Matrizengleichung

$$\begin{bmatrix} \varepsilon_x \\ \varepsilon_y \\ \gamma_{xy} \end{bmatrix} = \frac{1+\nu}{E} \cdot \begin{bmatrix} 1-\nu & -\nu & 0 \\ -\nu & 1-\nu & 0 \\ 0 & 0 & 2\cdot(1+\nu) \end{bmatrix} \cdot \begin{bmatrix} \sigma_x \\ \sigma_y \\ \tau_{xy} \end{bmatrix} + \alpha_t \cdot t \cdot \begin{bmatrix} 1 \\ 1 \\ 0 \end{bmatrix} \tag{7.56}$$

wiedergegeben. Die Spannung in Querrichtung – hier also in Richtung der *z*-Achse – lässt sich durch folgende Gleichung bestimmen:

$$\sigma_z = \frac{\nu \cdot E}{(1+\nu)\cdot(1-2\cdot\nu)} \cdot \left(\varepsilon_x + \varepsilon_y\right) \tag{7.57}$$

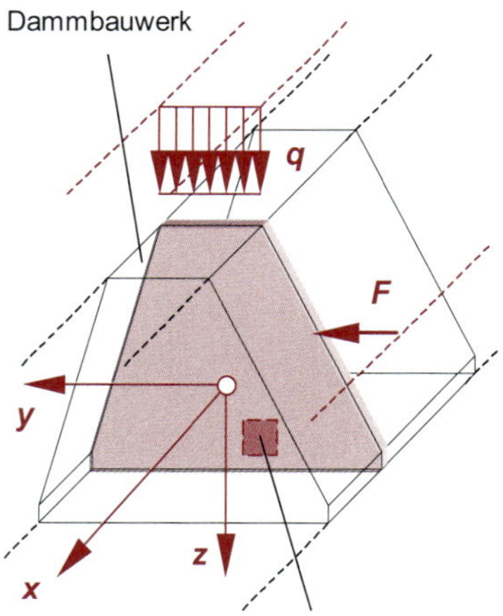

$\varepsilon_x = 0;\ \varepsilon_y \neq 0;\ \varepsilon_z \neq 0\ ;\ \gamma_{yz} \neq 0$

$\sigma_x \neq 0;\ \sigma_y \neq 0;\ \sigma_z \neq 0\ ;\ \tau_{yz} \neq 0$

Bild 7.23 Ebener Verzerrungszustand durch Dehnungsbehinderung in *x*-Richtung

Die Formulierung der Spannungen in Abhängigkeit von den Verzerrungen erhält man durch Invertierung der *Gl. (7.56)*. Es entsteht für den ebenen Verzerrungszustand:

$$\begin{bmatrix} \sigma_x \\ \sigma_y \\ \tau_{xy} \end{bmatrix} = \frac{E}{(1+\nu)\cdot(1-2\cdot\nu)} \cdot \begin{bmatrix} 1-\nu & \nu & 0 \\ \nu & 1-\nu & 0 \\ 0 & 0 & \frac{1}{2}-\nu \end{bmatrix} \cdot \begin{bmatrix} \varepsilon_x - \alpha_t \cdot t \\ \varepsilon_y - \alpha_t \cdot t \\ \gamma_{xy} \end{bmatrix} \tag{7.58}$$

Damit sind nun alle wesentlichen Spannungs-Verzerrungsbeziehungen für den ebenen Spannungs- bzw. Verzerrungszustand gegeben.

Zur vollständigen Beschreibung der mechanischen Zusammenhänge in einem ebenen Flächentragwerk gehören die kinematischen Beziehungen, die den Zusammenhang zwischen Verzerrungen und Verschiebungen eines Bauteils herstellen. Bei der (einachsigen) Längenänderung eines Zugstabes (*Bild 1.12*) wurde die kinematische Beziehung $\varepsilon_x = du / dx$ als *Gl. (1.4)* eingeführt. Ihre Übertragung auf den zweidimensionalen Fall gemäß *Bild 7.20* führt im Hauptachsensystem auf:

$$\varepsilon_1 = \frac{\partial u_1}{\partial x_1} \quad \text{bzw.} \quad \varepsilon_2 = \frac{\partial u_2}{\partial x_2} \tag{7.59}$$

Sollen die kinematischen Beziehungen für den allgemeinen ebenen Fall im *x-y*-System entwickelt werden, so müssen die Zusammenhänge zwischen den Verzerrungen und Verschiebungen zunächst an einem infinitesimal kleinen Scheibenelement betrachtet werden (siehe *Bild 7.24*).

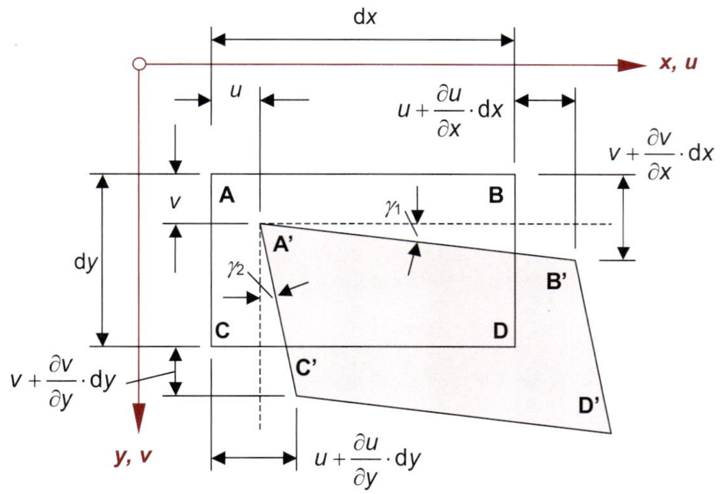

Bild 7.24 Zur Herleitung der kinematischen Beziehungen am Scheibenelement

Die Übertragung auf den räumlichen Fall erfolgt mithilfe eines infinitesimalen Quaders durch Änderungen seiner Kantenlängen und Winkel. Die Verschiebungsvektor ***u*** hat im Raum die Verschiebungskomponenten *u*, *v* und *w*. Sie sind Funktionen von *x*, *y* und *z* (siehe *Bild 1.16*).

Die Verschiebungen in der *x-y*-Ebene sind Funktionen von *x* und *y* und werden mit *u = u(x,y)* und *v = v(x,y)* gekennzeichnet. Beide Verformungsgrößen ergeben sich aus der Integration bestimmter Verzerrungskomponenten im betrachteten Bauteilbereich. Verzerrungen sind also über differenzielle Beziehungen mit den Verformungen verknüpft. Unterstellt man, dass die Verformungen sehr klein im Vergleich zu den Abmessungen des

Bauteils sind, so lassen sich aus *Bild 7.24* folgende Zusammenhänge gut herauslesen:

$$\varepsilon_x = \frac{\overline{A'B'} - \overline{AB}}{\overline{AB}} = \frac{\left[dx + \left(u + \frac{\partial u}{\partial x} \cdot dx\right) - u\right] - dx}{dx} = \frac{\partial u}{\partial x}$$
$$\varepsilon_y = \frac{\overline{A'D'} - \overline{AD}}{\overline{AD}} = \frac{\left[dy + \left(v + \frac{\partial v}{\partial y} \cdot dy\right) - v\right] - dy}{dy} = \frac{\partial v}{\partial y} \qquad (7.60)$$

Aufgrund der Beschränkung auf kleine Verformungen kann beispielsweise die Länge von $\overline{A'D'}$ näherungsweise mit der Länge der Projektion auf die x-Achse, also $\overline{AB}$ gleichgesetzt werden. Der Tangens des Winkels kann damit durch den Winkel selbst ersetzt werden. Es gilt:

$$\tan\gamma_1 = \frac{v + \frac{\partial v}{\partial x} \cdot dx - v}{dx + \cancel{\frac{\partial u}{\partial x} dx}} \approx \gamma_1 \approx \frac{\partial v}{\partial x} \qquad (7.61)$$

$$\tan\gamma_2 = \frac{u + \frac{\partial u}{\partial y} \cdot dy - u}{dy + \cancel{\frac{\partial v}{\partial y} dy}} \approx \gamma_2 \approx \frac{\partial u}{\partial y} \qquad (7.62)$$

Die Winkelverzerrung des ursprünglich rechtwinkligen Elements ergibt sich aus der Summe der Winkel γ_1 und γ_2; damit wird:

$$\gamma_{xy} = \gamma_1 + \gamma_2 = \frac{\partial v}{\partial x} + \frac{\partial u}{\partial y} \qquad (7.63)$$

Die kinematischen Beziehungen gemäß *Gl. (7.64)* gehören gemeinsam mit *Gl. (7.55)* für das Werkstoffverhalten und *Gl. (7.32)* für die Erfüllung des Gleichgewichts zu den sogenannten Grundgleichungen eines Flächentragwerks im ebenen Spannungszustand. Sie stellen maßgebende Gleichungen für die Berechnung derartiger Strukturen dar.

Die Zusammenfassung der *Gl. (7.60)* und *(7.63)* in Matrizenschreibweise führt schließlich auf

$$\begin{bmatrix} \varepsilon_x \\ \varepsilon_y \\ \gamma_{xy} \end{bmatrix} = \begin{bmatrix} \frac{\partial}{\partial x} & 0 \\ 0 & \frac{\partial}{\partial y} \\ \frac{\partial}{\partial y} & \frac{\partial}{\partial x} \end{bmatrix} \cdot \begin{bmatrix} u \\ v \end{bmatrix} = \begin{bmatrix} u_{,x} \\ v_{,y} \\ u_{,y} + v_{,x} \end{bmatrix}. \qquad (7.64)$$

7.4 Festigkeitshypothesen

Beim Zugversuch (*Bild 1.17*) wird das Last-Verformungsverhalten aufgezeichnet. Da im Zugstab ein linearer Spannungszustand herrscht, kann die einwirkende Kraft einfach in eine Längsspannung $\sigma_x = \sigma_1$ umgerechnet werden. Die aufgezeichnete Weggröße u wird als Längenänderung ΔL auf die ursprüngliche Stablänge L bezogen, womit die Längsdehnung $\varepsilon_x = \varepsilon_1$ gegeben ist. Das daraus entwickelte Spannungs-Dehnungsdiagramm gibt Auskunft darüber, bei welcher Spannung das plastische Fließen ($\sigma_1 = f_y$ = Fließgrenze) oder der Bruch ($\sigma_1 = f_t$ = Zugfestigkeit) eintritt. Diese werkstoffabhängigen Parameter werden zur Beurteilung der Tragsicherheit eines Bauteils bzw. zum Nachweis der Tragfähigkeit herangezogen, indem die vorhandene Spannungs- oder Kraftgröße aus einer Bemessungslast (E_d = Einwirkung im Bemessungszustand) dem Bauteilwiderstand (R_d = Resistance) gegenübergestellt werden. Der Bauteilwiderstand ist eine Funktion der aufnehmbaren Spannungen, die sich aus der jeweiligen Versagensspannung dividiert mit einem Sicherheitsbeiwert ($\gamma_M > 1$) ergeben. Es gilt:

In *Absch. 7.5* werden die Grundlagen des Sicherheitskonzepts behandelt, welches heute die Basis der modernen Bemessungsverfahren im Bauwesen bildet. Das wesentliche Merkmal des Sicherheitskonzeptes ist die Aufteilung der Sicherheit gegen Versagen auf die Einwirkungsseite mit Teilsicherheitsbeiwerten für die Erhöhung von Lasten und die Werkstoffseite mit Teilsicherheitsbeiwerten zur Reduzierung des Bauteilwiderstandes.

$$E_d \le R_d = f\left(\frac{f_y}{\gamma_M};\frac{f_t}{\gamma_M}\right) \tag{7.65}$$

Im Gegensatz zu einem einachsigen Spannungszustand, bei dem nur eine Spannungskomponente $\sigma = \sigma_x = \sigma_1$ vorherrscht, ist der ebene Zustand allgemein durch drei Spannungskomponenten – im x-y-System durch σ_x, σ_y und τ_{xy} – oder zwei Hauptspannungskomponenten – σ_1 und σ_2 – gekennzeichnet. Treten alle gemeinsam auf, so lässt sich die Frage, bei welcher Beanspruchung das Bauteil seine Tragfähigkeit verliert, nicht ohne weiteres beantworten. Um das am einachsigen Zugversuch ermittelte Materialverhalten auf ebene oder auch räumliche Spannungszustände abzubilden, hat man mehrere Festigkeitshypothesen entwickelt. Mit ihrer Hilfe können so genannte Vergleichsspannungen σ_V errechnet werden, die einen Vergleich des Beanspruchungsniveaus eines Bauteils im mehrachsigen Spannungszustand mit dem des einachsig beanspruchten Zugstabes zulassen. Liegt die maßgebende Vergleichsspannung σ_V in einem mehrachsig beanspruchten Bauteil unter der am Zugstab ermittelten Versagensspannung, so kann diesem Bauteil eine ausreichende Tragfähigkeit unterstellt werden.

Die drei bekanntesten Festigkeitshypothesen für die Ermittlung von Vergleichsspannungen bei einem ebenen Spannungszustand sind

- die Normalspannungshypothese,
- die Schubspannungshypothese und
- die Gestaltänderungsenergiehypothese.

Der Normalspannungshypothese liegt die Annahme zugrunde, dass für das Werkstoffversagen die größte Hauptnormalspannung maßgebend ist. Unter der Voraussetzung, dass $\sigma_1 > \sigma_2$ ist, gilt:

$$\sigma_V = \sigma_1 = \frac{\sigma_x + \sigma_y}{2} + \sqrt{\left(\frac{\sigma_x - \sigma_y}{2}\right)^2 + \tau_{xy}^2} \tag{7.66}$$

Die Normalspannungshypothese findet Verwendung bei spröden Werkstoffen mit überwiegender Zugbeanspruchung oder als erste Abschätzung, wenn nur eine Spannung bekannt ist. Wird eine (werkstoffabhängige) Versagensspannung von der größten Hauptspannung in einem Punkt des Bauteils übertroffen, so versagt das Material hier durch reinen Trennbruch quer zur zugehörigen Hauptspannungsrichtung. Die Normalspannungshypothese versagt bei überwiegender Druckbeanspruchung. Nahezu alle Baustoffe halten einen hohen hydrostatischen, d.h. von allen Seiten gleich groß wirkenden Druck aus, ohne zu fließen.

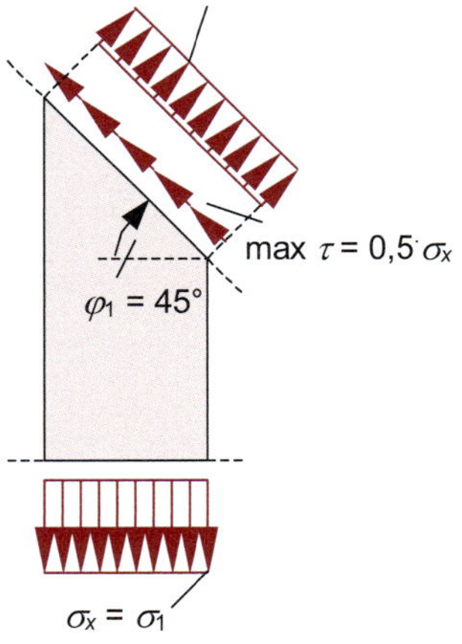

Bild 7.25 Zur Herleitung der Schubspannungshypothese

Bei der Schubspannungshypothese werden die maximalen Schubspannungen als maßgebende Versagensursache angesehen. Im einachsigen Spannungszustand ergibt sich die maßgebende Schubspannung unter einem Winkel von 45°. Gemäß *Bild 7.25* wird festgelegt:

$$\tau_{max} = \tau_1 = \frac{\sigma_1}{2} = \frac{\sigma_V}{2} \tag{7.67}$$

Die Vergleichsspannung beträgt damit das Zweifache der maximalen Schubspannung. Mit dieser Festlegung lässt sich die Vergleichsspannung im ebenen Spannungszustand wie folgt ermitteln. Mit

$$\tau_{max} = \sqrt{\left(\frac{\sigma_x - \sigma_y}{2}\right)^2 + \tau_{xy}^2} = \sqrt{\left(\frac{\sigma_1 - \sigma_2}{2}\right)^2} = \frac{\sigma_1 - \sigma_2}{2} \tag{7.68}$$

kann sie bestimmt werden zu

$$\sigma_V = 2 \cdot \tau_{max} = \sqrt{\left(\sigma_x - \sigma_y\right)^2 + 4 \cdot \tau_{xy}^2} = \sqrt{\left(\sigma_1 - \sigma_2\right)^2} = \sigma_1 - \sigma_2 \tag{7.69}$$

Gl. (7.69) gilt nur, wenn σ_1 und σ_2 unterschiedliche Vorzeichen besitzen. Bei gleichen Vorzeichen muss die betragsmäßig größere Spannungskomponente eingesetzt werden. Die Schubspannungshypothese liefert zutreffende Vergleichsspannungen sowohl für hochduktile, d.h. hochgradig fließfähige als auch für spröde, überwiegend unter Druckspannung stehende Werkstoffe.

Die Schubspannungshypothese wurde 1864 erstmalig von Henri Tresca (1814–1884) formuliert und deshalb mit seinem Namen verknüpft.

Die Gestaltänderungsenergiehypothese beruht auf einer Energiebilanz bezüglich der äußeren und inneren Formänderungsarbeiten. Die äußeren Arbeiten werden von Lastgrößen auf den Wegen entlang ihrer Wirkungsrichtungen geleistet und müssen nach dem Energieerhaltungsgesetz der Formänderungsenergie entsprechen, die ein elastischer Körper während des Belastungsvorgangs speichert. Die gesamte Formänderung kann in eine Volumenänderung und in eine Gestaltänderung aufgespalten werden (*Bild 7.26*). Die dafür benötigte Energie lässt sich mit Bezug auf das ursprüngliche Körpervolumen in eine spezifische Volumenänderungsenergie A_V und eine spezifische Gestaltänderungsenergie A_G unterteilen. Die Idee dieser Festigkeitshypothese beruht darauf, die zur Gestaltänderung benötigte Energie mit derjenigen des einachsigen Spannungszustandes zu vergleichen und daraus eine Vergleichsspannung für den mehraxialen Fall zu definieren.

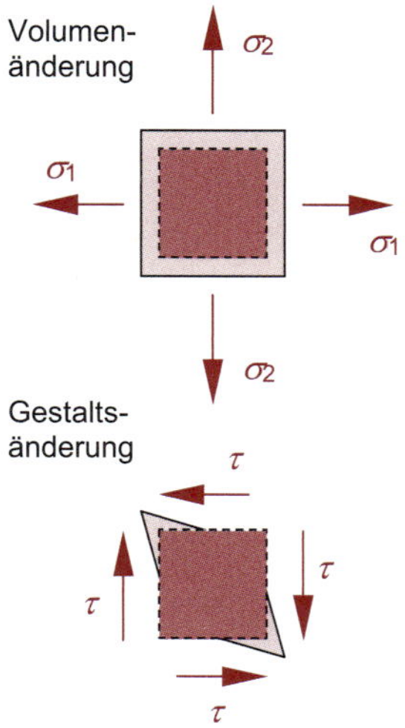

Bild 7.26 Zur Gestaltänderungsenergiehypothese

Ausgehend vom räumlichen Fall gilt für die Gestaltänderungsenergie

$$A_G^{(3)} = \frac{2\cdot(1+\nu)}{3\cdot E}\cdot\left[\left(\frac{\sigma_1-\sigma_2}{2}\right)^2+\left(\frac{\sigma_2-\sigma_3}{2}\right)^2+\left(\frac{\sigma_1-\sigma_3}{2}\right)^2\right] \tag{7.70}$$

gilt für den einachsigen Fall wegen $\sigma_2 = \sigma_3 = 0$:

$$A_G^{(1)} = \frac{2\cdot(1+\nu)}{3\cdot E}\cdot\left(\frac{\sigma_1^2}{4}+\frac{\sigma_1^2}{4}\right)=\frac{1+\nu}{3\cdot E}\cdot\sigma_1^2=\frac{1+\nu}{3\cdot E}\cdot\sigma_V^2 \tag{7.71}$$

Im zweiachsigen Fall erhält man aus *Gl. (7.70)* wegen $\sigma_3 = 0$:

$$A_G^{(2)} = \frac{1+\nu}{3\cdot E}\cdot\left(\sigma_1^2-\sigma_1\cdot\sigma_2+\sigma_2^2\right) \tag{7.72}$$

Die Gleichsetzung der rechten Seiten aus *Gl. (7.71)* und *(7.72)* führt auf die Vergleichsspannung für den zweiachsigen Spannungszustand; es entsteht dann:

$$\sigma_V = \sqrt{\sigma_1^2-\sigma_1\cdot\sigma_2+\sigma_2^2} \tag{7.73}$$

Zur Umrechnung auf den allgemeinen zweiachsigen Spannungszustand wird unter Zuhilfenahme der *Gl. (7.19)*

$$\sigma_{1,2} = \frac{\sigma_x+\sigma_y}{2}\pm\sqrt{\frac{\left(\sigma_x-\sigma_y\right)^2}{4}+\tau_{xy}^2} \equiv a \pm b \tag{7.74}$$

Energie ist gespeicherte Arbeit mit der Dimension Kraft mal Weg (z.B: kNm). Die spezifische Volumen- bzw. Gestaltänderungsenergie wird auf das ursprüngliche Volumen des unverformten Körpers bezogen. Damit ergibt sich als Dimension für die spezifische Energie: kNm/m³ = kNm².

Die Gestaltänderungsenergiehypothese geht auf Richard von Mises (1883–1953) zurück.

7

Für den dreidimensionalen Fall wird die Vergleichsspannung abweichend von *Gl. (7.76)* wie folgt bestimmt:

$$\sigma_V^2 = \sigma_x^2 + \sigma_y^2 + \sigma_z^2 - \sigma_x \cdot \sigma_y - \sigma_y \cdot \sigma_z - \sigma_z \cdot \sigma_x + 3 \cdot \tau_{xy}^2 + 3 \cdot \tau_{yz}^2 + 3 \cdot \tau_{zx}^2$$

die *Gl. (7.73)* umgeformt; es entsteht:

$$\sigma_V = \sqrt{a^2 + 3 \cdot b^2} \qquad (7.75)$$

Daraus entsteht – in den Spannungskomponenten σ_x, σ_y und τ_{xy} ausgedrückt – die Vergleichsspannung

$$\sigma_V = \sqrt{\sigma_x^2 - \sigma_x \cdot \sigma_y + \sigma_y^2 + 3 \cdot \tau^2} \quad \text{mit} \quad \tau = \tau_{xy} = \tau_{yx} \qquad (7.76)$$

Die Gestaltänderungsenergiehypothese liefert zutreffende Vergleichsspannungen für zähe Werkstoffe wie beispielsweise Baustahl.

Beispiel 7.4

Durch unvorhergesehen große Setzungen sind erhebliche Schäden an einer Stahlkonstruktion aus S 235 aufgetreten, die eine statische Nachuntersuchung erforderlich machen. Bei der rechnergestützten Schadensfallanalyse wird im Stegblech eines hochbelasteten Stahlträgers (*Bild 7.16*) ein extremaler Spannungszustand mit σ_x = 56 N/mm², σ_z = -104 N/mm² und τ = 120 N/mm² ermittelt. Welche Aussage lässt sich aufgrund dieses Ergebnisses machen?

Es liegt die Vermutung nahe, dass der Träger beim Schadenshergang durch Überbeanspruchung (lokal) versagt hat und damit zum Versagen der Gesamtkonstruktion beigetragen hat. Die Vergleichsspannung nach der Gestaltänderungshypothese – mithilfe der *Gl. (7.76)* zu

$$\sigma_V = \sqrt{\sigma_z^2 - \sigma_z \cdot \sigma_x + \sigma_x^2 + 3 \cdot \tau^2} = \sqrt{(-104)^2 + 104 \cdot 56 + 56^2 + 3 \cdot 120^2} = 251\,\text{N/mm}^2$$

bestimmt – zeigt, dass die Fließspannung des Baustahls mit 235 N/mm² überschritten wird. Das Bauteil hat somit seine rechnerische Tragfähigkeit verloren und entzieht sich der Lastabtragung. Zum Vergleich wird auch noch die Vergleichsspannung nach der Schubspannungshypothese angegeben. Sie beträgt:

$$\sigma_V = \sqrt{(\sigma_z - \sigma_x)^2 + 4 \cdot \tau^2} = \sqrt{(-104 - 56)^2 + 4 \cdot 120^2} = 288\,\text{N/mm}^2$$

Die vorgestellten Festigkeitshypothesen gehen von unterschiedlichen Annahmen über die Versagensursache aus und geben mit ihrer Vergleichsspannung eine Abschätzung der Sicherheit an. Deshalb zeigen die hier errechneten Vergleichsspannungen unterschiedliche Zahlenwerte an.

7.5 Sicherheitskonzept

Tragwerke müssen sicher, dauerhaft und gebrauchstauglich sein. Um dieses Ziel zu erreichen, müssen die Tragwerksplaner im Zuge der Bemessung in jedem Ort des Tragwerks prüfen, ob die Beanspruchungen durch äußere Einwirkungen (siehe *Bild 1.4*) sicher und schadensfrei aufgenommen werden können (Nachweis der Tragfähigkeit). Darüber hinaus haben sie nachzuweisen, dass u.a. die erwarteten Verformungen des Tragwerks die durch Baunormen vorgegebenen Grenzwerte nicht übersteigen werden (Nachweis der Gebrauchstauglichkeit). Um diese Aufgabe zu erfüllen, müssen die Tragwerksplaner einen Sicherheitsabstand zwischen den mit hoher Wahrscheinlichkeit auftretenden extremalen Einwirkungen und dem Grenzzustand einsetzen, der rechnerisch zu einem Versagen des Tragwerks durch Bruch oder übermäßige Verformungen führen würde.

In den modernen Baunormen wird dieser Sicherheitsabstand durch verteilte Sicherheiten vorgeschrieben. Zum einen werden auf der Einwirkungsseite sogenannte Teilsicherheitsbeiwerte γ_F vorgegeben, mit denen die charakteristischen, d. h. durch Lastnormen oder den Bauherrn definierte Einwirkungen E_k auf E_d vergrößert werden (*Bild 7.27*). Zum anderen werden maßgebende Werkstoffparameter durch entsprechende Teilsicherheitsbeiwerte γ_M reduziert, sodass der tatsächliche Tragwiderstand R_k des Bauteils oder des Tragwerks insgesamt auf R_d, den Bemessungswert des Tragwiderstands abgemindert wird. Es ist also im Bemessungsfall (d = design) nachzuweisen, dass die Beanspruchung E_d die Beanspruchbarkeit R_d nicht überschreitet; es gilt:

$$\gamma_F \cdot E_k = E_d \leq R_d = R_k \cdot \frac{1}{\gamma_M} \quad \text{mit} \quad \gamma_F \geq 1{,}0; \quad \gamma_M \geq 1{,}0 \tag{7.77}$$

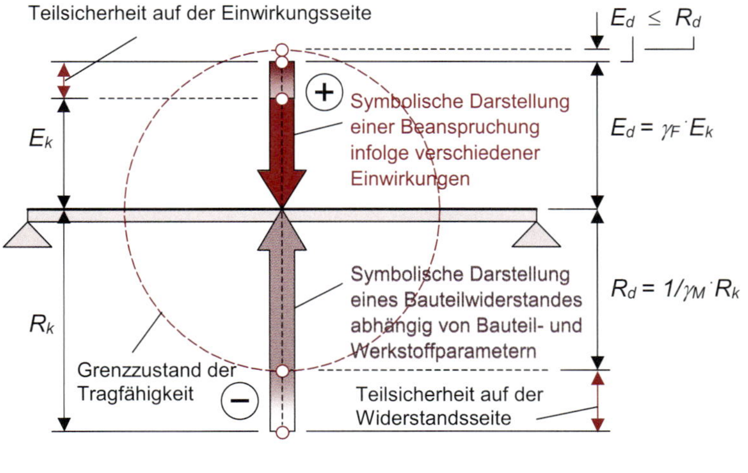

Bild 7.27 Gegenüberstellung: Beanspruchung – Beanspruchbarkeit (Tragwiderstand)

Die Einwirkungen werden mit einem Teilsicherheitsbeiwert vergrößert. So erhält das Tragwerk die nötige Teilsicherheit auf der Einwirkungsseite. Der Widerstand eines Tragwerks wird mit einem Teilsicherheitsbeiwert reduziert. So erhält das Tragwerk die nötige Teilsicherheit auf der Widerstandsseite.

Als Grenzzustand bezeichnet man den Zustand des Tragwerks, bei dessen Überschreitung die der Tragwerksplanung zugrunde gelegten Anforderungen – rechnerisch betrachtet – nicht mehr erfüllt sind.

7

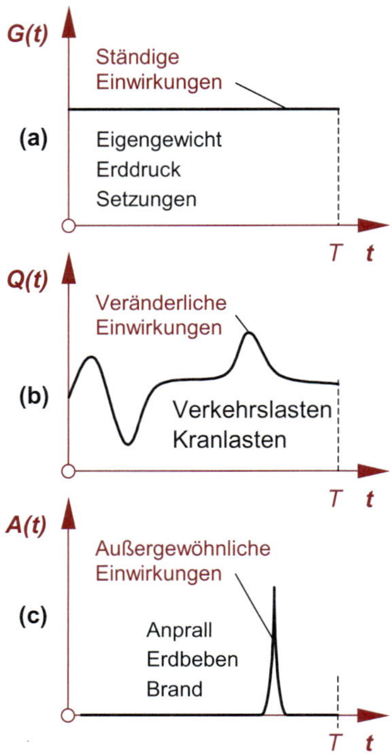

Bild 7.28 Einteilung der Einwirkungen nach ihrer zeitlichen Veränderung

Um die Teilsicherheit auf der Einwirkungsseite beurteilen zu können, müssen die unterschiedlichen Lasten, die üblicherweise erst durch kombinierte und gleichzeitige Einwirkung zur maßgebenden Beanspruchung werden, nach ihrer zeitlichen Veränderlichkeit untersucht werden (*Bild 7.28*). Ständige Einwirkungen beanspruchen ein Tragwerk weitgehend dauerhaft auf gleich bleibendem Lastniveau. Die charakteristischen Werte dieser Einwirkungen G_k sind den einschlägigen Lastnormen zu entnehmen und können zuverlässig und zutreffend definiert werden. Aufgrund der geringen statistischen Streuung aller diesbezüglichen Parameter werden die ständigen Einwirkungen für den Bemessungsfall mit einen vergleichsweise moderaten Teilsicherheitsbeiwert γ_G angehoben. In der Regel gilt:

$$G_d = \gamma_G \cdot G_k \tag{7.78}$$

mit γ_G = 1,35 bei ungünstiger, d.h. beanspruchungssteigernder Wirkung bzw. mit γ_G = 1,0 bei entlastender und somit günstiger Wirkung auf den Bemessungsgegenstand im Tragwerk.

Bei veränderlichen Einwirkungen, bei denen zeitliche Änderungen häufig und nicht monoton schwankend auftreten (*Bild 7.28, (b)*), werden die charakteristischen Größen Q_k mithilfe einer statistischen Analyse bestimmt (*Bild 7.29*). Die Grundlage bilden Messwerte, die den Verlauf einer veränderlichen Lasteinwirkung innerhalb eines bestimmten Zeitraums wiedergeben. Die relativen Häufigkeiten bestimmter Lastniveaus (Verteilungsdichte) werden erfasst und mithilfe einer (normierten) Dichtefunktion f_Q dargestellt (siehe *Bild (7.29), (b)*). Durch Summation der relativen Häufigkeiten entsteht die Verteilungsfunktion F_Q (vgl. *(c)*). Ein Funktionswert von F_Q gibt darüber Auskunft, mit welcher Wahrscheinlichkeit p die veränderlichen Einwirkungen insgesamt ein bestimmtes Lastniveau unterschreiten oder höchstens erreichen. Um ein Tragwerk nicht für eine Last auszulegen, die nur äußerst selten und in Ausnahmesituationen erreicht wird, wird aus wirtschaftlichen Gründen eine sogenannte 95 %-Fraktile oder eine 99 %-Fraktile bestimmt, die zur Festlegung des charakteristischen Wertes Q_k einer veränderlichen Einwirkung herangezogen wird (siehe *Bild (7.29), (c)*).

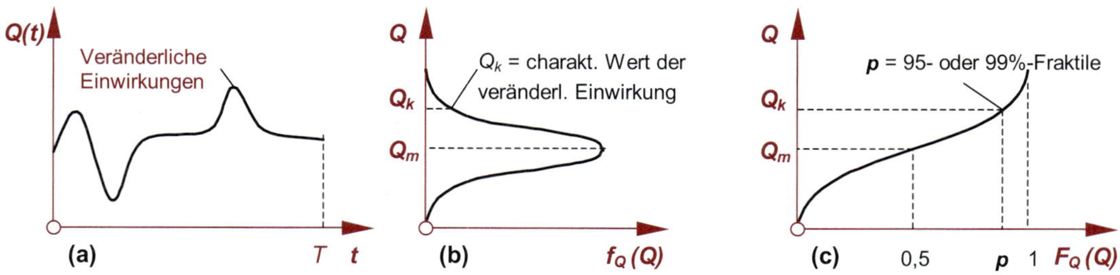

Bild 7.29 Bestimmung des charakteristischen Wertes einer veränderlichen Einwirkung

Für veränderliche Einwirkungen im Bemessungszustand werden die charakteristischen Werte in der Regel mit dem Teilsicherheitsbeiwert γ_Q = 1,5 angehoben; es gilt:

$$Q_d = \gamma_Q \cdot Q_k \tag{7.79}$$

Veränderliche Einwirkungen, die entlastend und damit günstig wirken, werden nicht angesetzt (γ_Q = 0).

Jedes Tragwerk muss meistens mehrere, voneinander unabhängige veränderliche Einwirkungen $Q_{k,i}$ gleichzeitig aushalten wie z.B. eine Fußgängerbrücke, die neben dem Eigengewicht veränderliche Lasten aus Verkehr, Wind und Schnee sowie Temperatureinwirkung aufzunehmen hat. Es ist jedoch nicht wahrscheinlich, dass die einzelnen Lastanteile alle gemeinsam mit maximaler Intensität und zur gleichen Zeit auftreten (*Bild 7.30*). Bei der Planung und der Bemessung der Bauwerke werden deshalb sogenannte Kombinationsbeiwerte $\psi_{p,i} \leq 1$ eingeführt, die eine räumliche und zeitliche Streuung der veränderlichen Einwirkungen berücksichtigen. Da man vorab nicht weiß, welche veränderliche Einwirkung den größten Einfluss auf die Beanspruchung hat, müssen meist mehrere Lastkombinationen geprüft werden. Die maßgebende Bemessungslast Q_d wird dann – beispielhaft für zwei unabhängige Einwirkungen Q_{k1} und Q_{k2} gezeigt – aus

$$Q_d = \text{extr}\begin{pmatrix} \gamma_{Q1} \cdot Q_{k1} + \psi_{p,2} \cdot \gamma_{Q2} \cdot Q_{k2} \\ \gamma_{Q2} \cdot Q_{k2} + \psi_{p,1} \cdot \gamma_{Q1} \cdot Q_{k1} \end{pmatrix} \tag{7.80}$$

bestimmt. Die veränderliche Einwirkung, die bei dieser Untersuchung ohne Kombinationsbeiwert geführt wird, wird als führende Einwirkung (Lastfall) bezeichnet. Der Index p berücksichtigt die Häufigkeit des Auftretens. Um die maßgebende Einwirkungskombination bei der Untersuchung der Tragfähigkeit eines Tragwerks – auch unter Einbeziehung der außergewöhnlichen Einwirkungen – zu erhalten, sind nach den modernen Lastnormen so genannte Bemessungssituationen zu beachten:

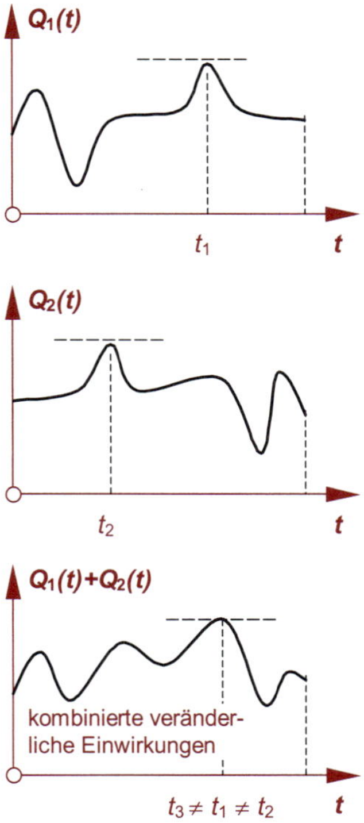

Bild 7.30 Zeitliche Entwicklung von zwei, voneinander unabhängigen veränderlichen Einwirkungen

- Gewöhnliche Bemessungssituation (Grundkombination)

$$E_d = E\left[\sum_{j\geq 1}\left(\gamma_G \cdot G_{k,j}\right) \oplus \gamma_{Q,1} \cdot Q_{k,1} \oplus \sum_{i>1}\left(\gamma_{Q,i} \cdot \psi_{0,i} \cdot Q_{k,i}\right)\right] \tag{7.81}$$

- Außergewöhnliche Bemessungssituation (außergewöhnl. Situation)

$$E_{d,A} = E\left[\sum_{j\geq 1}\left(\gamma_{G,A} \cdot G_{k,j}\right) \oplus A_d \oplus \psi_{1,1} \cdot Q_{k,1} \oplus \sum_{i>1}\left(\psi_{2,i} \cdot Q_{k,i}\right)\right] \tag{7.82}$$

In einigen Fachnormen (z.B. Stahlbau) werden alternativ zu *Gl. (7.81)* und *(7.82)* vereinfachte Kombinationen zugelassen, um den Rechenaufwand zu reduzieren. Zum anderen sind ergänzende Terme zu berücksichtigen; so zum Beispiel die Einwirkung aus Vorspannung beim Spannbetonbau.

Aufgabe 7.7: Am Stützenkopf einer Kragstütze greifen als ständige Einzellast F_{gk} und als veränderliche Lasten F_{qk} (Nutzlast im Verkaufsraum) und W_k (Wind) an:

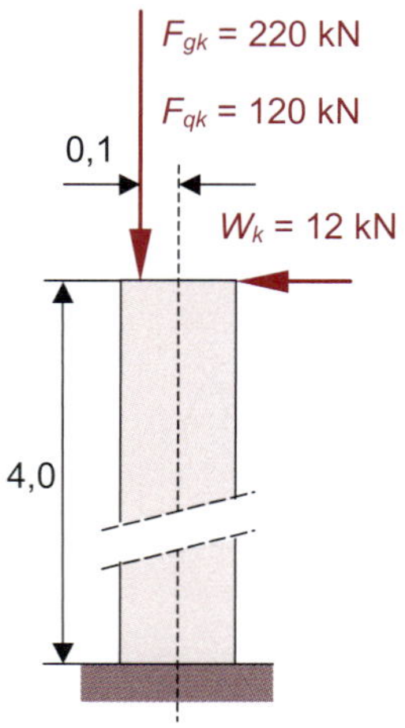

Wie groß sind die extremalen Biegemomente am Stützenfuß im Bemessungszustand? Wie groß sind die zugehörigen Normalkräfte? Setzen Sie die aktuell gültigen Teilsicherheits- und Kombinationsbeiwerte der DIN EN 1990 ein. Vernachlässigen Sie vereinfachend das Eigengewicht der Stütze.

Darin sind:

$\gamma_{G,j}$	Teilsicherheitsbeiwert für ständige Einwirkungen,
$\gamma_{Q,i}$	Teilsicherheitsbeiwert für die erste und weitere veränderliche Einwirkungen,
$G_{k,j}$	charakteristische Werte der ständigen Einwirkungen,
$Q_{k,i}$	charakteristische Werte der veränderlichen Einwirkungen,
ψ_0, ψ_1, ψ_2	Kombinationsbeiwerte für seltene, häufige und quasi ständige Einwirkungen,
$\oplus$	Bedeutung: ... in Kombination mit ... ,
A_d	Bemessungswert einer außergewöhnlichen Einwirkung,
$\gamma_{GA,j}$	Beiwerte der ständigen Einwirkungen in einer außergewöhnlichen Bemessungssituation.

Der Bemessungswert des Tragwiderstands R_d wird in den bauartspezifischen Normen festgelegt. Die Einflussgrößen des Tragwiderstands sind die Werkstoff- bzw. Produkteigenschaften und die geometrischen Größen wie z.B. die Querschnittsabmessungen:

$$R_d = R\left[X_{d,1}, X_{d,2}, \ldots, a_{d,1}, a_{d,2}, \ldots\right] \tag{7.83}$$

Die Bemessungswerte X_d einer Baustoff- oder Produkteigenschaft werden allgemein wie folgt beschrieben:

$$X_d = \frac{X_k}{\gamma_M} \quad \text{bzw.} \quad X_d = \frac{\eta \cdot X_k}{\gamma_M} \tag{7.84}$$

η ist ein modifizierender Faktor für den Einfluss der Lasteinwirkungsdauer und der Feuchtigkeits- und Temperaturauswirkungen auf die Werkstoffeigenschaft. Die Bemessungswerte für geometrische Größen a_d werden in der Regel durch einen Nennwert $a_d = a_{nom}$ wiedergegeben.

Da alle Größen hinsichtlich des Tragwiderstands bestimmten Streuungen unterliegen, können sie – wie die veränderlichen Einwirkungen auch – nur mithilfe von statistischen Funktionen beschrieben werden (siehe *Bild 7.29*). Als charakteristischer Wert oder Nennwert einer Werkstoffeigenschaft X_d wird meist ein 5 %-Fraktilwert festgelegt. So wird sichergestellt, dass 95 % des verbauten Materials mit höherwertigeren Eigenschaften zum Einsatz kommt. Zusammen mit den Teilsicherheitsbeiwerten γ_M wird damit auf der Widerstandsseite ein hohes Maß an Zuverlässigkeit erreicht und die Versagenswahrscheinlichkeit insgesamt auf ein akzeptables Maß reduziert. Die Teilsicherheitsbeiwerte γ_M sind werkstoffabhängig und den entsprechenden Fachnormen zu entnehmen.

Abweichend vom Nachweis der Tragfähigkeit gemäß *Gl. (7.77)* und *Bild 7.27* wird beim Nachweis der Gebrauchstauglichkeit dem Bemessungswert der Beanspruchung E_d ein Bemessungs- oder Nennwert eines Gebrauchstauglichkeitskriteriums C_d gegenübergestellt (siehe *Bild 7.31*); es gilt:

$$E_d \leq C_d \tag{7.85}$$

Als Gebrauchstauglichkeitskriterien sind beispielsweise Grenzspannungen, tolerierbare Rissbreiten oder Durchbiegungen definiert. Ihre Nennwerte sind den bauartbezogenen Normen zu entnehmen.

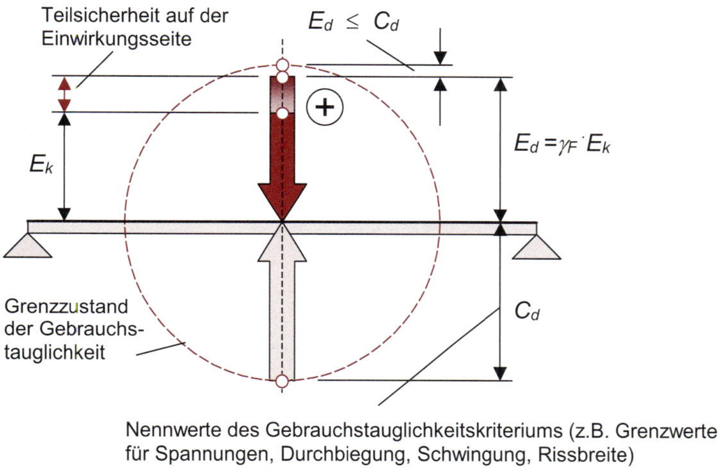

Bild 7.31 Gegenüberstellung im Grenzzustand der Gebrauchstauglichkeit

Für die Nachweisführung sind je nach Aufgabenstellung besondere Kombinationsregeln für die maßgebende Einwirkung E_d zu beachten. Für seltene (rare), häufige (frequently) und quasi-ständige (permanently) Kombinationen gelten folgende Regeln:

$$E_{d,\text{rare}} = E\left[\sum_{j\geq 1} G_{k,j} \oplus Q_{k,1} \oplus \sum_{i>1}\left(\psi_{0,i} \cdot Q_{k,i}\right)\right] \tag{7.86}$$

$$E_{d,\text{frequ}} = E\left[\sum_{j\geq 1} G_{k,j} \oplus \psi_{1,1} \cdot Q_{k,1} \oplus \sum_{i>1}\left(\psi_{2,i} \cdot Q_{k,i}\right)\right] \tag{7.87}$$

$$E_{d,\text{perm}} = E\left[\sum_{j\geq 1} G_{k,j} \oplus \sum_{i>1}\left(\psi_{2,i} \cdot Q_{k,i}\right)\right] \tag{7.88}$$

Einige Fachnormen lassen oft bei einer linear-elastischen Schnittgrößenermittlung vereinfachte Kombinationen zu.

Die in den nebenstehenden Gleichungen verwendeten Parameter wurden bereits im Zusammenhang mit *Gl. (7.81)* und *(7.82)* erklärt.

8 Lösungen

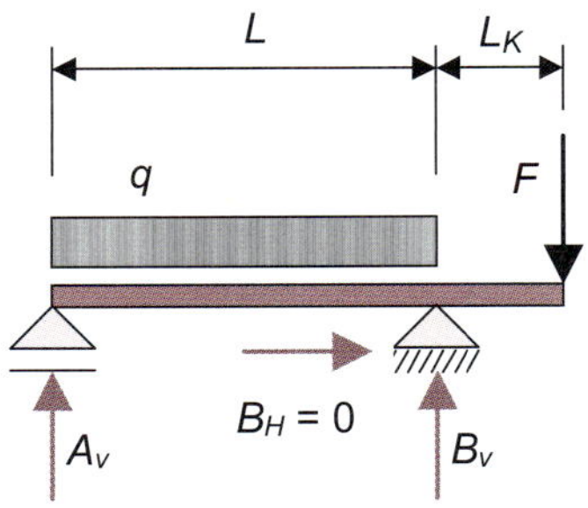

Bild 8.1 Einfeldträger mit Kragarm

8.1 Lösungen zu Aufgaben in Kapitel 1

8.1.1 Aufgabe 1.1

Aus den Gleichgewichtsbedingungen folgt:

$$\sum V = 0 \rightarrow \quad F + q \cdot L - A_V - B_V = 0$$

$$\sum M_A = 0 \rightarrow \quad \frac{q \cdot L^2}{2} + F \cdot (L + L_K) - B_V \cdot L = 0$$

Damit liegen zwei Bestimmungsgleichungen für die beiden unbekannten Auflagerkräfte A_V und B_V vor. Die Auflösung ergibt:

$$B_V = \frac{q \cdot L}{2} + F \cdot \frac{L + L_K}{L} \quad \text{und} \quad A_V = \frac{q \cdot L}{2} - \frac{F \cdot L_K}{L}.$$

Es sind alle Auflagerkräfte bekannt. Mithilfe des Schnittprinzips können nun in jedem Schnitt des Trägers die Schnittgrößen $N_{(x)}$, $M_{(x)}$ und $V_{(x)}$ bestimmt werden. Die Gleichgewichtsbedingungen reichen allein nicht mehr aus, wenn das System beispielsweise durch zusätzliche Lager und/oder weitere Bindungen zu einem statisch unbestimmten System wird.

8.1.2 Aufgabe 1.2

Eine getrennte Betrachtung der Lastfälle ergibt gemäß *Bild 8.2*:

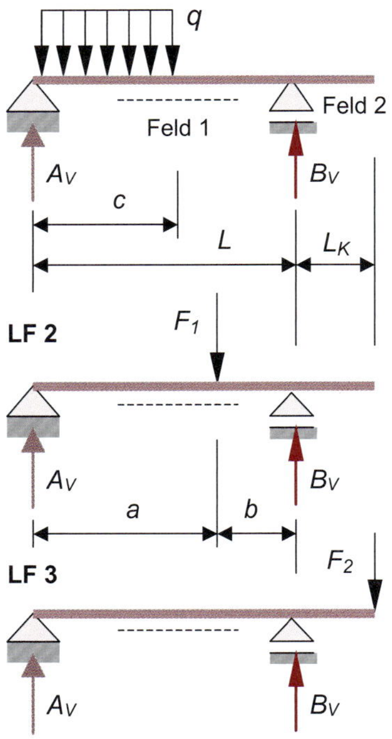

Bild 8.2 Überlagerung von Lastfällen

Für Lastfall 1: $B_V = \frac{q \cdot c^2}{2 \cdot L} > 0$

Für Lastfall 2: $B_V = F_1 \cdot a/L > 0$

Für Lastfall 3: $B_V = F_2 \cdot (L + L_K)/L > 0$

Alle drei Lastfälle belasten das rechte Auflager in gleichgerichteter Weise. Um die maßgebende Auflagerkraft zu erhalten, müssen alle drei Lastfälle als gleichzeitig einwirkend angesetzt werden.

8.1.3 Aufgabe 1.3

Bei dem in *Bild 1.3* bzw. in *Bild 8.3a* dargestellten Zug- bzw. Druckstab tritt nur die Normalkraft N als einzig wirksame Schnittgröße auf. Querkräfte V_y und V_z, Biegemomente M_y und M_z und das Torsionsmoment M_x sind gleich null (siehe dazu auch *Bild 1.6*). Der in *Bild 8.3b* dargestellte Biegeträger wird auf Querkraftbiegung beansprucht. Normalkraft, Querbiegung und Torsionsmoment sind null. In *Bild 8.3c* wird ein Torsionsstab dargestellt, der lediglich M_x als Schnittgröße ungleich null aufweist. Diese Beanspruchungsart ist typisch für Antriebswellen.

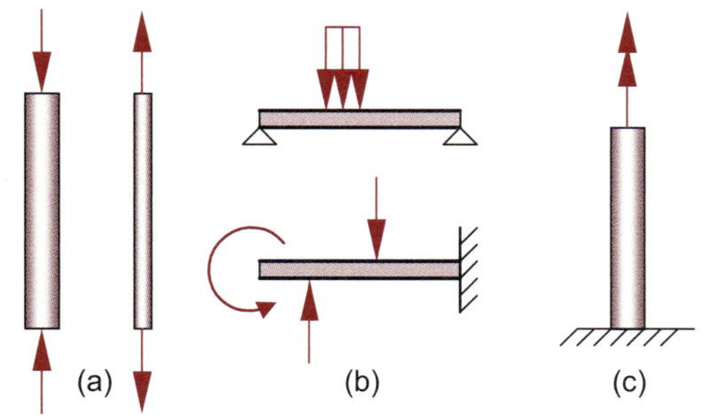

Bild 8.3 1D-Modelle

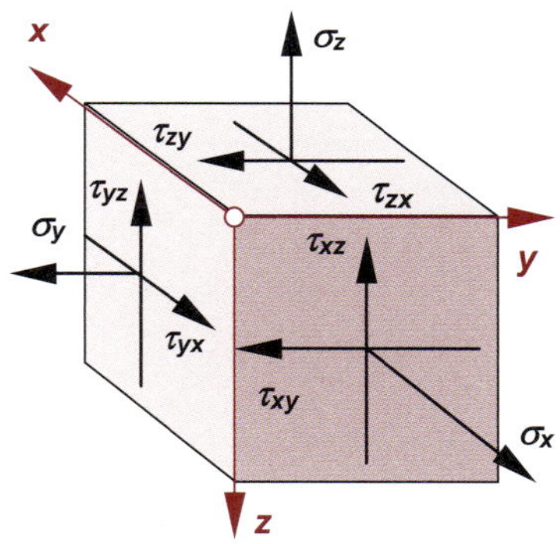

Bild 8.4 Spannungskomponenten an negativen Schnittufern

8.1.4 Aufgabe 1.4

In *Bild 1.9* sind wegen der perspektivischen Darstellung nur die positiven Schnittufer zu sehen. An den negativen Schnittufern weisen die positiven Spannungskomponenten in die entgegengesetzten Richtungen. Deren Darstellung am Volumenelements zeigt *Bild 8.4*.

8.1.5 Aufgabe 1.5

Zwischen den Einzellasten in den Viertelspunkten des Trägers gibt es einen Balkenabschnitt, in dem wegen $V = 0$ reine Biegebeanspruchung vorherrscht (siehe *Bild 8.5)*. Es treten nur horizontal verlaufende Druck- oder Zugspannungen auf. Da der Trägerabschnitt sich – bedingt durch die Querdehnung ν – ohne Zwängungen frei verformen kann, treten quer zur Stabachse keine weiteren Spannungen auf. Somit herrscht hier der einachsige Spannungszustand (Näheres dazu im *Abschn. 7.2*).

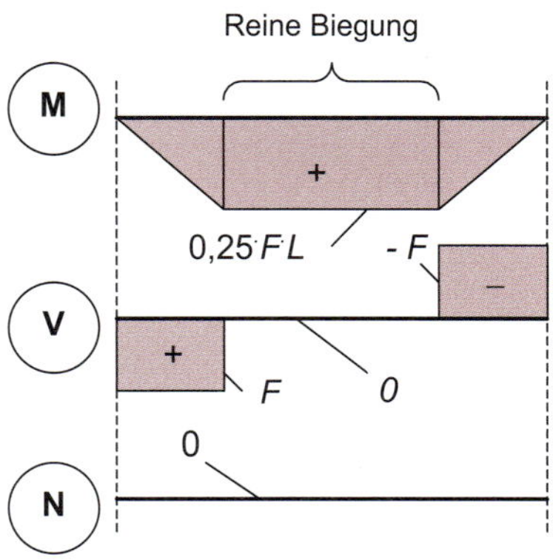

Bild 8.5 Schnittgrößenverläufe

8.1.6 Aufgabe 1.6

Die positiven Verformungskomponenten in der x-y-Ebene stellt *Bild 8.6* dar.

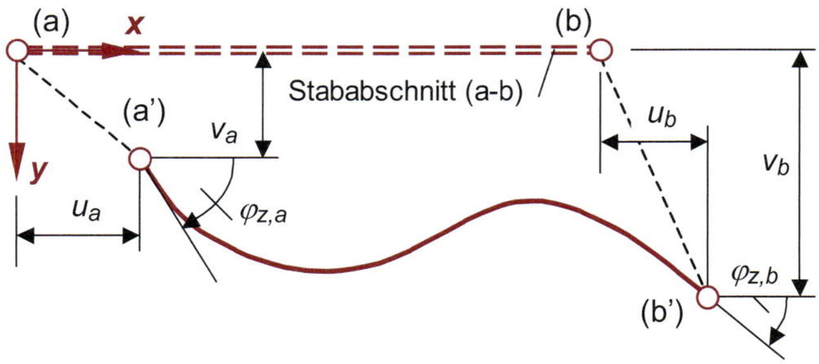

Bild 8.6 Positive Verformungskomponenten in der x-y-Ebene

8.1.7 Aufgabe 1.7

Beim kraftgesteuerten Zugversuch wird die Zugkraft in Laststufen aufgebracht. Nach jeder Laststufe wird die Längenänderung gegenüber dem unbelasteten System gemessen und aufgezeichnet (*Bild 8.7*, links). Der Nachteil dieses Verfahrens ist, dass das Last-Verformungsverhalten des Zugstabes nur bis zum Erreichen der maximalen Festigkeit untersucht werden kann. Zudem können markante Kenngrößen wie Fließgrenze, maximale Zugfestigkeit, Duktilität und das Verhalten beim Bruch nur unzureichend oder gar nicht erfasst werden.

Deshalb werden heute überwiegend verformungsgesteuerte Zugversuche durchgeführt. Dabei werden klar definierte Verformungswege vorgegeben und dann die dafür benötigte Zugkraft als Reaktion des Zugstabes auf die Längenänderung gemessen (*Bild 8.7*, rechts). Damit lässt sich das Last-Verformungsverhalten des Prüfkörpers bis zu seinem endgültigen Versagen studieren. Gleiches gilt für das Verhalten bei Be- und Entlastung und bei Lastzyklen.

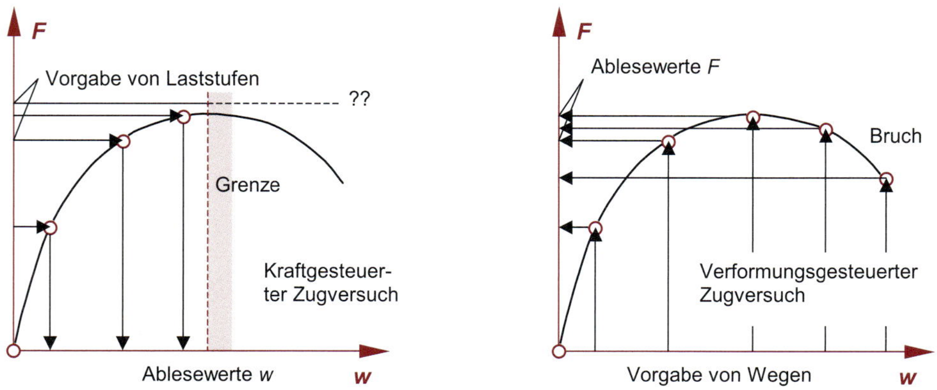

Bild 8.7 Unterschied zwischen kraft- und verformungsgesteuertem Zugversuch

8.1.8 Aufgabe 1.8

Die relative Volumenänderung ΔV zu V kann durch folgende Beziehung ausgedrückt werden:

$$\frac{\Delta V}{V}=\frac{V'-V}{V}=\frac{A'\cdot L'-A\cdot L}{A\cdot L} \quad .$$

Mit

$$A'=\frac{\pi}{4}\cdot d'^2=\frac{\pi}{4}\cdot(d+\Delta d)^2=\frac{\pi}{4}\cdot d^2\left(1+\varepsilon_q\right)^2 \quad \text{und} \quad A=\frac{\pi}{4}\cdot d^2$$

sowie $L'=L+\Delta L=L\cdot(1+\varepsilon)$ lässt sich die relative Volumenänderung wie folgt angeben:

$$\begin{aligned}\frac{\Delta V}{V}&=\frac{d^2\cdot\left(1+\varepsilon_q\right)^2\cdot L\cdot(1+\varepsilon)-d^2\cdot L}{d^2\cdot L}\\&=\left(1+2\cdot\varepsilon_q+\varepsilon_q^2\right)\cdot(1+\varepsilon)-1\\&=1+2\cdot\varepsilon_q+\cancel{\varepsilon_q^2}+\varepsilon+2\cdot\cancel{\varepsilon\cdot\varepsilon_q}+\varepsilon\cdot\cancel{\varepsilon_q^2}-1\end{aligned}$$

Die quadratischen Dehnungsterme sind vernachlässigbar klein. Es folgt

$$\frac{\Delta V}{V}=2\cdot\varepsilon_q+\varepsilon=\varepsilon\cdot\left(2\cdot\frac{\varepsilon_q}{\varepsilon}+1\right)=\frac{\Delta L}{L}\cdot(1-2\cdot\nu)$$

womit der Zusammenhang gemäß *Gl. (1.15)* bestätigt wird.

8.1.9 Aufgabe 1.9

Zur Aufgabenstellung a): Die zwängungsfreie Verkürzung ΔL des 12,0 m langen Stahlrohres bei einer Abkühlung um 20 – (–5) = 25° K lässt sich mithilfe der *Gl. (1.19)* und *Gl. (1.3)* bestimmen:

$$\varepsilon_T=\alpha_T\cdot t=1{,}2\cdot10^{-5}\cdot(-25)=-3{,}0\cdot10^{-4}$$

$$\Delta L=\varepsilon_T\cdot L=-3{,}0\cdot10^{-4}\cdot12{,}0\cdot10^{2}=-0{,}36\text{ cm}$$

Zur Aufgabenstellung b): Bei einer unverschieblichen Lagerung der Stahlrohrenden könnte sich eine derartige Verkürzung nicht einstellen. Es käme zu Zwängungen, die den Zugstab in Form der Zwangsschnittgröße N beansprucht. Es muss sich in diesem Fall eine Zugdehnung einstellen, die in ihrer Größe der relativen Verkürzung aufgrund der Abkühlung entspricht; es gilt:

$$\varepsilon + \varepsilon_T = 0 \quad \rightarrow \quad \varepsilon = +3{,}0 \cdot 10^{-4}$$

Die zugehörige Spannung im Zugstab ergibt sich aus *Gl. (1.12)*. Der Elastizitätsmodul für Stahl ist mit E = 21000 kN/cm² anzusetzen.

$$\sigma = E \cdot \varepsilon = 21000 \cdot 3{,}0 \cdot 10^{-4} = 6{,}3 \text{ kN/cm}^2$$

Die Zwangsschnittgröße N ergibt sich durch Spannungsintegration zu

$$N = \int \sigma \, dA = \sigma \cdot A = +6{,}3 \cdot 30{,}0 = 189{,}0 \text{ kN}.$$

Die Berechnungen in *Aufgabe 1.9* zeigen, dass bereits geringe Temperaturänderungen spürbare Beanspruchungen in Tragwerken hervorrufen können. Deshalb sind im Rahmen der statischen Berechnung und Bemessung speziell bei statisch unbestimmten Systemen neben dem Eigengewicht, den Nutzlasten und den Einwirkungen aus Schnee und Wind auch „Temperaturlastfälle“ zu berücksichtigen.

8.2 Lösungen zu Aufgaben in Kapitel 2

8.2.1 Aufgabe 2.1

In *Bild 8.8* sind einige der in bautechnischen Tabellenwerken angegebenen Profile mit ihren Schwerpunktslagen dargestellt.

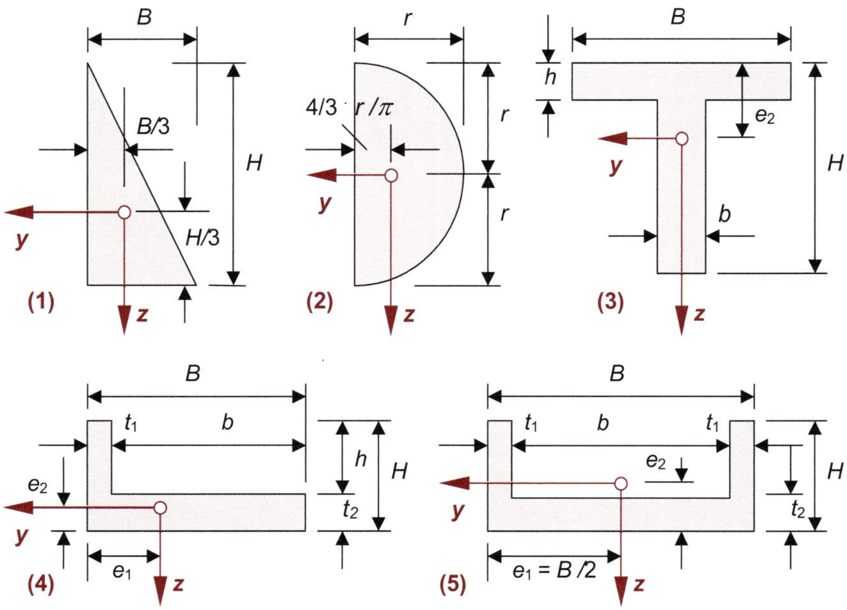

Zu Querschnitt **(3)**:

$$e_2 = \frac{(B-b) \cdot h^2 + b \cdot H^2}{2 \cdot A}$$

Zu Querschnitt **(4)**:

$$e_1 = \frac{t_2 \cdot B^2 + h \cdot t_1^2}{2 \cdot A}$$

$$e_2 = \frac{t_1 \cdot H^2 + b \cdot t_2^2}{2 \cdot A}$$

Zu Querschnitt **(5)**:

$$e_2 = \frac{2 \cdot t_1 \cdot H^2 + b \cdot t_2^2}{2 \cdot A}$$

Bild 8.8 Einige Beispiele für die Berechnung des Schwerpunktes

Die für das Winkelprofil (4) angegebenen Formeln werden mithilfe der *Gl. (2.8)* überprüft. Der Schwerpunkt soll für folgende Querschnittsparameter berechnet werden: B = 8,0 cm; H = 12,0 cm; $t_1 = t_2$ = 1,0 cm.

Mit einer Querschnittsfläche von

$$A = H \cdot t_1 + b \cdot t_2 = 12{,}0 \cdot 1{,}0 + (8{,}0 - 1{,}0) \cdot 1{,}0 = 19{,}0\ \text{cm}^2$$

führen die angegebenen Formeln auf folgende Ergebnisse:

$$e_1 = \frac{t_2 \cdot B^2 + h \cdot t_1^2}{2 \cdot A} = \frac{1 \cdot 8^2 + 11 \cdot 1^2}{2 \cdot 19} = 1{,}974\ \text{cm}$$

$$e_2 = \frac{t_1 \cdot H^2 + b \cdot t_2^2}{2 \cdot A} = \frac{1 \cdot 12^2 + 7 \cdot 1^2}{2 \cdot 19} = 3{,}974\ \text{cm}$$

Im Stahlbau gibt es ein vergleichbares Walzprofil mit der Bezeichnung L 120 · 80 · 10. Aus Profiltabellen können als Querschnittsfläche A = 19,1 cm² sowie für den Schwerpunkt die Werte e_1 = 1,95 cm und e_2 = 3,92 cm abgelesen werden. Die geringfügig anderen Werte ergeben sich aus Profilausrundungen, die in *Aufgabe 2.1* nicht berücksichtigt werden.

Die Berechnung der Querschnittsfläche und der Schwerpunktslage nach *Gl. (2.8)* bestätigt das zuvor ermittelte Ergebnis. Die Lösung erfolgt übersichtlich in Form einer Tabelle. Der Bezugspunkt *0* wird in die untere linke Ecke des Winkelprofils gelegt.

k	A_k	$\bar{y}_{s,k}$	$\bar{z}_{s,k}$	$A_k \cdot \bar{y}_{s,k}$	$A_k \cdot \bar{z}_{s,k}$
--	cm²	cm	cm	cm³	cm³
1	12,0	-0,5	-6,0	-6,0	-72,0
2	7,0	-4,5	-0,5	-31,5	-3,5
Σ	19,0	--	--	-37,5	-75,5

Aus *Gl. (2.8)* folgt:

$$\bar{y}_s = \frac{-37{,}5}{19{,}0} = -1{,}974\ \text{cm}; \quad \bar{z}_s = \frac{-75{,}5}{19{,}0} = -3{,}974\ \text{cm}$$

8.2.2 Aufgabe 2.2

Bild 8.9 stellt den zu berechnenden Querschnitt mit dem gewählten Bezugsachsensystem dar. Der Bezugspunkt *O* ist so gewählt, dass nur positive Achsenwerte eingesetzt werden müssen. Die Lösung erfolgt – wie bereits in *Aufgabe 2.1* gezeigt – übersichtlich in Form einer Tabelle.

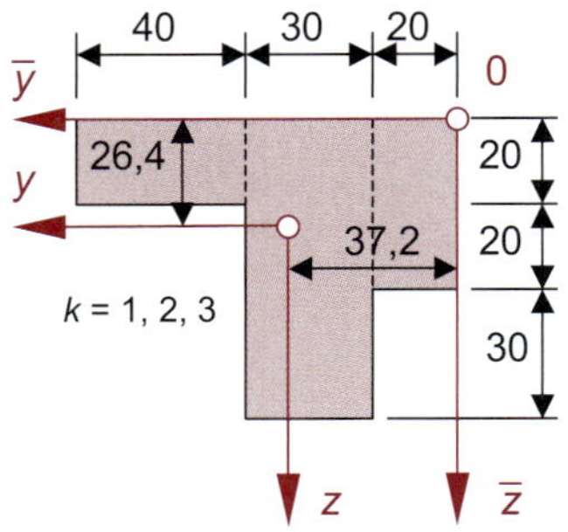

Bild 8.9 Vorgegebener Querschnitt

k	A_k	$\bar{y}_{s,k}$	$\bar{z}_{s,k}$	$\bar{S}_{z,k} = A_k \cdot \bar{y}_{s,k}$	$\bar{S}_{y,k} = A_k \cdot \bar{z}_{s,k}$
--	cm²	cm	cm	cm³	cm³
1	800	+70	+10	56000	8000
2	2100	+35	+35	73500	73500
3	800	+10	+20	8000	16000
Σ	3700	--	--	137500	97500

Aus *Gl. (2.8)* folgt:

$$\bar{y}_S = \frac{137500}{3700} = +37{,}2\text{ cm}\,; \quad \bar{z}_S = \frac{97500}{3700} = +26{,}4\text{ cm}$$

Die Abstände des Schwerpunktes zum Bezugspunkt sind damit bestimmt und definieren die Schwerpunktslage.

8.2.3 Aufgabe 2.3

Bild 8.9 stellt den Querschnitt mit seinem Bezugsachsensystem dar. Der Schwerpunkt wurde bereits in *Aufgabe 2.2* ermittelt. Auch für die Berechnung der Trägheitsmomente wird weiterhin das Bezugskoordinatensystem benutzt. Zunächst werden die Steiner-Anteile (St) und die Eigenträgheitsmomente (0) ermittelt und für den Gesamtquerschnitt aufsummiert.

Teil 1:

k	$\bar{I}_{z,k}^{(St)} = A_k \cdot \bar{y}_{s,k}^2$	$\bar{I}_{y,k}^{(St)} = A_k \cdot \bar{z}_{s,k}^2$	$\bar{I}_{yz,k}^{(St)} = A_k \cdot \bar{y}_{s,k} \cdot \bar{z}_{s,k}$
--	cm⁴	cm⁴	cm⁴
1	3920000	80000	560000
2	2572500	2572500	2572500
3	80000	320000	160000
Σ	6572500	2972500	3292500

Teil 2:

k	$I_{z,k}^{(0)}$	$I_{y,k}^{(0)}$	$I_{yz,k}^{(0)}$
--	cm⁴	cm⁴	cm⁴
1	106666,7	26666,7	0,0
2	157500,0	857500,0	0,0
3	26666,7	106666,7	0,0
Σ	290833,3	990833,3	0,0

Die drei Teilquerschnitte sind einfache Rechteckformen. Ihre Eigenträgheitsmomente – also die Trägheitsmomente bezogen auf den Schwerpunkt des jeweiligen Teilquerschnitts – lassen sich über Standardformeln bestimmen. Da die Rechteckformen doppeltsymmetrisch sind, sind die Eigenzentrifugalmomente gleich null.

Die Trägheitsmomente des Gesamtquerschnittes bezüglich des Punktes *0* ergeben sich aus der jeweiligen Summation des Steiner-Anteils und des entsprechenden Eigenträgheitsmomentes:

$$\overline{I}_z = \overline{A}_{yy} = 6572500 + 290833{,}3 = 6863333{,}3\ \text{cm}^4$$

$$\overline{I}_y = \overline{A}_{zz} = 2972500 + 990333{,}3 = 3963333{,}3\ \text{cm}^4$$

$$\overline{I}_{yz} = \overline{A}_{yz} = 3292500 + 0 = 3292500{,}0\ \text{cm}^4$$

Die schwerpunktbezogenen und maßgebenden Trägheitsmomente werden abschließend mithilfe der *Gl. (2.16)* und *(2.17)* berechnet:

$$I_z = A_{yy} = 6863333{,}3 - 37{,}2^2 \cdot 3700 = 1753536\ \text{cm}^4$$

$$I_y = A_{zz} = 3963333{,}3 - 26{,}4 \cdot 3700 = 1394077\ \text{cm}^4$$

$$I_{yz} = A_{yz} = 3292500 - 37{,}2 \cdot 26{,}4 \cdot 3700 = -330811\ \text{cm}^4$$

8.2.4 Aufgabe 2.4

Bild 8.10 stellt ein einfach-symmetrisches Profil dar, das aus drei (Rechteck-)Blechen zusammengesetzt ist. Durch die Symmetrieachse ist bereits ein geometrischer Ort der Schwerpunktslage gegeben. Das Zentrifugalmoment des Gesamtquerschnittes ist aufgrund der Symmetrie gleich null. Somit kann die tabellarische Ermittlung deutlich verkürzt werden.

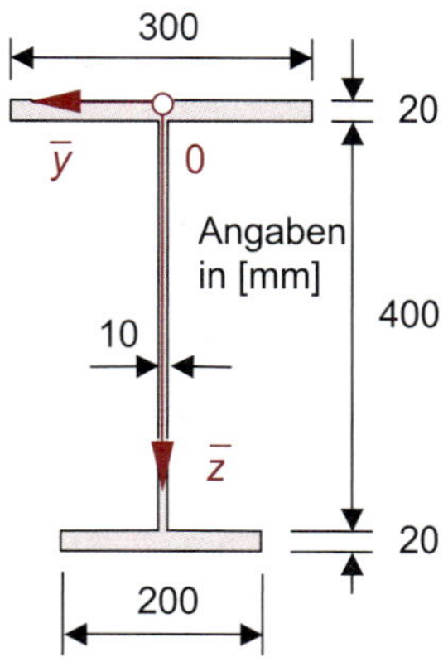

Bild 8.10 Typisches Stahlbau-Profil

k	A_k	$\overline{z}_{s,k}$	$A_k \cdot \overline{z}_{s,k}$	$A_k \cdot \overline{z}^2_{s,k}$	$I^{(0)}_{y,k}$	$I^{(0)}_{z,k}$
--	cm²	cm	cm³	cm⁴	cm⁴	cm⁴
1	60	+ 1	+ 60	60	20,0	4500,0
2	40	+ 22	+ 880	19360	5333,3	3,3
3	40	+ 43	+ 1720	73960	13,3	1333,3
Σ	140	--	+ 2660	93380	5366,7	5836,7

Der zweite geometrische Ort der Schwerpunktslage ergibt sich aus:

$$\overline{z}_s = 2660 / 140 = 19{,}0\ \text{cm}$$

Das Flächenträgheitsmoment um die *y*-Achse errechnet sich zu:

$$I_y = \overline{I}_y^{(St)} + \overline{I}_y^{(0)} - z_s^2 \cdot A = 93380 + 5366{,}7 - 19^2 \cdot 140 = 48207\ \text{cm}^4$$

8

Das Flächenträgheitsmoment um die z-Achse ergibt sich allein aus der Summe der Eigenträgheitsmomente um die z-Achse. Da alle Schwerpunkte der drei Teilquerschnitte und der des Gesamtquerschnittes auf der z-Achse liegen, sind die Steiner-Anteile gleich null.

$$I_z = 5837 \text{ cm}^4$$

Das Zentrifugalmoment I_{yz} ist wegen der Symmetrie gleich null und muss nicht gesondert berechnet werden.

8.2.5 Aufgabe 2.5

In *Tab. 8.1* wird das Ergebnis der entsprechenden Tabellenkalkulation dargestellt. Der Querschnitt nach *Bild 2.6* weist 10 Eckpunkte auf.

Tabelle 8.1 Auszug aus Tabellenkalkulation

i	$\bar{y}_i$	$\bar{z}_i$	**Fläche**	**Stat. Momente (Bezugs.)**		**Trägheitsmomente (Bezugsachse)**		
			$\Delta\bar{A}_i$ cm²	$\Delta\bar{A}_{y,i}$ cm³	$\Delta\bar{A}_{z,i}$ cm³	$\Delta\bar{A}_{yy,i}$ cm⁴	$\Delta\bar{A}_{yz,i}$ cm⁴	$\Delta\bar{A}_{zz,i}$ cm⁴
0	0,0	0,0						
1	5,5	0,0	0,00	0,000	0,000	0,000	0,000	0,000
2	5,5	11,0	30,25	110,917	110,917	457,531	457,531	610,042
3	-5,5	11,0	60,50	0,000	443,667	305,021	0,000	3660,250
4	-5,5	9,0	5,50	-20,167	36,667	83,188	-151,250	275,917
5	0,0	9,0	-24,75	45,375	-148,500	-124,781	306,281	-1002,375
6	0,0	7,5	0,00	0,000	0,000	0,000	0,000	0,000
7	1,0	7,5	-3,75	-1,250	-18,750	-0,625	-7,031	-105,469
8	1,0	1,5	-3,00	-2,000	-9,000	-1,500	-6,750	-34,875
9	0,0	1,5	0,75	0,259	0,750	0,125	0,281	0,844
10	0,0	0,0	0,00	0,000	0,000	0,000	0,000	0,000
Summe:			**65,50**	**133,125**	**415,750**	**718,958**	**599,063**	**3404,333**

Die Lage des Schwerpunktes ergibt sich aus

$$\bar{y}_S = \frac{133{,}125}{65{,}50} = 2{,}032 \text{ cm}\,; \quad \bar{z}_S = \frac{415{,}750}{65{,}50} = 6{,}347 \text{ cm}$$

In der Summenzeile sind die Querschnittswerte bezüglich des Bezugspunktes *0* angegeben. Die schwerpunktbezogenen Flächenträgheitsmomente müssen nun gemäß den Transformationsbeziehungen in *Gl. (2.16)* und *(2.17)* ermittelt werden.

Der Vergleich mit den Ergebnissen des *Beispiels 2.2* bestätigt die Richtigkeit dieses Berechnungsverfahrens. Die Anteile der Eigenträgheitsmomente am Gesamtträgheitsmoment müssen nicht gesondert ermittelt werden. Diese sind in den Gaußschen Flächenformeln enthalten.

$$A_{yy} = (I_z =)718{,}958 - 2{,}032^2 \cdot 65{,}5 = 448{,}4\ \text{m}^4$$

$$A_{zz} = (I_y =)3403{,}333 - 6{,}347^2 \cdot 65{,}5 = 765{,}4\ \text{m}^4$$

$$A_{yz} = (I_{yz} =)599{,}063 - 2{,}032 \cdot 6{,}347 \cdot 65{,}5 = -245{,}9\ \text{m}^4$$

8.2.6 Aufgabe 2.6

Bei einer Transformation bzw. Drehung um null Grad müssen die axialen Flächentägheitsmomente im *y-z*-System mit denen im η-ζ-System identisch sein.

$$I_\zeta = \frac{1}{2}\cdot\left(I_z + I_y\right) + \frac{1}{2}\cdot\left(I_z - I_y\right)\cdot\cos 0 + I_{yz}\cdot\sin 0$$
$$= \frac{1}{2}\cdot\left(I_z + I_y\right) + \frac{1}{2}\cdot\left(I_z - I_y\right)\cdot 1 = I_z$$

$$I_\eta = \frac{1}{2}\cdot\left(I_z + I_y\right) - \frac{1}{2}\cdot\left(I_z - I_y\right)\cdot\cos 0 + I_{yz}\cdot\sin 0$$
$$= \frac{1}{2}\cdot\left(I_z + I_y\right) - \frac{1}{2}\cdot\left(I_z - I_y\right)\cdot 1 = I_y$$

$$I_{\eta\zeta} = -\frac{1}{2}\cdot\left(I_z - I_y\right)\cdot\sin 0 + I_{yz}\cdot\cos 0 = -\frac{1}{2}\cdot\left(I_z - I_y\right)\cdot 0 + I_{yz}\cdot 1 = I_{yz}$$

Die Flächenträgheitsmomente, die in *Aufgabe 2.3* für den Querschnitt in *Bild 8.9* ermittelt wurden, betragen:

$$I_z = 1753536\ \text{cm}^4;\quad I_y = 1394077\ \text{cm}^4;\quad I_{yz} = -330811\ \text{cm}^4$$

Bei einem Transformationswinkel von φ = 59,258° führen die *Gl. (2.29)* und *(2.30)* auf folgende Trägheitsmomente im gedrehten Achsensystem:

$$\tilde{I}_\zeta = \tfrac{1}{2}\cdot\left(I_z + I_y\right) + \tfrac{1}{2}\cdot\left(I_z - I_y\right)\cdot\cos 2\varphi + I_{yz}\cdot\sin 2\varphi$$
$$= \frac{1}{2}\cdot\left(1753536 + 1394077\right) +$$
$$\frac{1}{2}\cdot\left(1753536 - 1394077\right)\cdot\cos\left(2\cdot 59{,}258^\circ\right) +$$
$$\left(-330811\right)\cdot\sin\left(2\cdot 59{,}258^\circ\right) = 1197325\ \text{cm}^4$$

8

$$\tilde{I}_\eta = \tfrac{1}{2}\cdot(I_z + I_y) - \tfrac{1}{2}\cdot(I_z - I_y)\cdot\cos 2\varphi - I_{yz}\cdot\sin 2\varphi$$

$$= \frac{1}{2}\cdot(1753536 + 1394077) -$$

$$\frac{1}{2}\cdot(1753536 - 1394077)\cdot\cos(2\cdot 59{,}258°) -$$

$$(-330811)\cdot\sin(2\cdot 59{,}258°) = 1950288\ \text{cm}^4$$

$$\tilde{I}_{\eta\zeta} = -\tfrac{1}{2}\cdot(I_z - I_y)\cdot\sin 2\varphi + I_{yz}\cdot\cos 2\varphi$$

$$= -\frac{1}{2}\cdot(1753536 - 1394077)\cdot\sin(2\cdot 59{,}258) +$$

$$(-330811)\cdot\cos(2\cdot 59{,}258) = -5{,}1\ \text{cm}^4$$

Der vorgegebene Winkel φ entspricht nahezu dem Winkel φ_0, mit dem die Orientierung der Hauptachsen η und ζ bestimmt wird. Die axialen Trägheitsmomente stellen die Hauptträgheitsmomente I_η und I_ζ dar, das Zentrifugalmoment ist gleich null.

Das zentrifugale Trägheitsmoment nimmt bei diesem Winkel einen im Vergleich zu den axialen Trägheitsmomenten nahezu verschwindend kleinen Wert an.

8.2.7 Aufgabe 2.7

Maßgebend für die Bestimmung der Hauptachsen ist *Gl. (2.34)*.

$$\varphi_0 = \frac{1}{2}\cdot\arctan\frac{2\cdot I_{yz}}{I_z - I_y} = \frac{1}{2}\cdot\arctan\frac{2\cdot(-330811)}{1753536 - 1394077} = -30{,}742°$$

Die Lage der Hauptachsen ergibt sich somit aus:

$$\varphi_{01} = -30{,}742°\,;\quad \varphi_{02} = \varphi_{01} + \frac{\pi}{2} = -30{,}742° + 90° = +59{,}258°$$

Die Hauptträgheitsmomente werden mithilfe der *Gl. (2.36)* errechnet.

$$I_\zeta = I_{min} = \frac{I_z + I_y}{2} - \sqrt{\left(\frac{I_z - I_y}{2}\right)^2 + I_{yz}^2}$$

$$= \frac{1753536 + 1394077}{2} - \sqrt{\left(\frac{1753536 - 1394077}{2}\right)^2 + (-330811)^2}$$

$$= \underline{1197325\,\text{cm}^4}$$

$$I_\eta = I_{max} = \frac{I_z + I_y}{2} + \sqrt{\left(\frac{I_z - I_y}{2}\right)^2 + I_{yz}^2} = 1950288\ \text{cm}^4$$

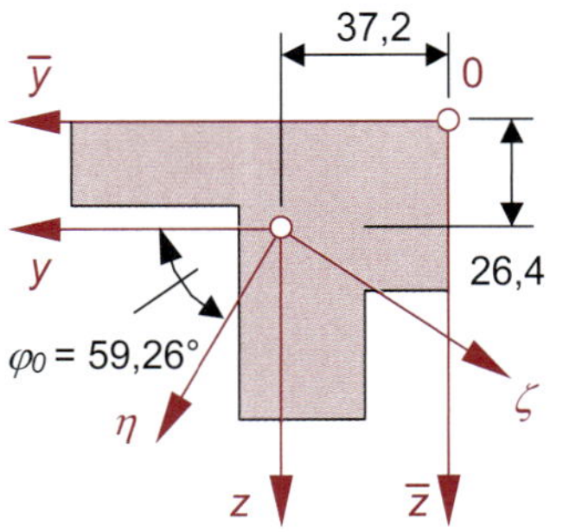

Bild 8.11 Querschnitt mit Hauptachsen

Die Richtung der Hauptachse η mit dem um diese Achse wirkenden größeren Hauptträgheitsmoment I_η soll mithilfe der *Gl. (2.37)* eindeutig berechnet werden.

$$\varphi_0 = \arctan\frac{I_{yz}}{I_z - I_\eta} = \arctan\frac{-330811}{1753536 - 1950288} = +59,258°$$

Die maßstabsgetreue Darstellung des Querschnitts mit seinen Hauptachsen erfolgt in *Bild 8.11*.

8.2.8 Aufgabe 2.8

Die in *Bild 2.12* dargestellten Querschnitte sind rotationssymmetrisch (drehsymmetrisch). Alle Achsen durch den Schwerpunkt sind Hauptachsen. Die beiden axialen Trägheitsmomente sind gleich groß. Das zentrifugale Trägheitsmoment ist null. *Bild 8.12* zeigt die charakteristischen Funktionsverläufe für Trägheitsmomente in Abhängigkeit von Drehwinkel φ.

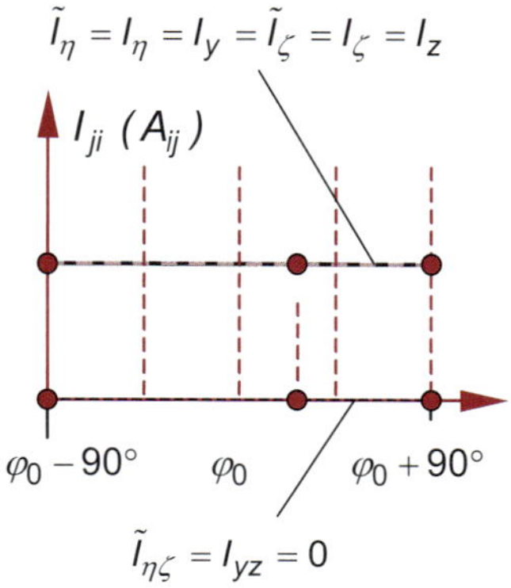

Bild 8.12 Funktionsverläufe

8.2.9 Aufgabe 2.9

Die Berechnung erfolgt in *Tab. 8.2*. Das entsprechende Winkelprofil ist mit seiner Schwerpunktslage und seinen Hauptachsen in *Bild 8.13* dargestellt.

Tabelle 8.2 Tabellarische Berechnung

k	A_k	$\bar{y}_{s,k}$	$\bar{z}_{s,k}$	$A_k \cdot \bar{y}_{s,k}$	$A_k \cdot \bar{z}_{s,k}$	$A_k \cdot \bar{y}_{s,k}^2$	$A_k \cdot \bar{y}_{s,k} \cdot \bar{z}_{s,k}$	$A_k \cdot \bar{z}_{s,k}^2$	$I_{z,k}^{(0)}$	$I_{y,k}^{(0)}$
-	cm²	cm	cm	cm³	cm³	cm⁴	cm⁴	cm⁴	cm⁴	cm⁴
1	36	6,0	1,5	216	54	1296,0	324,0	81,0	432,00	27,00
2	34	11,0	11,5	374	391	4114,0	4301,0	4496,5	11,33	818,83
Σ	70	--	--	590	445	5410,0	4625,0	4577,5	443,3	845,83

Die Lage des Schwerpunktes ergibt sich aus

$$\bar{y}_s = \frac{590}{70} = 8,429\ \text{cm}\ ; \quad \bar{z}_s = \frac{445}{70} = 6,357\ \text{cm}$$

In der Summenzeile der *Tab. 8.2* sind die Querschnittswerte bezüglich des Bezugspunktes *0* angegeben. Die schwerpunktbezogenen Flächenträgheitsmomente ergeben sich zu.

$$A_{yy} = (I_z =) 5410,0 + 443,33 - 8,429^2 \cdot 70,0 = 880,5\ \text{m}^4$$

$$A_{zz} = (I_y =) 4577,5 + 845,83 - 6,357^2 \cdot 70,0 = 2594,4\ \text{m}^4$$

8

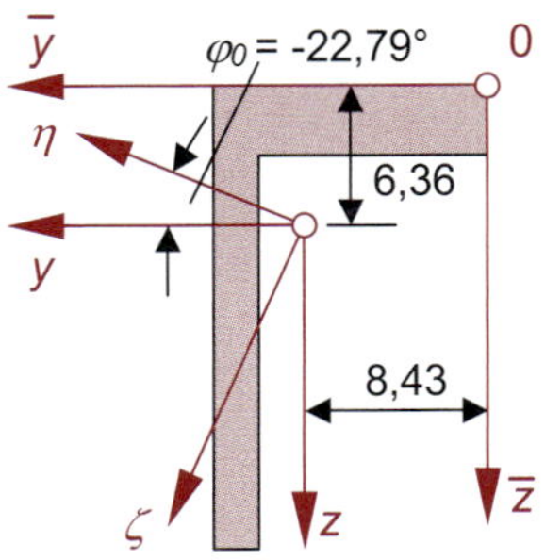

Bild 8.13 Winkelprofil mit Hauptachsen

$$A_{yz} = (I_{yz} =)4625{,}0 + 0 - 8{,}429 \cdot 6{,}357 \cdot 70{,}0 = 874{,}3\ \text{m}^4$$

Die Hauptträgheitsmomente werden mithilfe der *Gl. (2.36)* errechnet.

$$I_\zeta = I_{min} = \frac{880{,}5 + 2594{,}4}{2} - \sqrt{\left(\frac{880{,}5 - 2594{,}4}{2}\right)^2 + 874{,}3^2}$$

$$= 1737{,}45 - 1224{,}24 = 513{,}2\ \text{cm}^4$$

$$I_\eta = I_{max} = 1737{,}45 + 1224{,}24 = 2961{,}7\ \text{cm}^4$$

Die Richtung der Hauptachse η mit dem um diese Achse wirkenden größeren Hauptträgheitsmoment I_η wird mithilfe der *Gl. (2.37)* berechnet.

$$\varphi_0 = \arctan\frac{I_{yz}}{I_z - I_\eta} = \arctan\frac{874{,}3}{880{,}5 - 2961{,}7} = -22{,}79°$$

Die Richtung der Hauptachse ζ mit dem um diese Achse wirkenden kleineren Hauptträgheitsmoment I_ζ ergibt sich aus –22,79° + 90° = 67,21°. Die maßstabsgetreue Darstellung des Querschnitts mit seinen Hauptachsen erfolgt in *Bild 8.13*.

8.3 Lösungen zu Aufgaben in Kapitel 3

8.3.1 Aufgabe 3.1

Der HEB 300 ist ein doppelt symmetrisches Stahlbauprofil, dessen wichtigste Querschnittswerte in der Nebenspalte aufgelistet sind. Die allgemeine Spannungsgleichung lautet nach *Gl. (3.11)*

$$\sigma = \frac{M_y}{I_y} \cdot z = \frac{(-310) \cdot 100}{25170} \cdot z$$

Die Querschnittswerte des HEB 300 lauten nach *[1]*:

Höhe h = 300 mm

$I_y = 25170\ \text{cm}^4$

$W_y = 1680\ \text{cm}^3$

Da das Profil doppelt symmetrisch ist, ist die Randkoordinate $z_{Rand} = \pm\ h/2$. Für den oberen Rand ($z_{Rand} = -h/2 = -300/2 = -150$ mm = -15 cm) ergibt sich eine Zugspannung, während am unteren Rand $z_{Rand} = +h/2$ eine negative Spannung, d.h. eine Druckspannung wirkt (siehe *Bild 8.14*).

$$\sigma_o = \frac{(-310) \cdot 100}{25170} \cdot (-15) = 18{,}5\ \text{kN/cm}^2$$

$$\sigma_u = \frac{(-310)\cdot 100}{25170}\cdot 15 = -18{,}5\ \text{kN/cm}^2$$

Alternativ kann die Randspannung mithilfe des Widerstandsmomentes aber ohne Kenntnis des Vorzeichens ermittelt werden. Da das angreifende Moment negativ ist, müssen am unteren Rand Druck- und am oberen Rand des Querschnittes Zugspannungen wirken.

$$\sigma_{Rand} = \frac{|M_y|}{W_y} = \frac{310\cdot 100}{1680} = 18{,}5\ \text{kN/cm}^2$$

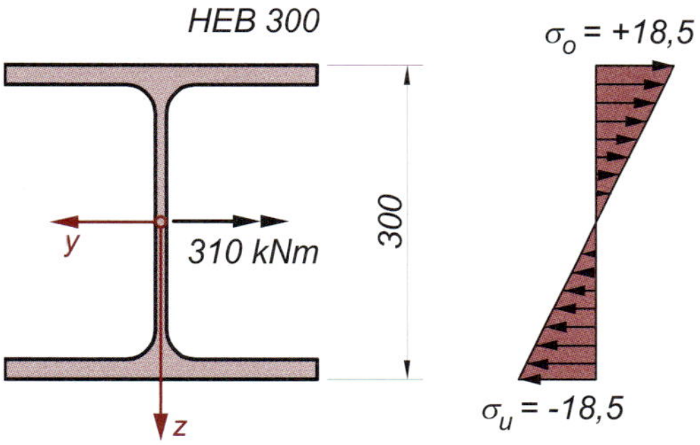

Bild 8.14 Spannungsverteilung am HEB 300 in kN/cm²

8.3.2 Aufgabe 3.2

Es liegt der gleiche Querschnitt wie in *Beispiel 3.1* vor (siehe *Bild 8.15*). Zusätzlich werden die Querschnittswerte I_z = 8560 cm^4 und W_z = 571 cm^3 benötigt. Die Eckspannungen werden mit der allgemeinen Spannungsgleichung für doppelte Biegung nach *Gl. (3.16)* berechnet.

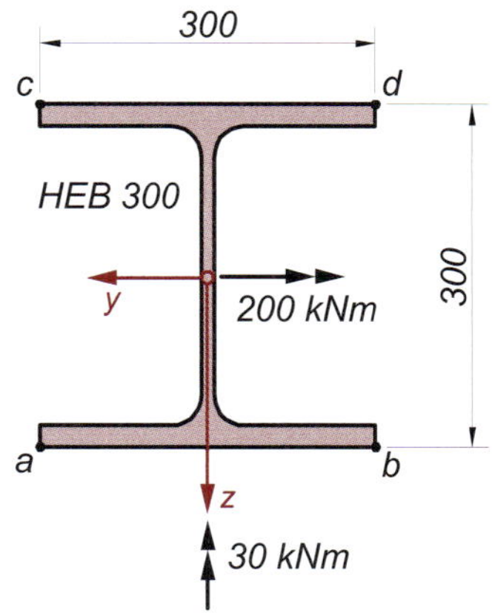

Bild 8.15 Querschnitt *Aufgabe 3.2*, Maße in mm

$$\sigma_a = \frac{M_y}{I_y}\cdot z_a - \frac{M_z}{I_z}\cdot y_a$$

$$= \frac{(-200)\cdot 100}{25170}\cdot 15 - \frac{(-30)\cdot 100}{8560}\cdot 15 = -6{,}7\ \text{KN/cm}^2$$

$$\sigma_b = \frac{(-200)\cdot 100}{25170}\cdot 15 - \frac{(-30)\cdot 100}{8560}\cdot(-15) = -17{,}2\ \text{KN/cm}^2$$

$$\sigma_c = \frac{(-200)\cdot 100}{25170}\cdot(-15) - \frac{(-30)\cdot 100}{8560}\cdot 15 = 17{,}2\ \text{KN/cm}^2$$

$$\sigma_d = \frac{(-200)\cdot 100}{25170}\cdot(-15) - \frac{(-30)\cdot 100}{8560}\cdot(-15) = -6{,}7\ \text{KN/cm}^2$$

8

Alternativ kann die betragsmäßig größte Spannung mit den Widerstandsmomenten nach *Gl. (3.17)* ermittelt werden:

$$\sigma = \frac{|M_y|}{W_y} + \frac{|M_z|}{W_z} = \frac{200 \cdot 100}{1680} + \frac{30 \cdot 100}{571} = 17{,}2 \text{ kN/cm}^2$$

8.3.3 Aufgabe 3.3

Es liegt ein einfach symmetrisches zusammengesetztes Stahlbauprofil vor. Die Lage des Schwerpunktes und die Querschnittswerte sind *Bild 8.16* zu entnehmen. Die Berechnung dieser Werte wird hier nicht gezeigt. Die betragsmäßig größte Spannung wird in den Punkten auftreten, die vom Schwerpunkt den größten Abstand haben. Bei einem negativen Moment M_y wirken am oberen Rand Zug- und am unteren Rand Druckspannungen. Das positive Moment M_z führt am linken Rand zu Druck- und am rechten Rand zu Zugspannungen. Folglich ist im Punkt b des *Bildes 8.16* die größte Druckspannung (minimale Spannung) und im Punkt a die größte Zugspannung (maximale Spannung) zu erwarten. Nach *Gl. (3.16)* ist

$$\sigma_a = \sigma_{max} = \frac{M_y}{I_y} \cdot z_a - \frac{M_z}{I_z} \cdot y_a$$

$$= \frac{(-490) \cdot 100}{128033} \cdot (-25) - \frac{340 \cdot 100}{30648} \cdot (-19{,}72) = 31{,}4 \text{ kN/cm}^2$$

$$\sigma_b = \sigma_{min} = \frac{(-490) \cdot 100}{128033} \cdot 25 - \frac{340 \cdot 100}{30648} \cdot 12{,}28 = -23{,}2 \text{ kN/cm}^2$$

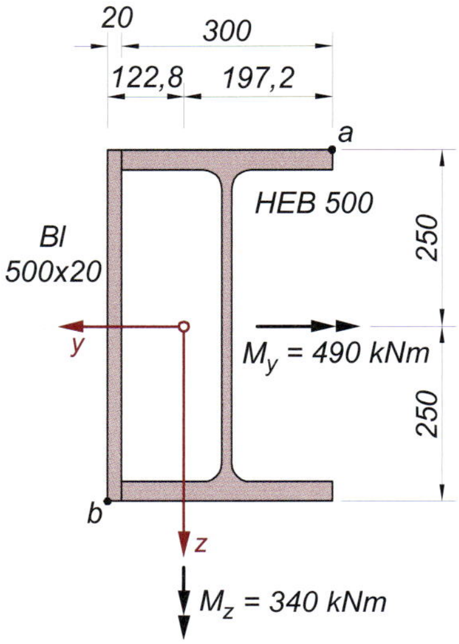

Bild 8.16 Querschnitt *Aufgabe 3.3*, Maße in mm

Querschnittswerte:

$$I_y = 128033 \text{ cm}^4$$

$$I_z = 30648 \text{ cm}^4$$

8.3.4 Aufgabe 3.4

Die Spannungen werden im *x-z*-Koordinatensystem mit *Gl. (3.18)* und *Gl. (3.19)* berechnet.

$$D = I_y \cdot I_z - I_{yz}^2$$

$$D = 2595 \cdot 880 - 874^2 = 1519724 = 1{,}52 \cdot 10^6$$

Die Koordinaten des Punktes *c* lauten: y_c = 1,57 cm und z_c = 13,64 cm

$$\sigma = \frac{-I_{yz} \cdot y + I_z \cdot z}{D} \cdot M_y - \frac{I_y \cdot y - I_{yz} \cdot z}{D} \cdot M_z$$

$$\sigma_c = \frac{-874 \cdot 1{,}57 + 880 \cdot 13{,}64}{1{,}52 \cdot 10^6} \cdot (-6{,}0) \cdot 100$$

$$-\frac{2595 \cdot 1{,}57 - 874 \cdot 13{,}64}{1{,}52 \cdot 10^6} \cdot 2{,}5 \cdot 100 = -4{,}20 + 1{,}29 = -2{,}91\,\text{kN/cm}^2$$

Die Koordinaten des Punktes d lauten: y_d = -8,43 cm und z_d = -3,36 cm. Die Normalspannung bestimmt sich damit zu:

$$\sigma_d = \frac{-874 \cdot (-8{,}43) + 880 \cdot (-3{,}36)}{1{,}52 \cdot 10^6} \cdot (-6{,}0) \cdot 100$$

$$-\frac{2595 \cdot (-8{,}43) - 874 \cdot (-3{,}36)}{1{,}52 \cdot 10^6} \cdot 2{,}5 \cdot 100 = 1{,}38\,\text{kN/cm}^2$$

Querschnittswerte:

I_y = 2595 cm^4

I_z = 880 cm^4

I_{yz} = 874 cm^4

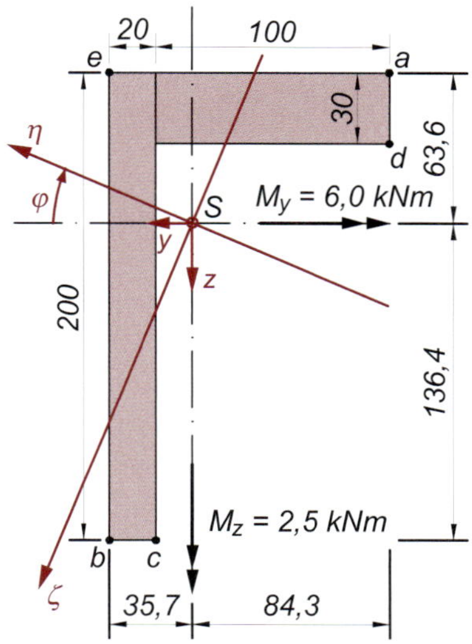

Bild 8.17 Querschnitt *Beispiel 3.4,* Maße in mm

8.3.5 Aufgabe 3.5

Das Gesamtprofil nach *Bild 8.18* (entspricht *Bild 3.20*) ist unsymmetrisch. Die Querschnittswerte lauten (ohne Berechnung):

$$I_y = 4026\,\text{cm}^4\,; \quad I_z = 331{,}7\,\text{cm}^4\,; \quad I_{yz} = -197{,}0\,\text{cm}^4$$

$$I_\eta = 4036{,}5\,\text{cm}^4\,; \quad I_\varsigma = 321{,}3\,\text{cm}^4$$

Die Lage des Schwerpunktes und der Achsen ist in *Bild 8.18* angegeben. Da sich die Lage des Hauptachsensystems kaum vom *x-y*-Koordinatensystem unterscheidet, lässt sich bei dem alleinig wirkenden Moment M_y der Punkt *a* als Punkt mit der maximalen Spannung gut schätzen. Im *y-z*-System werden die Spannungen mit *Gl. (3.18)* und *Gl. (3.19)* berechnet.

$$D = I_y \cdot I_z - I_{yz}^2 = 4026 \cdot 331{,}7 - 197{,}0^2 = 1296615$$

Die Koordinaten des Punktes a sind: y_a = -5,44 cm und z_a = -13,83 cm. Die Normalspannung bestimmt sich damit zu:

$$\sigma = \frac{-I_{yz} \cdot y + I_z \cdot z}{D} \cdot M_y = \frac{-(-197{,}0) \cdot (-5{,}44) + 331{,}7 \cdot (-13{,}83)}{1296615} \cdot 3000$$

$$= -13{,}1\,\text{kN/cm}^2$$

Alternativ soll die Spannung im Hauptachsensystem berechnet werden. Dazu wird das Moment in Richtung der Hauptachsen zerlegt.

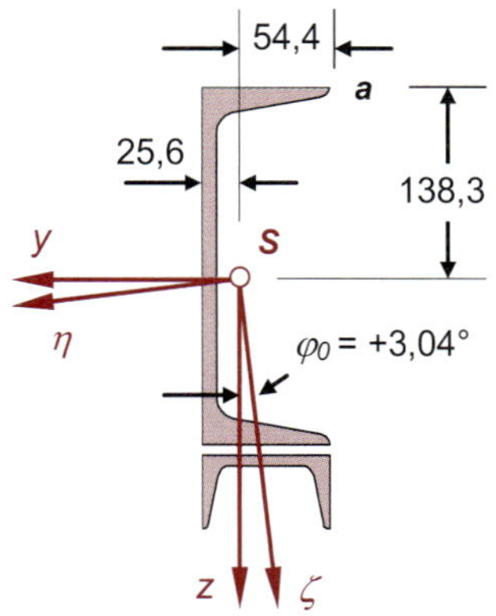

Bild 8.18 Querschnitt *Beispiel 3.5,* Maße in mm

8

$$M_\eta = M_y \cdot \cos\varphi + M_z \cdot \sin\varphi = 30 \cdot \cos 3{,}05° = 29{,}96 \text{ kNm}$$

$$M_\varsigma = -M_y \cdot \sin\varphi + M_z \cdot \cos\varphi = -30 \cdot \sin 3{,}05° = -1{,}59 \text{ kNm}$$

Dann werden die Koordinaten des Punktes *a* in das Hauptachsensystem transformiert und mit *Gl. (3.22)* die Spannung berechnet.

$$\eta_a = y_a \cdot \cos\varphi + z_a \cdot \sin\varphi$$
$$= (-5{,}44) \cdot \cos 3{,}05° + (-13{,}83) \cdot \sin 3{,}05° = -6{,}17 \text{ cm}$$

$$\varsigma_a = -y_a \cdot \sin\varphi + z_a \cdot \cos\varphi$$
$$= -(-5{,}44) \cdot \sin 3{,}05° + (-13{,}83) \cdot \cos 3{,}05° = -13{,}52 \text{ cm}$$

$$\sigma_a = \frac{M_\eta}{I_\eta} \cdot \varsigma_a - \frac{M_\varsigma}{I_\varsigma} \cdot \eta_a$$
$$= \frac{29{,}96 \cdot 100}{4036{,}5} \cdot (-13{,}52) - \frac{(-1{,}59) \cdot 100}{321{,}3} \cdot (-6{,}17) = -13{,}1 \text{ kN/cm}^2$$

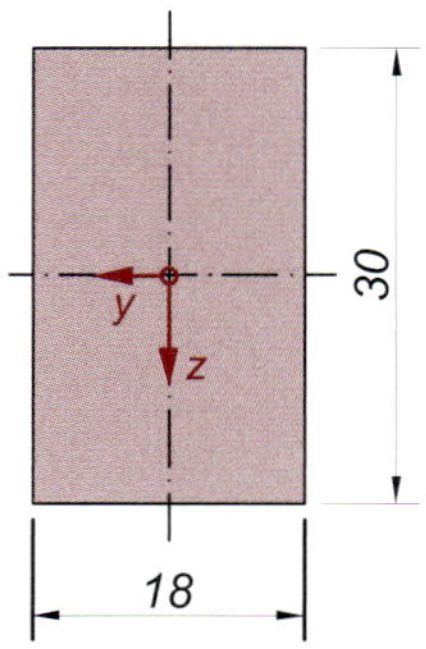

$Iy = 40500 \text{ cm}^4$

$I_z = 14580 \text{ cm}^4$

$A = 540 \text{ cm}^2$

Bild 8.19 Querschnitt zu *Aufgabe 3.6*, Maße in cm

8.3.6 Aufgabe 3.6

Gemäß Aufgabenstellung soll für den Querschnitt nach *Bild 8.19* (*Beispiel 3.6*) der Eckpunkt bestimmt werden, der die maximale Spannung aufweist. Durch die Normalkraft ist die resultierende Spannungsverteilung nicht mehr symmetrisch. Ein positives Moment M_y bewirkt an der Unterkante des Querschnittes Zugspannungen (positive Spannungen) und ein positives Moment M_z an der rechten Seite Zugspannungen. Da auch die Normalkraft positiv, d.h. eine Zugkraft ist, wird die maximale Spannung eine Zugspannung sein und im Eckpunkt unten rechts auftreten. Nach *Gl. (3.28)* lautet die Spannung im Eckpunkt unten rechts:

$$\sigma = \frac{N}{A} + \frac{M_y}{I_y} \cdot z - \frac{M_z}{I_z} \cdot y$$
$$= \frac{270}{540} + \frac{40 \cdot 100}{40500} \cdot 15 - \frac{30 \cdot 100}{14580} \cdot (-9) = 3{,}83 \text{ kN/cm}^2$$

8.3.7 Aufgabe 3.7

Der zusammengeschweißte Stahlquerschnitt besteht aus einem HEB 400 und zwei U-Profilen [400 (siehe *Bild 8.20*). Er ist in seiner zusammengesetzten Form doppelt symmetrisch, sodass die Querschnittswerte des Gesamtquerschnittes – wie nachfolgend gezeigt – auch ohne großen tabellarischen Aufwand berechnet werden können.

Mit I_y = 57680 cm^4, I_z = 10680 cm^4 und A = 198 cm^2 für den HEB 400 sowie I_y = 20350 cm^4, I_z = 846 cm^4 und A = 91,5 cm^2 für das U-Profil [400 ergeben sich als Querschnittswerte für den Gesamtquerschnitt:

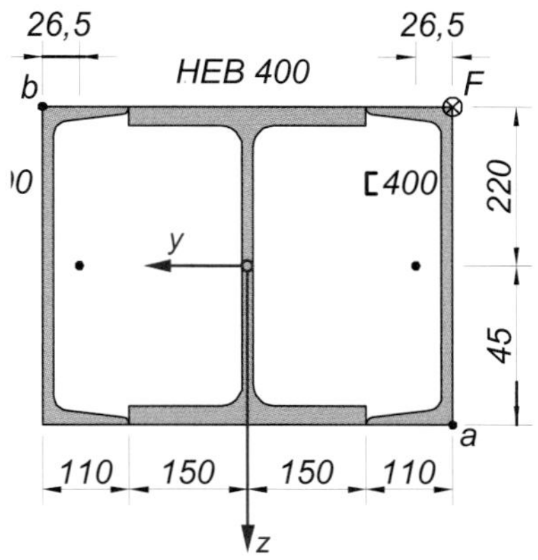

Bild 8.20 Querschnitt zu *Aufgabe 3.7*, Maße in mm

$$A_{Gesamt} = 198 + 2 \cdot 91{,}5 = 381{,}0 \text{ cm}^2$$

$$I_{y,Gesamt} = 57680 + 2 \cdot 20350 = 98380 \text{ cm}^4$$

$$I_{z,Gesamt} = 10820 + 2 \cdot 846 + 2 \cdot 91{,}5 \cdot (15 + 11 - 2{,}65)^2 = 112287 \text{ cm}^4$$

Die exzentrisch angreifende Druckkraft bewirkt zusätzliche Biegemomente um zwei Achsen. Nach den *Gl. (3.26)* und *(3.27)* ist

$$M_{y,Gesamt} = M_y + N \cdot e_z = -480 + (-500) \cdot (-0{,}2) = -380 \text{ kNm},$$

$$M_z = -N \cdot e_y = -(-500) \cdot (-0{,}15 - 0{,}11) = -130 \text{ kNm},$$

$$N = -500 \text{ kN}.$$

Im Punkt *a* wirkt die größte Druckspannung (minimale Normalspannung) und im Punkt *b* die größte Zugspannung (maximale Normalspannung).

$$\sigma_a = \frac{N}{A} + \frac{M_y}{I_y} \cdot z - \frac{M_z}{I_z} \cdot y$$

$$= \frac{-500}{381} + \frac{(-380) \cdot 100}{98380} \cdot 20 - \frac{(-130) \cdot 100}{112287} \cdot (-26) = -12{,}05 \text{ kN/cm}^2$$

$$\sigma_b = \frac{-500}{381} + \frac{(-380) \cdot 100}{98380} \cdot (-20) - \frac{(-130) \cdot 100}{112287} \cdot 26 = 9{,}42 \text{ kN/cm}^2$$

8.4 Lösungen zu Aufgaben in Kapitel 4

8.4.1 Aufgabe 4.1

Der Querschnitt nach *Bild 4.14* ist einfach symmetrisch. Die Berechnung der Querschnittswerte wird hier nicht gezeigt. Die Lage des Schwerpunktes in z-Richtung ist in *Bild 8.21* vermaßt. Das für die Berechnung der Schubspannungen benötigte Flächenträgheitsmoment lautet

$$I_y = 6652 \text{ cm}^4$$

8

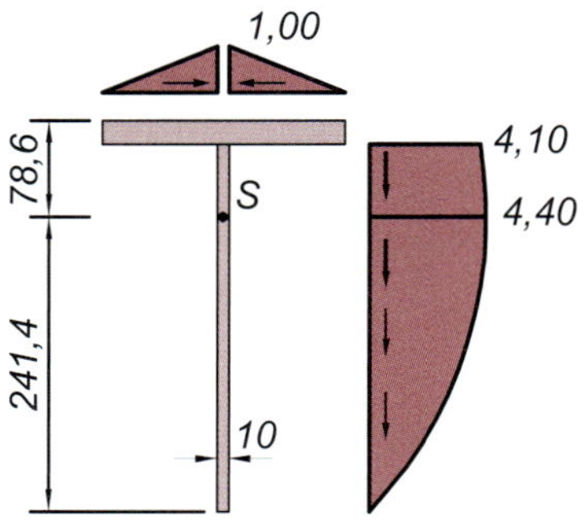

Bild 8.21 Schubspannungen in kN/cm²

An den Rändern der Flansche und am Ende des Steges sind die statischen Momente und damit die Schubspannungen gleich null. In der Mitte des Flansches ist das Statische Moment

$$S_1 = 10 \cdot 2 \cdot (7{,}86 - 1) = 137{,}1\,\text{cm}^3$$

und damit die Schubspannungen nach *Gl. (4.13)*

$$\tau = \frac{V \cdot S}{I \cdot t} = \frac{100 \cdot 137{,}1}{6652 \cdot 2} = 1{,}0\,\text{kN/cm}^2$$

Infolge der Symmetrie verdoppelt sich unter dem Flansch das Statische Moment.

$$S_2 = 137{,}1 + 137{,}1 = 274{,}3\,\text{cm}^3$$

$$\tau = \frac{V \cdot S}{I \cdot t} = \frac{100 \cdot 274{,}3}{6652 \cdot 1} = 4{,}1\,\text{kN/cm}^2$$

Die Schubspannungen verlaufen im Steg parabolisch und im Flanschbereich linear (siehe *Bild 8.21*).

Im Schwerpunkt des Querschnitts sind sowohl das Statische Moment als auch die Schubspannungen maximal.

$$S_{max} = 274{,}3 + (7{,}86 - 2{,}0) \cdot (7{,}86 \cdot 2{,}0) \cdot \frac{1}{2} = 291{,}4\,\text{cm}^3$$

oder

$$S_{max} = 24{,}14 \cdot 1{,}0 \cdot 24{,}1472 = 291{,}4\,\text{cm}^3$$

$$\tau_{max} = \frac{V \cdot S}{I \cdot t} = \frac{100 \cdot 291{,}4}{6652 \cdot 1} = 4{,}4\,\text{kN/cm}^2$$

8.5 Lösungen zu Aufgaben in Kapitel 5

8.5.1 Aufgabe 5.1

Der Querschnitt ist ein geschlossener Querschnitt. Die maximalen Schubspannungen infolge des Torsionsmomentes werden mithilfe der Bredtschen Formel *Gl. (5.21)* berechnet. Dazu wird die Kernfläche A_m, die Fläche innerhalb der Schwerelinie der Querschnittsteile, benötigt. Die Kernfläche hat in diesem Beispiel einen Trapezquerschnitt (siehe *Bild 8.22*).

$$A_m = \frac{(320-3)+(170-3)}{2} \cdot \left(130 - \frac{6}{2} - \frac{2{,}5}{2}\right) = 30431{,}5\,\text{cm}^2$$

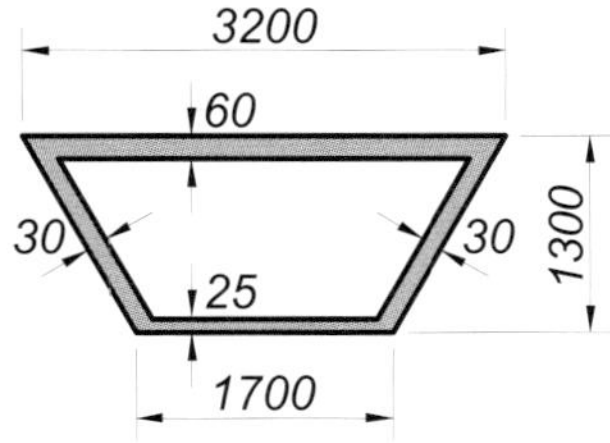

Bild 8.22 Querschnitt *Aufgabe 5.1*, Maße in mm

Die maximale Schubspannung tritt im dünnsten Teil des Querschnitts, dem 2,5 cm dicken Untergurt auf. Die maßgebende Schubspannung infolge Torsion errechnet sich gemäß *Gl. (5.21)* somit zu:

$$\max \tau = \frac{M_x}{2 \cdot A_m \cdot t_{\min}} = \frac{2000 \cdot 100}{2 \cdot 30431{,}5 \cdot 2{,}5} = 1{,}31\,\text{kN/cm}^2$$

8.5.2 Aufgabe 5.2

In dem dünnwandigen (geschlossenen) Rohrquerschnitt werden die Schubspannungen wiederum mithilfe der Bredtschen Formel berechnet. Bei gleichbleibender Wanddicke sind die Schubspannungen konstant über den Umfang des Rohrquerschnittes verteilt; es gilt:

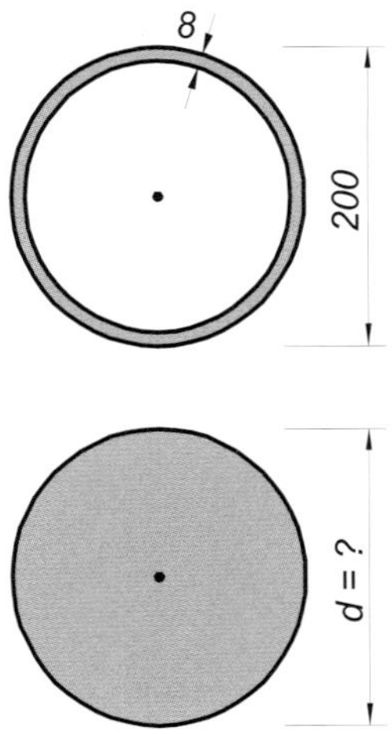

Bild 8.23 Querschnitte zu *Aufgabe 5.2*, Maße in mm

$$A_m = \pi \cdot (10 - 0{,}4) = 289{,}5\,\text{cm}^2$$

$$\max \tau = \frac{M_x}{2 \cdot A_m \cdot t_{\min}} = \frac{30 \cdot 100}{2 \cdot 289{,}5 \cdot 0{,}8} = 6{,}48\,\text{kN/cm}^2$$

Die Schubspannungen im Vollkreis werden nach *Gl. (5.8)* und I_T nach *Gl. (5.6)* berechnet. Es ergibt sich:

$$\tau = \frac{M_x}{I_T} \cdot r \quad \text{mit} \quad I_T = \frac{\pi \cdot r^4}{2} \qquad \Rightarrow \qquad \max \tau = \frac{2 \cdot M_x}{\pi \cdot r^3} = 6{,}48\,\text{kN/cm}^2$$

$$\Rightarrow \; r^3 = \frac{2 \cdot 30 \cdot 100}{\pi \cdot 6{,}48} = 294{,}4 \qquad \Rightarrow \qquad r = 6{,}65\,\text{cm} = 66{,}5\,\text{mm}$$

8.6 Lösungen zu Aufgaben in Kapitel 6

8.6.1 Aufgabe 6.1

Bild 8.24 stellt die Ergebnisse für a) e = 0,03 m und b) e = 0,01 m dar. Zum Vergleich ist die in *Beispiel 6.1* berechnete Last-Verformungskurve für e = 0,05 m mit aufgenommen worden.

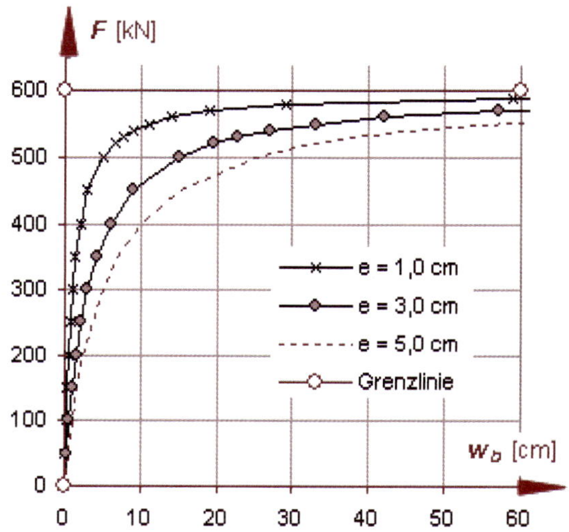

Bild 8.24 Last-Verformungskurven für den starren Stab nach *Bild 6.4*

Trotz verringerter Schiefstellung wird die Grenzlast von F = 600 kN nicht überschritten. Mit $e \to 0$ wird die Last-Verformungskurve zu einer bilinearen Grenzkurve, die bei F = 600 kN abknickt. Da es in einem realen Bauwerk keine perfekt gerade und vollkommen lotrecht eingebaute Stütze gibt, führt eine Belastung von F = 600 kN unweigerlich zum Versagen dieser Stütze und zum Einsturz des Gebäudes.

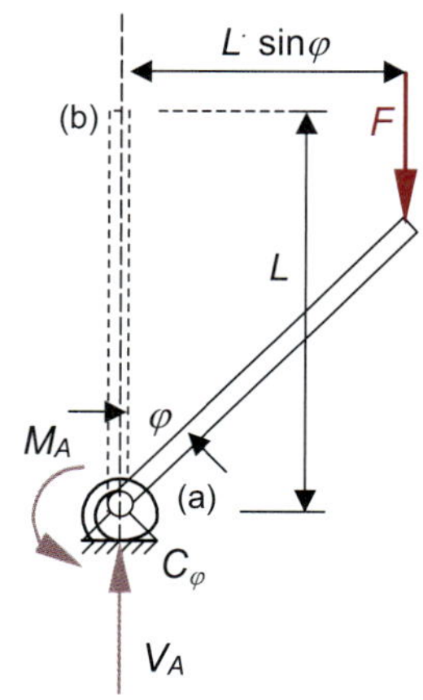

Bild 8.25 Stütze bei großer Kopfauslenkung

8.6.2 Aufgabe 6.2

Um das Tragverhalten bei großer Kopfauslenkung zu untersuchen, muss die geometrische Situation bei zunehmender Schiefstellung der Stütze korrekt betrachtet werden (*Bild 8.25*). Es ist nicht mehr zielführend, die Stützenlänge L in der Seitenprojektion konstant auf 5,0 m zu halten. Stellvertretend für alle Winkel zwischen 0,01 und $\pi/2$ rad soll beispielhaft die aufnehmbare Last für einen Schiefstellungswinkel von φ = 45° berechnet werden.

Bei einer Schiefstellung von 45° entsteht aufgrund der elastischen Einspannung mit C_φ = 3000 kNm/rad am Fußpunkt der Stütze ein Einspannmoment von

$$M_A = 3000\ \text{kNm/rad} \cdot \frac{\pi}{4}\ \text{rad} = 3000 \cdot 0{,}7854 = 2356{,}2\ \text{kNm}\,.$$

Aus der Gleichgewichtsbedingung $\Sigma M_{(a)} = 0$ folgt:

$$F \cdot L \cdot \sin\varphi - M_A = 0 \quad \to F = \frac{M_A}{L \cdot \sin\varphi} = \frac{2356{,}2}{5{,}0 \cdot 0{,}7854} = 666{,}4\ \text{kN}\,.$$

Mithilfe der Theorie III. Ordnung lässt sich das Trag-Verformungsverhalten auch oberhalb der kritischen Last untersuchen. Die vollständige Auswertung zeigt *Bild 8.26*. Bei einer Schiefstellung von 180° kann der starre Stab eine unendlich große Last in Form einer Zugbeanspruchung aufnehmen.

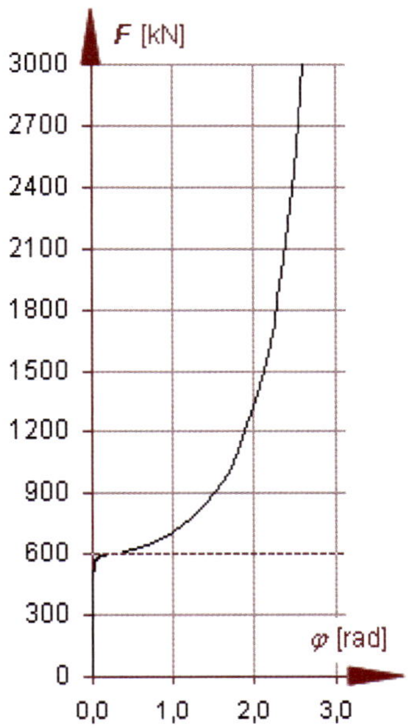

Bild 8.26 Last-Verformungsdiagramm nach Theorie III. Ordnung

8.6.3 Aufgabe 6.3

Die Biegebeanspruchung der Pendelstütze (*Bild 8.27*) im verformten Zustand (Theorie II. Ordnung) ergibt sich aus

$$M_{(x)} = -F \cdot \left(e - w_{(x)}\right)$$

Die Krümmung des Stabes bestimmt sich aus der Biegebeanspruchung $M_{(x)}$ geteilt durch die Biegesteifigkeit $E \cdot I$ und ist identisch mit der 2. Ableitung der Biegelinie $w_{(x)}$; es gilt:

$$w^{II}_{(x)} = -\kappa_{(x)} = -\frac{M_{(x)}}{E \cdot I} = \frac{F \cdot \left(e - w_{(x)}\right)}{E \cdot I}\,.$$

Mit der Abkürzung $\alpha^2 = F / E \cdot I$ entwickelt sich die maßgebende Differentialgleichung zweiter Ordnung:

$$w^{II}_{(x)} + \alpha^2 \cdot w_{(x)} = \alpha^2 \cdot e\,.$$

Die allgemeine Lösung dieser Gleichung lautet

$$w_{(x)} = C_1 \cdot \sin\alpha x + C_2 \cdot \cos\alpha x + e\,.$$

Die Konstanten C_1 und C_2 werden aus den Randbedingungen (Auflagerbedingungen) bestimmt. Aus der 1. Randbedingung $w_{(x=0)} = 0$ folgt:

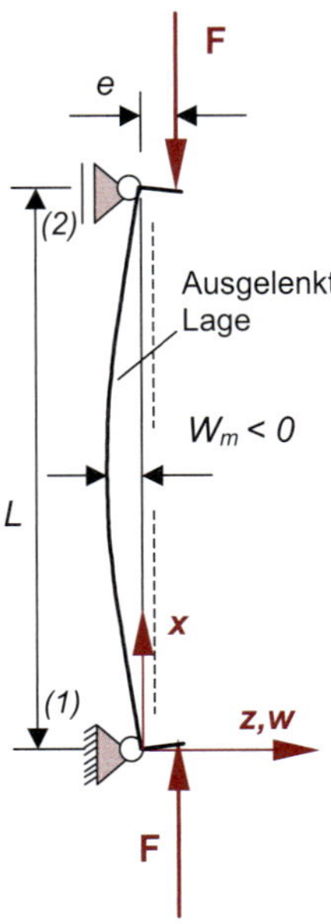

Bild 8.27 Pendelstütze in ausgelenkter Lage

8

$$0 = C_1 \cdot \sin\alpha 0 + C_2 \cdot \cos\alpha 0 + e \quad \rightarrow \quad C_2 = -e$$

Die 2. Randbedingung $w_{(x=L)} = 0$ führt auf folgenden Zusammenhang:

$$0 = C_1 \cdot \sin\alpha L - e \cdot \cos\alpha L + e \quad \rightarrow \quad C_1 = \frac{e \cdot (\cos\alpha L - 1)}{\sin\alpha L}$$

Damit kann die Verformungsgleichung angegeben werden:

$$w_{(x)} = \frac{e \cdot (\cos\alpha L - 1)}{\sin\alpha L} \cdot \sin\alpha x - e \cdot \cos\alpha x + e$$

$$= \frac{e \cdot \left[(\cos\alpha L - 1) \cdot \sin\alpha x - (\cos\alpha x - 1) \cdot \sin\alpha L\right]}{\sin\alpha L}$$

Aus dieser Gleichung können folgende Rückschlüsse gezogen werden:

- Die Verformung $w_{(x)}$ ist proportional zur Lastexzentrizität e. Ist diese gleich null, so erfolgt mit $w_{(x)} = 0$ keine Auslenkung.
- Es ist trotzdem eine unbestimmte und von null verschiedene Auslenkung möglich, wenn der Nenner in der Verformungsgleichung verschwindet; d.h. wenn $\sin\alpha L = 0$ ist.

Damit ist die Eigenwertgleichung dieses Stabilitätsproblems gegeben.
Die Eigenwertgleichung ist erfüllt für

$$\alpha L = n \cdot \pi \qquad \text{mit } n = 0, 1, 2, 3, \ldots$$

Aus dem ersten positiven Eigenwert folgt die Knicklast der in *Bild 8.28* dargestellten Pendelstütze:

Der Vergleich mit den in *Tab. 6.1* für den Eulerfall 2 gemachten Angaben bestätigt die Richtigkeit der hier angestellten Berechnungen.

$$\alpha L = \pi \quad \rightarrow \sqrt{\frac{F}{E \cdot I_y}} \cdot L = \pi \quad \rightarrow F_{crit} = F_{Ki} = \frac{\pi^2 \cdot E \cdot I_y}{L^2}$$

8.6.4 Aufgabe 6.4

Die mit e = 5 cm exzentrisch wirkende Druckkraft führt zu einer seitlichen Auslenkung der Kragstütze nach *Bild 6.9*. Bei proportionaler Laststeigerung nimmt die Verformung überproportional zu (siehe *Bild 8.28*).

Bild 8.29 zeigt das Last-Verformungsdiagramm für den Kopfpunkt der Kragstütze (*F*-*w*-Diagramm für $w_{(x=L)}$). Vergleichend sind hier zusätzlich zu den Ergebnissen für e = 0,05 m die *F*-*w*-Diagramme für e = 0,01 m und e =

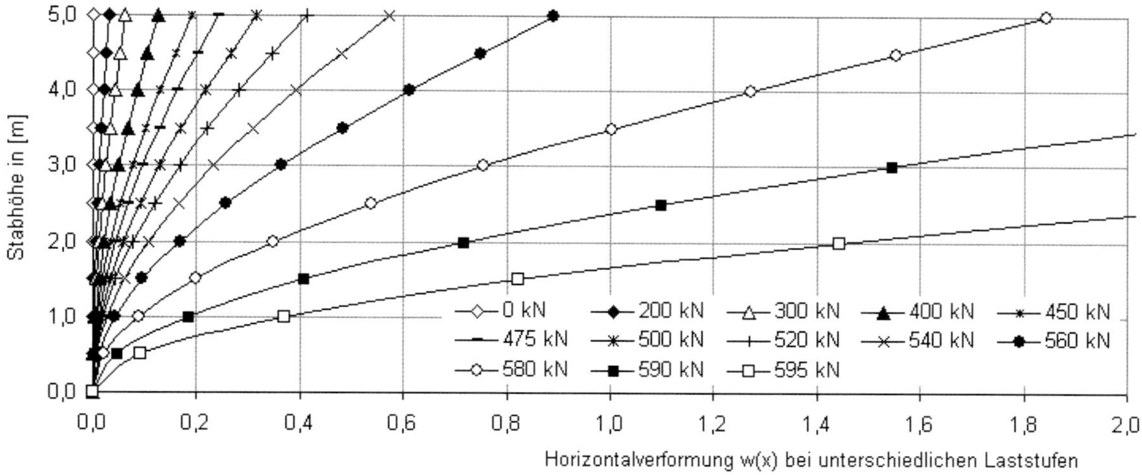

Bild 8.28 Verformungsfiguren bei unterschiedlichen Laststufen

0,03 m mit aufgenommen worden. Analog zu den Ergebnissen der *Aufgabe 6.1* kann auch hier deutlich gezeigt werden, dass die elastische Kragstütze nach Bild 6.9 keine über 600 kN hinausgehende Belastung aufnehmen kann. Dabei spielt es keine Rolle, wie groß die Exzentrizität am Lasteinleitungspunkt ist. Auch im Idealfall e = 0 versagt die Stütze bei F = 600 kN. Diese Last ist die Knicklast des hier betrachteten Systems.

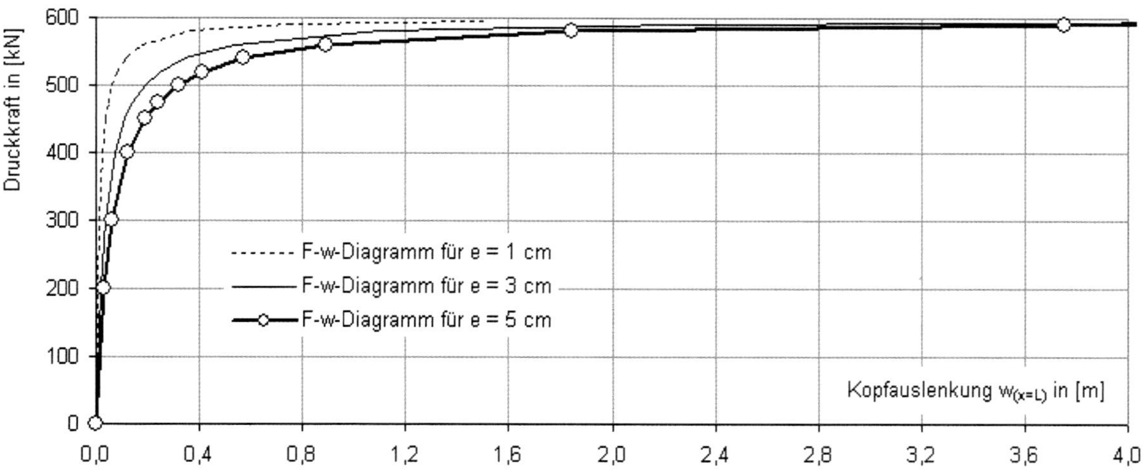

Bild 8.29 Last-Verformungsdiagramm

8

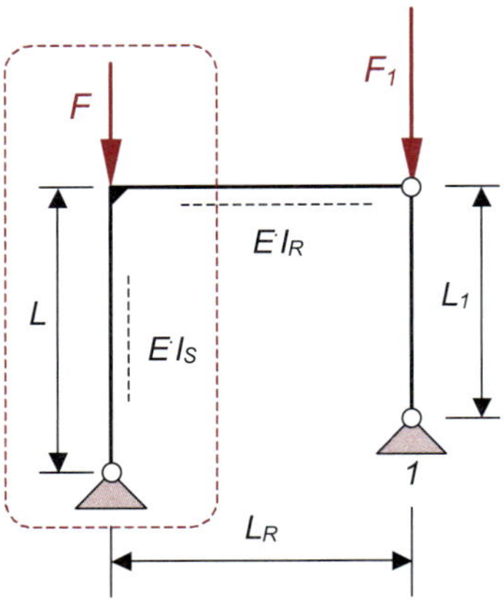

Bild 8.30 Beispiel für knickgefährdetes System

8.6.5 Aufgabe 6.5

Stellvertretend für eine Vielzahl von statischen Systemen mit knickgefährdeten Stäben soll hier ein Beispiel aufgeführt werden, dass in [1] aufgeführt wird. Es handelt sich um einen Dreigelenk-Rahmen (*Bild 8.30*), dessen linke Stütze biegesteif mit dem Riegel verbunden ist. Der Knicklängenbeiwert β für die linke Stütze wird durch nachfolgende Formel bestimmt.

$$\beta = \pi \cdot \sqrt{\frac{5+4\cdot\kappa}{12} + \frac{(1+\kappa)\cdot E\cdot I_S\cdot L_R}{3\cdot E\cdot I_R\cdot L}} \quad \text{mit} \quad \kappa = \frac{L}{F}\cdot\sum_{i=1}^{n}\frac{F_i}{L_i} \quad (\text{hier: } n = 1)$$

8.6.6 Aufgabe 6.6

Die Flächenträgheitsmomente und Trägheitsradien für den Stützenquerschnitt lauten jetzt

$$I_y = 6278\ \text{cm}^4 \quad \rightarrow i_y = \sqrt{\frac{6278}{94,9}} = 8,13\ \text{cm}$$

$$I_z = 11819\ \text{cm}^4 \quad \rightarrow i_y = \sqrt{\frac{11819}{94,9}} = 11,16\ \text{cm}$$

Multipliziert mit dem Elastizitätsmodul E = 21000 kN/cm² führen die Trägheitsmomente auf die Biegesteifigkeiten des verwendeten Querschnitts:

$$E\cdot I_y = 13184\ \text{kNcm}^2\ ; \quad E\cdot I_z = 24820\ \text{kNcm}^2$$

Für das Knicken um die z-Achse (Knicken in *y*-Richtung → Knickebene ist die *x*-*y*-Ebene) bleibt aufgrund der unveränderten Randbedingungen die Knicklänge bei

$$L_{K,z} = 0,7\cdot 7,0 = 4,90\ \text{m}$$

Die Knicklast bestimmt sich für diesen Fall zu

$$F_{Ki,z} = \frac{\pi^2\cdot 24820}{4,90^2} = 3247,6\ \text{kN}$$

Der Schlankheitsgrad λ_z und die Knickspannung $\sigma_{Ki,z}$ ergeben sich zu

$$\lambda_z = \frac{4,9\cdot 10^2}{11,16} = 43,9\ ; \quad \sigma_{Ki,z} = \frac{\pi^2\cdot 21000}{43,9^2} = 107,5\ \text{kN/cm}^2$$

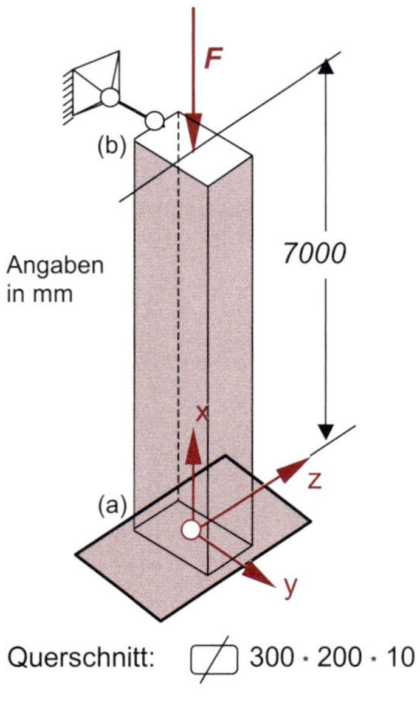

Bild 8.31 Stahlstütze nach *Bild 6.11* mit gedrehtem Hohlprofil (Darstellung unmaßstäblich)

Für das Knicken um die *y*-Achse (Knicken in *z*-Richtung → Knickebene ist die *x*-*z*-Ebene) gilt weiterhin die Knicklänge von

$$L_{K,z} = 2{,}0 \cdot 7{,}0 = 14{,}0 \text{ m}$$

Da das Knicken auf die „schwache" Achse des Querschnitts wirkt, wird sich ein hoher Schlankheitsgrad und eine niedrige Knickspannung einstellen. Die Rechnung ergibt:

$$\lambda_y = \frac{14{,}0 \cdot 10^2}{8{,}13} = 172{,}2\,; \quad \sigma_{Ki,y} = \frac{\pi^2 \cdot 21000}{172{,}2^2} = 6{,}7 \text{ kN/cm}^2$$

Der große λ-Wert weist auf die hohe Knickgefährdung der Stahlstütze hin. Die Knickspannung liegt weit unter der Fließgrenze eines handelsüblichen Baustahls. Somit wird die Höhe der aufnehmbaren Lasten maßgebend durch die hohe Knickgefährdung bestimmt.

8.6.7 Aufgabe 6.7

Die Euler-Kurve wird auf der Basis der *Gl. (6.27)* berechnet. Der Übergang zur Engesser-Kurve wird durch *Gl. (6.29)* festgelegt. Für den Baustahl S 355 errechnet sich λ_P zu:

$$\lambda_P = \pi \cdot \sqrt{\frac{E}{\sigma_P}} = \pi \cdot \sqrt{\frac{21000}{0{,}8 \cdot 36{,}0}} = 84{,}8$$

Für kleinere λ-Werte als λ_P wird die Engessersche Knickspannung σ_K mithilfe der *Gl. (6.32)* bestimmt. In Anlehnung an *Bild 6.12* entsteht nebenstehendes Diagramm (siehe *Bild 8.32*):

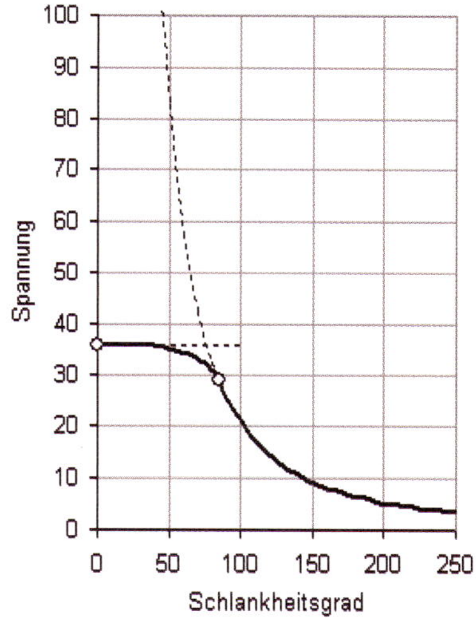

Bild 8.32 Idealer Knickspannungsverlauf für S 355

8.6.8 Aufgabe 6.8

Betrachtet man zuerst das zugbeanspruchte System, so ist kein Unterschied zu den Berechnungen des *Beispiels 6.3* festzustellen. Das geringere Eigengewicht des Zugstabes ist bei dieser Fragestellung von vernachlässigbarer Größenordnung und kann daher vernachlässigt werden. Die aufnehmbare Zugkraft wurde – wie in *Beispiel 6.3* gezeigt – mit max $F_d^{(1)}$ = 268,4 kN ermittelt. Für das druckbeanspruchte System ergibt sich aufgrund der verringerten Knicklänge mit $L_K = 2 \cdot 32 = 64$ cm ein deutlich kleinerer (bezogener) Schlankheitsgrad

$$\lambda_K = \frac{L_K}{i} = \frac{64}{3{,}45} = 18{,}6 \rightarrow \quad \bar{\lambda}_K = \frac{18{,}6}{92{,}9} = 0{,}2\ .$$

Legt man wiederum die Knickspannungslinie (b) zugrunde, so lässt sich ein für die weitere Berechnung „unwirksamer" Abminderungsfaktor von κ = 1,0 ablesen. Der druckbeanspruchte Stab ist nicht stabilitätsgefährdet, so dass mit

$$\max F_d^{(2)} = A \cdot \kappa \cdot \sigma_{R,d} = 12{,}3 \cdot 1{,}0 \cdot 21{,}82 = 268{,}4\ \text{kN}$$

eine aufnehmbare Druckkraft bestimmt werden kann, die der aufnehmbaren Zugkraft des vergleichbaren Zugstabes entspricht. Die Versagensform ist für beide Systeme das Fließen des Werkstoffs.

8.7 Lösungen zu Aufgaben in Kapitel 7

8.7.1 Aufgabe 7.1

Bei Rechteckquerschnitt sind die Hauptachsen mit den beiden Symmetrieachsen identisch. Die Trägheitsradien lassen sich mithilfe der *Gl. (2.42)* bestimmen:

$$i_y^2 = \frac{I_y}{A} = \frac{b \cdot d^3}{12 \cdot b \cdot d} = \frac{d^2}{12} = \frac{72^2}{12} = 432\ \text{cm}^2$$

$$i_z^2 = \frac{b^2}{12} = \frac{54^2}{12} = 243\ \text{cm}^2$$

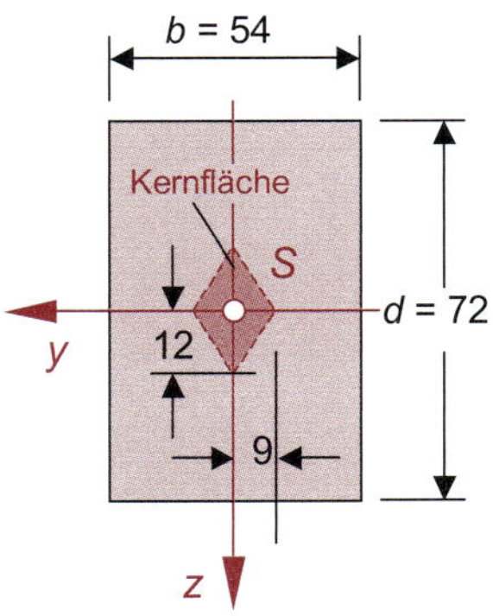

Bild 8.33 Reckteckquerschnitt mit rautenförmiger Kernfläche

Zu jeder Querschnittskante gehört ein Kernflächeneckpunkt. Wird diese Kante als Spannungsnulllinie betrachtet, so stellt der Eckpunkt die extremale Ausmitte des resultierenden Lastangriffs dar. Da alle Kanten des Rechtecks parallel zu den Hauptachsen (Symmetrieachsen) verlaufen, liegen die jeweils zugehörigen Kernflächeneckpunkte auf den Hauptachsen. Ihre Lage kann gemäß *Gl. (7.6)* bzw. *Gl. (7.7)* berechnet werden zu:

$$k_{z1} = -\frac{i_y^2}{z_1} = -\frac{432}{-36} = 12\ \text{cm}\,; \quad k_{z2} = -\frac{i_y^2}{z_2} = -\frac{432}{36} = -12\ \text{cm}$$

$$k_{y1} = -\frac{i_z^2}{y_1} = -\frac{243}{-27} = 9\ \text{cm}\,; \quad k_{y2} = -\frac{i_z^2}{y_2} = -\frac{243}{27} = -9\ \text{cm}$$

Durch geradliniges Verbinden der Eckpunkte entsteht eine rautenförmige Kernfläche (*Bild 8.33*). Für Rechteckquerschnitte wird im Allgemeinen keine aufwändige Berechnung erforderlich. Die Kernflächeneckpunkte können einfach mit $\pm\, b/6 = \pm\, 9$ cm bzw. $\pm\, d/6 = \pm\, 12$ cm angegeben werden.

8.7.2 Aufgabe 7.2

Zunächst werden die Querschnittsfläche und die Trägheitsmomente bezüglich der *y*- und *z*-Achsen bestimmt. Diese sind aus Symmetriegründen mit den Hauptachsen identisch (siehe *Bild 8.34*).

$$A = 3{,}0 \cdot 4{,}4 - 4 \cdot 0{,}6 \cdot 1{,}2 = 10{,}32\,\mathrm{m}^2$$

$$I_y = I_\eta = \frac{4{,}4^3 \cdot 3{,}0}{12} - 4 \cdot \left(\frac{1{,}2^3 \cdot 0{,}6}{12} + 1{,}2 \cdot 0{,}6 \cdot 1{,}6^2 \right) = 13{,}5776\,\mathrm{m}^4$$

$$I_z = I_\zeta = \frac{3{,}0^3 \cdot 4{,}4}{12} - 4 \cdot \left(\frac{0{,}6^3 \cdot 1{,}2}{12} + 1{,}2 \cdot 0{,}6 \cdot 1{,}2^2 \right) = 5{,}6664\,\mathrm{m}^4$$

Als Hilfsgrößen müssen die quadrierten Werte der Trägheitsradien bestimmt werden:

$$i_y^2 = i_\eta^2 = \frac{13{,}5776}{10{,}32} = 1{,}3157\,\mathrm{m}^2; \quad i_z^2 = i_\zeta^2 = \frac{5{,}6664}{10{,}32} = 0{,}5491\,\mathrm{m}^2$$

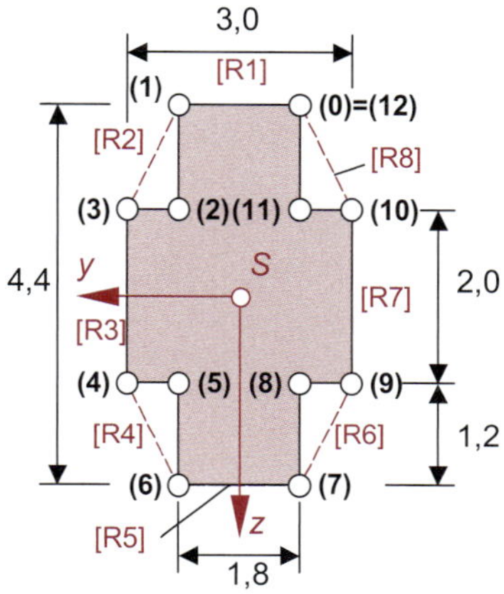

Bild 8.34 Brückenpfeilerquerschnitt mit einspringenden Ecken

Der Brückenpfeilerquerschnitt weist vier einspringende Ecken auf. Deshalb werden die Kanten des umhüllenden Polygons jeweils als Spannungsnulllinien betrachtet, um damit die Eckpunkte der Kernfläche zu bestimmen. Da die Umhüllende acht Kanten besitzt, wird die Kernfläche aus acht Eckpunkten bestimmt. Sie wird ebenso wie der Brückenpfeiler doppelt symmetrisch sein. Zur Lagebestimmung der Eckpunkte werden die *Gl. (7.6)* und *(7.7)* tabellarisch ausgewertet. Die Darstellung des Ergebnisses erfolgt in *Bild 8.35*.

Tabelle 8.7.1 Ermittlung der Kernfläche des Brückenpfeilers nach *Bild 8.34*

i	Rand	von - bis	y_{0i} [cm]	z_{0i} [cm]	k_{yi} [cm]	k_{zi} [cm]
1	R1	0 – 1	∞	-2,20	0,0	+0,5980
2	R2	1 – 3	+2,00	-4,00	-0,2745	+0,3289
3	R3	3 – 4	+1,50	∞	-0,3661	0,0
4	R4	4 – 6	+2,00	+4,00	-0,2745	-0,3289
5	R5	6 – 7	∞	+2,20	0,0	-0,5980
6	R6	7 – 9	-2,00	+4,00	+0,2745	-0,3289
7	R7	9 – 10	-1,50	∞	+0,3661	0,0
8	R8	10 – 12	-2,00	-4,00	+0,2745	+0,3289

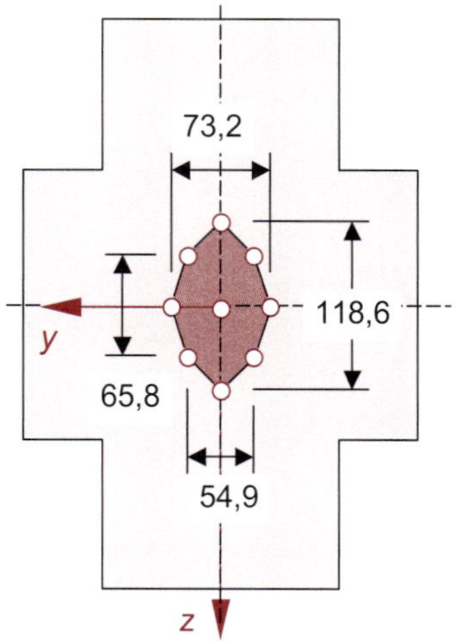

Bild 8.35 Kernfläche des Brückenpfeilers

8

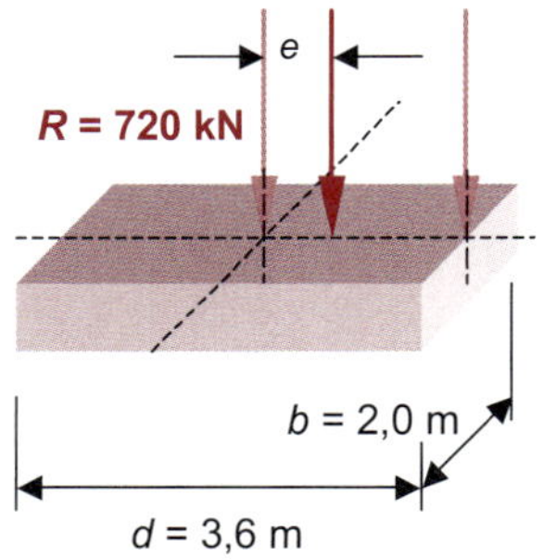

Bild 8.36 Fundamentplatte bei veränderlicher Außermittigkeit von *R*

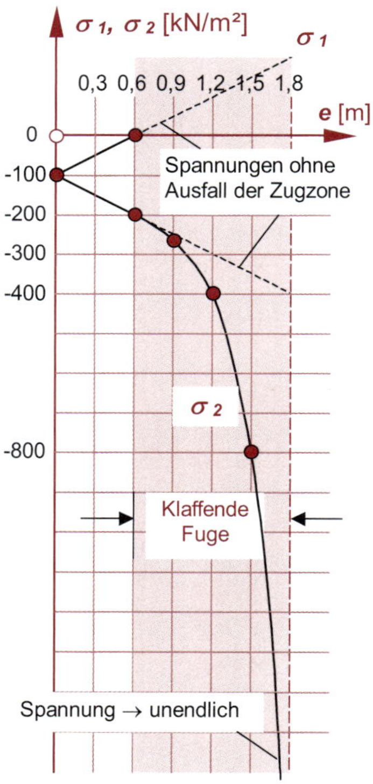

Bild 8.37 Randspannungen in Abhängigkeit von einer einachsig außermittig wirkenden Druckkraft

8.7.3 Aufgabe 7.3

Die Auswirkungen der Lastexzentrizität von *R* auf die Randspannungen soll in den Grenzen zwischen *e* = 0 und *e* = 1,8 m untersucht werden (siehe *Bild 8.36*). Für den Bereich zwischen *e* = 0 und e = *d*/6 = 0,6 m lassen sich die Randspannungen wie folgt berechnen:

$$\sigma_{1,2} = \frac{R}{b \cdot d} \cdot \left(1 \mp \frac{6 \cdot e}{d}\right) = \frac{-720}{2{,}0 \cdot 3{,}6} \cdot \left(1 \mp \frac{6 \cdot e}{3{,}6}\right)$$

Für *e* = 0,0 m ergibt:

$$\sigma_1 = \sigma_2 = \frac{-720}{2{,}0 \cdot 3{,}6} \cdot (1 \mp 0) = -100 \text{ kN/m}^2$$

Für *e* = 0,6 m errechnet sich:

$$\sigma_1 = \frac{-720}{2{,}0 \cdot 3{,}6} \cdot \left(1 - \frac{6 \cdot 0{,}6}{3{,}6}\right) = 0 \text{ kN/m}^2$$

$$\sigma_2 = \frac{-720}{2{,}0 \cdot 3{,}6} \cdot \left(1 + \frac{6 \cdot 0{,}6}{3{,}6}\right) = -200 \text{ kN/m}^2$$

Bei einer zunehmenden Exzentrizität über *e* = 0,6 m hinaus bildet sich eine klaffende Fuge. Die Spannungsberechnung für die gedrückten Rand erfolgt mit

$$\sigma_2 = \frac{2 \cdot R}{3 \cdot c \cdot b} = \frac{2 \cdot R}{3 \cdot \left(\frac{d}{2} - e\right) \cdot b} = \frac{-1440}{3 \cdot (1{,}8 - e) \cdot 2{,}0} = \frac{-240}{1{,}8 - e}.$$

Die Auswertung dieser Gleichung führt auf Ergebnisse, die in *Bild 8.37* dargestellt sind.

8.7.4 Aufgabe 7.4

Die Abhängigkeit der Spannungskomponenten von der Schnittrichtung φ folgt trigonometrischen Funktionen, die in *Bild 8.38* dargestellt sind. Alle 90° erreichen die Normalspannungskomponenten $\tilde{\sigma}_\xi$ und $\tilde{\sigma}_\eta$ einen Extremalwert.

Bei $\varphi = \varphi_0$ werden die Hauptnormalspannungen angezeigt. Gleichzeitig ist die Schubspannung gleich null. Die Summe der Normalspannungen bleibt unabhängig von φ auf gleichbleibendem Niveau, womit *Gl. (7.23)* bestätigt wird.

Auch die Schubspannung erreicht Extremalwerte. Die Schnittrichtungen liegen um 45° gegenüber denen versetzt, die zu Hauptnormalspannungen führen. An diesen Stellen wird die Hauptschubspannung angezeigt. Die zugehörigen Normalspannungen sind dann gleich groß.

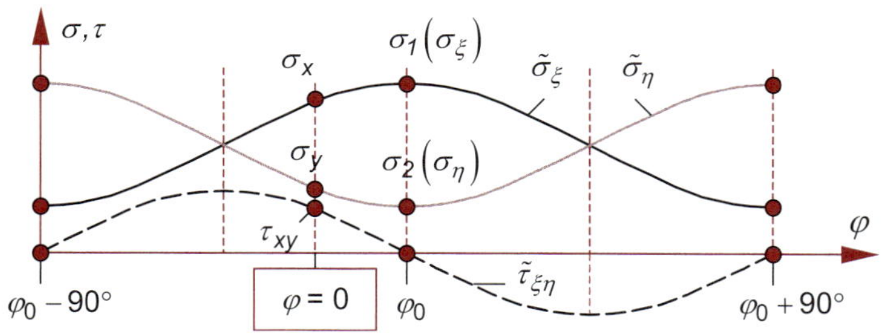

Bild 8.38 Randspannungen in Abhängigkeit von einer einachsig außermittig wirkenden Druckkraft

8.7.5 Aufgabe 7.5

Die Fälle a) bis c) sind Sonderfälle (*Bild 8.39*). Die Spannungszustände der beiden Fälle a) und b) sind schubspannungsfrei. Die Hauptspannungen können ohne Rechnung ermittelt werden. Im Fall b) sind beide Hauptspannungen gleich groß. Damit stellt sich ein hydrostatischer Zustand ein, für den es keine ausgeprägten Hauptachsen gibt. Der Spannungszustand im Fall c) ist ein reiner Schubspannungszustand. Die Hauptspannungen sind absolut betrachtet gleich groß. Die Hauptspannungsrichtung beträgt 45°.

Der Spannungszustand d) ist ein allgemeiner (ebener) Spannungszustand. Die Zahlenwerte wurden dem *Beispiel 7.2* entnommen. Der dazugehörige Mohrsche Spannungskreis wird in *Bild 8.40* dargestellt.

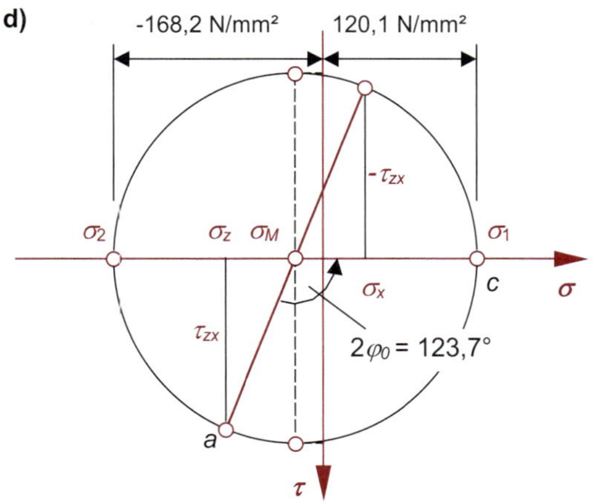

Bild 8.40 Mohrsche Spannungskreise für Teilaufgabe d)

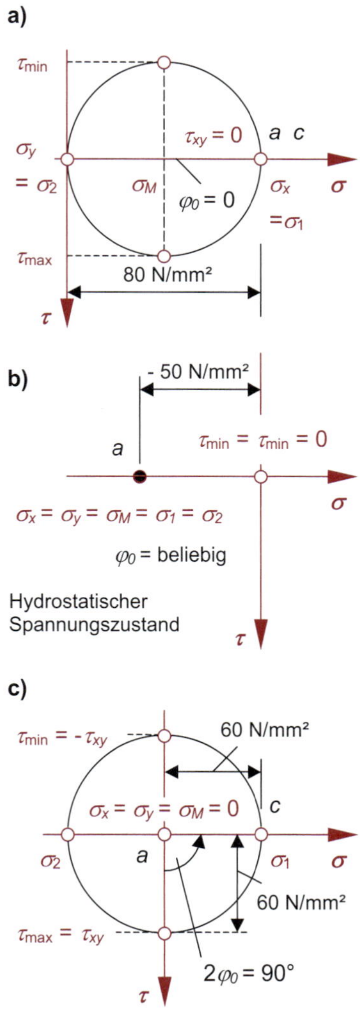

Bild 8.39 Mohrsche Spannungskreise für Teilaufgabe a), b) und c)

8

Zu beachten ist, dass die Festlegung der Achsen und der Winkel in Richtung der 1. Hauptachse auf der Basis einer zyklischen Vertauschung der Indizes erfolgt.

$$\sigma_M = \frac{1}{2}\cdot(\sigma_z + \sigma_x) = \frac{1}{2}\cdot(-104 + 56) = -24{,}0\ \text{N/mm}^2$$

$$r = \sqrt{\left(\frac{-104-56}{2}\right)^2 + 120^2} = 144{,}2\ \text{N/mm}^2$$

8.7.6 Aufgabe 7.6

Eine Dehnungsmessung ist eine zerstörungsfreie Messmethode, um die Beanspruchungen in einem Bauteil zu erfassen. Die daraus resultierenden Spannungen werden dabei aus den auf der Oberfläche des Bauteils gemessenen Dehnungen errechnet.

Ein Dehnmessstreifen besteht aus mehreren schmalen, parallel verlaufenden Leiterbahnen. Bei einer Längenänderung erhöht sich ihr elektrischer Widerstand. Durch eine besondere Schaltung wird eine elektrische Spannung erzeugt, die in einem proportionalen Verhältnis zur Längenänderung steht. Entsprechend kalibriert können die Messsignale direkt in Dehnungen in Richtung der Leiterbahnen umgerechnet werden. Bei mehraxialen Beanspruchungen werden drei Leiterbahnen zu einer Rosette im Winkel von 0°, 45° und 90° auf einer Trägerfolie zusammengefasst, damit Dehnungen in drei verschiedenen Richtungen aufgezeichnet werden können (siehe *Bild 8.41*).

Zur Berechnung des Spannungs- und Dehnungszustandes am Messpunkt wird die 1. Gleichung aus *Gl. (7.46)* herangezogen. Durch zyklische Vertauschung (x-$y \rightarrow z$-x) entsteht:

$$\tilde{\varepsilon}_\zeta = \frac{1}{2}\cdot(\varepsilon_z + \varepsilon_x) + \frac{1}{2}\cdot(\varepsilon_z - \varepsilon_x)\cdot\cos 2\varphi + \frac{1}{2}\cdot\gamma_{zx}\cdot\sin 2\varphi$$

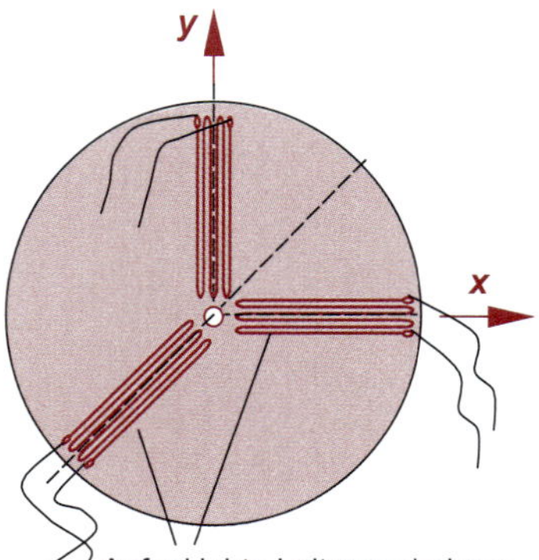

Bild 8.41 Kragstütze mit Einzellasten

Diese Gleichung wird für drei verschiedene Winkel, also φ_1 = 0°, φ_2 = 45° und φ_3 = 90° ausgewertet. Damit entstehen drei Bestimmungsgleichungen für die unbekannten Spannungskomponenten ε_z, ε_x und γ_{zx}.

$$\tilde{\varepsilon}_{\zeta(\varphi=0)} = \frac{1}{2}\cdot(\varepsilon_z + \varepsilon_x) + \frac{1}{2}\cdot(\varepsilon_z - \varepsilon_x)\cdot 1 + \frac{1}{2}\cdot\gamma_{zx}\cdot 0 \quad = \varepsilon_z$$

$$\tilde{\varepsilon}_{\zeta(\varphi=45)} = \frac{1}{2}\cdot(\varepsilon_z + \varepsilon_x) + \frac{1}{2}\cdot(\varepsilon_z - \varepsilon_x)\cdot 0 + \frac{1}{2}\cdot\gamma_{zx}\cdot 1 \quad = \frac{\varepsilon_z}{2} + \frac{\varepsilon_x}{2} + \frac{\gamma_{zx}}{2}$$

$$\tilde{\varepsilon}_{\zeta(\varphi=90)} = \frac{1}{2}\cdot(\varepsilon_z + \varepsilon_x) + \frac{1}{2}\cdot(\varepsilon_z - \varepsilon_x)\cdot(-1) + \frac{1}{2}\cdot\gamma_{zx}\cdot 0 \quad = \varepsilon_x$$

Die Auswertung der drei Bestimmungsgleichungen ergibt:

$$\varepsilon_z = \tilde{\varepsilon}_{\zeta(\varphi=0)}\,; \quad \varepsilon_x = \tilde{\varepsilon}_{\zeta(\varphi=90)}\,; \quad \gamma_{zx} = 2\cdot\tilde{\varepsilon}_{\zeta(\varphi=45)} - \tilde{\varepsilon}_{\zeta(\varphi=0)} - \tilde{\varepsilon}_{\zeta(\varphi=90)}$$

Durch Einsetzen der Messergebnisse ergeben sich folgende Dehnungskomponenten (Angaben in 0/00):

$$\varepsilon_z = -0{,}604\,; \quad \varepsilon_x = 0{,}696\,; \quad \gamma_{zx} = 2\cdot 0{,}436 + 0{,}604 - 0{,}696 = 0{,}780$$

Die Spannungsberechnung erfolgt mithilfe der *Gl. (7.55)*. Mit E = 200000 N/mm² und ν = 0,3 errechnen sich folgende Spannungskomponenten im ebenen Spannungszustand (Angaben in N/mm²) zu:

$$\begin{bmatrix}\sigma_z\\ \sigma_x\\ \tau_{zx}\end{bmatrix} = \frac{200000}{1-0{,}3^2}\cdot\begin{bmatrix}1 & 0{,}3 & 0\\ 0{,}3 & 1 & 0\\ 0 & 0 & 0{,}35\end{bmatrix}\cdot\begin{bmatrix}-0{,}604\cdot 10^{-3}\\ 0{,}696\cdot 10^{-3}\\ 0{,}780\cdot 10^{-3}\end{bmatrix} = \begin{bmatrix}-86{,}9\\ 113{,}1\\ 60{,}0\end{bmatrix}$$

8.7.7 Aufgabe 7.7

Neben der ständigen Einzellast sind zwei veränderliche Einwirkungen zu beachten. Die Kombinationsbeiwert für Wind ist ψ_0 = 0,6, der für Nutzlasten in Verkaufsräumen ψ_0 = 0,8. Für die extremale Beanspruchung am Stützenfuß (Biegebeanspruchung in Zeichenebene) sind folgende Kombinationen zu untersuchen (siehe *Bild 8.42*).

Kombination 1 (mit Nutzlast als führende veränderliche Einwirkung):

$$N_{Ed} = 1{,}35\cdot 220 + 1{,}5\cdot 120 = 477{,}0\ \text{kN}$$
$$M_{Ed} = 1{,}35\cdot 220\cdot 0{,}1 + 1{,}5\cdot 120\cdot 0{,}1 + 1{,}5\cdot 0{,}6\cdot 12\cdot 4{,}0 = 43{,}2\ \text{kNm}$$

Kombination 2 (mit Wind als führende veränderliche Einwirkung):

$$N_{Ed} = 1{,}35\cdot 220 + 1{,}5\cdot 0{,}8\cdot 120 = 441{,}0\ \text{kN}$$
$$M_{Ed} = 1{,}35\cdot 220\cdot 0{,}1 + 1{,}5\cdot 0{,}8\cdot 120\cdot 0{,}1 + 1{,}5\cdot 12\cdot 4{,}0 = 116{,}1\ \text{kNm}$$

Kombination 3 (falls Normalkräfte günstig wirken):

$$N_{Ed} = 1{,}0\cdot 220 + 0\cdot 120 = 220{,}0\ \text{kN}$$
$$M_{Ed} = 1{,}0\cdot 220\cdot 0{,}1 + 0\cdot 0{,}8\cdot 120\cdot 0{,}1 + 1{,}5\cdot 12\cdot 4{,}0 = 94{,}0\ \text{kNm}$$

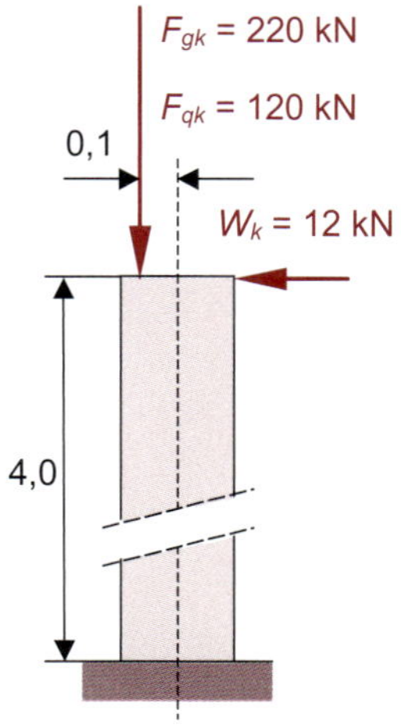

Bild 8.42 Kragstütze mit Einzellasten

Literaturverzeichnis

[1] Tabellenwerke

- *Vismann, U.* (Hrsg.): Wendehorst Bautechnische Zahlentafeln, 34. Auflage, Vieweg+Teubner, Stuttgart 2012
- *Goris, A.* (Hrsg.): Bautabellen für Ingenieure, 21. Auflage, Werner Verlag, Düsseldorf 2014
- *Holschemacher, K.* (Hrsg.): Entwurfs- und Berechnungstafeln für Bauingenieure, 6. Auflage, Bauwerk, Berlin 2013

[2] *Dallmann, R.*: Baustatik 2: Berechnung statisch unbestimmter Systeme, 3. Auflage, Carl Hanser Verlag, Leipzig 2012

[3] *Francke, W., Friemann, H.*: Schub und Torsion in geraden Stäben, 3. Auflage, Vieweg, Wiesbaden 2005

[4] *Kurrer, K.-E.*: Geschichte der Baustatik, Verlag Ernst & Sohn, Berlin 2002

Die folgende Aufstellung soll interessierten Lesern Hinweise zur tieferen bzw. spezielleren Betrachtung der Thematik geben:

- *Schweda, E., Krings, W.*: Baustatik, Festigkeitslehre, 3. Auflage, Werner Verlag 2000
- *Wagner, W., Erlhof, G.*: Praktische Baustatik Teil 2, 15. Auflage, Teubner Stuttgart 1998
- *Petersen, C.*: Statik und Stabilität der Baukonstruktionen, 2. Auflage, Vieweg Braunschweig 1982
- *Petersen, C.*: Stahlbau, 4. Auflage, Vieweg Braunschweig 2008
- *Bochmann, F., Kirsch, W.*: Statik im Bauwesen, Band 2, Festigkeitslehre, 19. Auflage, Beuth 2012
- *Lohmeyer, G., Baar, S.*: Baustatik 2, Bemessung und Sicherheitsnachweise, 11. Aufl., Vieweg-Teubner 2009

Index

U

V

W

Y, Z